U0253821

# 充填体强度设计理论与应用

王 俊 乔馨昱 乔登攀 等著

北 京

冶金工业出版社

2024

## 内 容 提 要

本书系统介绍了地下矿山充填体强度设计理论与工程实践,内容主要包括充填采矿法分类、充填体力学作用、充填体稳定性要求、充填体强度设计方法分类及两步骤、下向式、上向式三类充填体强度设计新理论与精准设计方法和工程应用实例,还介绍了大空场尾砂充填挡墙结构设计理论与快速构筑技术。

本书可供从事采矿工程专业技术人员阅读,也可作为采矿工程专业本科生和研究生的教学参考书。

**图书在版编目(CIP)数据**

充填体强度设计理论与应用／王俊等著 . -- 北京：
冶金工业出版社, 2024. 10. -- ISBN 978-7-5024-9978-5

Ⅰ. TD853.34

中国国家版本馆 CIP 数据核字第 2024V6U528 号

**充填体强度设计理论与应用**

| | | | |
|---|---|---|---|
| 出版发行 | 冶金工业出版社 | 电　话 | (010)64027926 |
| 地　址 | 北京市东城区嵩祝院北巷 39 号 | 邮　编 | 100009 |
| 网　址 | www.mip1953.com | 电子信箱 | service@ mip1953.com |

责任编辑　郭雅欣　美术编辑　吕欣童　版式设计　郑小利
责任校对　石　静　责任印制　禹　蕊
三河市双峰印刷装订有限公司印刷
2024 年 10 月第 1 版,2024 年 10 月第 1 次印刷
710mm×1000mm　1/16；16 印张；309 千字；243 页
定价 96.00 元

投稿电话　(010)64027932　投稿信箱　tougao@cnmip.com.cn
营销中心电话　(010)64044283
冶金工业出版社天猫旗舰店　yjgycbs.tmall.com
(本书如有印装质量问题,本社营销中心负责退换)

# 前　　言

随着国家推行充填采矿法和绿色矿山建设的深入贯彻落实，充填采矿法的应用越来越广泛，绿色充填开采技术研发成为矿山创新重点。充填体强度是充填采矿法设计的核心技术参数，科学合理的充填体强度是保障采场安全回采的基础，也直接影响回采的经济效益。目前，尽管在充填体强度设计研究方面建立了诸多理论及统计模型，但仍然缺乏对充填体作用机理、稳定性影响因素等方面的系统分析，加之国内外试验标准不统一，导致难以全面、准确地指导采矿工程应用。因此，深入开展充填体强度设计理论研究显得尤为迫切，这不仅符合地下开采矿山充填技术持续发展的趋势，也是满足行业实际需求的必然选择。

本书共7章，系统、全面地介绍了充填体强度设计的理论基础、设计方法及其在工程实践中的应用。针对地下矿山的两步骤、下向式、上向式三种类型充填体强度设计与安全分析中，因回采顺序所导致的立式充填体暴露问题、"顶+帮"结构协同问题、面层动载作用引发的受力复杂等难题，基于应力环境-结构与强度-时间与顺序的关系开展了系统的基础理论研究，分析了充填体力学作用，揭示了充填体破坏机理，构建了两步骤、下向式、上向式三种类型充填体强度设计新理论及精准设计方法。

针对立式充填体强度设计难点，创立了适用于两步骤空场嗣后充填连续采矿法的充填体强度设计新理论，探明了大空区尾砂自密实机理与主动压力规律，揭示了胶结充填体的力学作用及典型破坏机理，给出了复杂应力和采场结构条件下的充填体强度精准设计方法。

针对下向进路式充填体强度设计难点，创立了基于厚板理论及关键块体理论的下向水平分层进路式采矿法充填体强度设计新理论，解释并给出了该类型充填体"顶+帮"联合作用机理及典型破坏形式，提供了充填体在不同进路结构和安全条件下的强度精准设计方法。

创立了基于弹性力学理论的上向水平分层面层充填体强度与厚度设计新理论，阐明了面层应力、变形与无轨设备荷载的力学响应机制，给出了动荷载条件下面层强度与厚度的精准设计方法。

此外，针对大空场非胶结尾砂充填挡墙结构设计难点，构建了混凝土挡墙厚度、布筋、锚固设计理论，探明了尾砂主动压力、挡墙厚度与应力分布的影响关系，挡墙与钢筋的变形协调关系，钢筋抗拔与锚固的平衡关系，给出了大空场非胶结尾砂充填挡墙结构的精准设计方法。

本书凝聚了昆明理工大学绿色采矿理论与技术团队 20 余年的科研成果，并经过 20 余座矿山工程实践检验，形成了具有原创性、系统性、适用广的充填体强度设计理论体系。本书由王俊、乔馨昱、乔登攀等撰写，李广涛、陈杰、徐培良参与了部分研究工作，具体内容及分工如下：第 1 章由王俊撰写，第 2 章由李广涛撰写，第 3 章由陈杰撰写，第 4~6 章由王俊、乔馨昱、乔登攀撰写，第 7 章由徐培良撰写，团队青年教师杨天雨、博士生黄飞、李子彬、林吉飞、阮中华，硕士生田孟、陈涛、贾学元、龙赣、苏思超、高博、田世国、李勇明为本书校稿、资料查阅、收集、整理、绘图等付出了大量的时间和精力，在此一并表示衷心的感谢。

本书涉及的有关研究得到了昆明理工大学、玉溪矿业有限公司、云南锡业股份有限公司、金川集团有限公司、中国铜业有限公司、凉山矿业有限公司、保山金厂河矿业有限公司等单位的大力支持与帮助；还得到了云南省基础研究项目—青年资助项目（202101AU070022）、昆明理工大学人培基金资助项目（KKZ3202021040）、昆明理工大学绿色采矿理论与技术团队等经费资助，在此致以真诚的感谢。

希望通过这部专著，为矿业领域的科研人员和工程技术人员提供有价值的参考和借鉴，推动充填体强度设计理论研究与应用不断向前发展。

由于作者水平所限，书中不足之处，恳请广大读者和相关专家批评指正。

作　者
2024 年 5 月

# 目　　录

# 1 绪 论

## 1.1 我国矿产资源开发利用现状

矿业是国民经济的基础产业，经济社会的发展也离不开矿业的支撑。中国矿业为国家经济建设和社会发展提供了95%的能源资源和80%的原材料。中国经济的大发展，成就了中国矿业的繁荣；中国矿业的繁荣，助推了中国经济的大发展。

值得关注的是，2021年3月12日《中华人民共和国国民经济和社会发展第十四个五年规划和2035年远景目标纲要》提出为深入推进国家战略性新兴产业集群发展工程，需要重点发展新一代信息技术、生物技术、新能源、新材料、高端装备、新能源汽车、绿色环保、航空航天、海洋装备等战略性新兴产业，标志着我国经济增长模式变革和产业结构调整升级进入新常态[1]。

根据近10年《中国矿产资源报告》（2014—2023年）[2-11]数据统计（见图1-1~图1-6）和分析可知，就我国发展现状而言，目前新兴产业的发展还不足以支撑和指导经济高质量发展，经济增长仍依靠第二产业带动，增长方式依然是以消耗大量资源为代价。矿业对经济持续增长支撑的作用没有改变，矿产资源的需求仍在高位运行，资源保障任务繁重。

根据自然资源部发布的《中国矿产资源报告》（2014—2023年），截至2022年底，我国已发现173种矿产，其中能源矿产13种，金属矿产59种，非金属矿产95种，水气矿产6种。新发现矿产地132处，其中大型34处，中型51处，小型47处。油气勘查在塔里木、准噶尔、渤海湾和四川等大型含油气盆地的新层系、新类型和新区带获得重大突破，非油气矿产中的煤、铁、铜、金、"三稀"

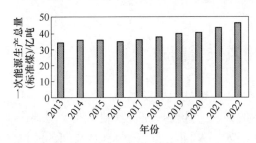

图 1-1　2013—2022 年一次能源生产总量

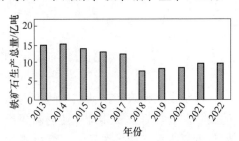

图 1-2　2013—2022 年铁矿石产量

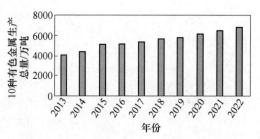

图 1-3　2013—2022 年 10 种有色金属产量

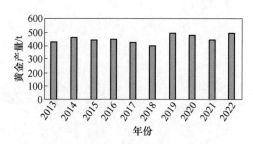

图 1-4　2013—2022 年黄金产量

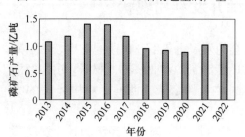

图 1-5　2013—2022 年磷矿石产量

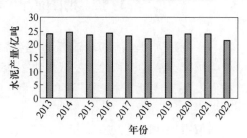

图 1-6　2013—2022 年水泥产量

等矿产勘查取得重大进展。2022 年，地质勘查投资达 1010.22 亿元（见图 1-7），较上年增长 3.8%，油气矿产和非油气矿产勘查投资连续两年实现正增长。2022 年，采矿业固定资产投资 1.18 万亿元（见图 1-8），延续了上年增长的态势，比上年增长 4.5%[11]。

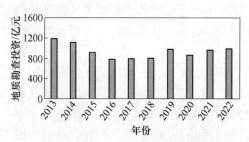

图 1-7　2013—2022 年地质勘查投资

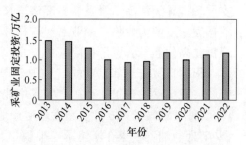

图 1-8　2013—2022 年采矿业固定投资

## 1.2　固废利用及灾害问题

经济发展模式和产业结构转型的核心在于正确处理好发展第一、二、三产业的关系，处理好发展传统产业与新兴产业的关系，处理好加强基础工业、基础设施与振兴支柱产业的关系，正确处理好人与人、人与自然、人与社会之间的协调关系。

尽管矿业发展对经济增长具有重要贡献，但其发展也是一把双刃剑，由此引发的环境问题、生态平衡问题、安全问题仍然对人类的生存和发展带来严重威胁。采矿是矿业发展的前端基础工序，采出大量矿石的同时又产生大量废石、尾矿等固体废弃物。虽然近几年我国固体废料综合利用量不断增长，但是综合利用水平还较低，堆存总量仍在持续增长。以尾砂为例，历年产出、利用情况如图 1-9 所示。

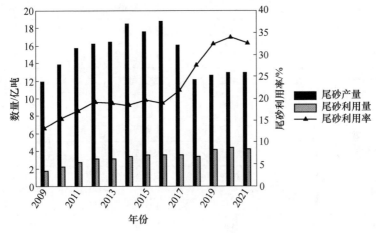

图 1-9　尾砂产量及利用情况

2013 年，我国尾矿累积堆存量达 146 亿吨，2021 年，堆积量增长至 235.1 亿吨[12]，尾矿和废石累积堆存量已达 700 多亿吨。由于利用不足，地表堆积处理成为必然选择，导致大量土地被占用。目前，我国有尾矿库近万座，占矿山破坏土地总面积的 13%。与此同时，矿山"固废"在矿山破坏土地总面积中的比例高达 38%[13]，如图 1-10 所示。

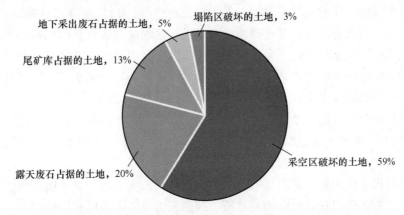

图 1-10　矿山开采破坏的土地

固体废料地表堆存不仅占用大量土地，同时也存在极大的安全风险。自 20
世纪 60 年代以来，我国发生了多起尾矿库溃坝事故，这些事故造成了严重的人
员伤亡。表 1-1 为我国发生的部分尾矿库溃坝事故。

**表 1-1 我国尾矿库溃坝事故**（部分）

| 时 间 | 省区 | 事故类型 | 事故等级 |
|---|---|---|---|
| 1962 年 9 月 26 日 | 云南 | 尾矿库溃坝 | 特别重大事故 |
| 1986 年 4 月 30 日 | 安徽 | 尾矿库溃坝 | 重大事故 |
| 1992 年 5 月 24 日 | 河南 | 尾矿库溃坝 | 重大事故 |
| 1993 年 6 月 13 日 | 福建 | 尾矿库溃坝 | 重大事故 |
| 1994 年 7 月 12 日 | 湖北 | 尾矿库溃坝 | 重大事故 |
| 2000 年 10 月 18 日 | 广西 | 尾矿库溃坝 | 重大事故 |
| 2005 年 11 月 8 日 | 山西 | 尾矿库溃坝 | 较大事故 |
| 2006 年 4 月 23 日 | 河北 | 尾矿库溃坝 | 一般事故 |
| 2006 年 4 月 30 日 | 陕西 | 尾矿库溃坝 | 重大事故 |
| 2006 年 8 月 15 日 | 陕西 | 尾矿库溃坝 | 较大事故 |
| 2007 年 11 月 25 日 | 辽宁 | 尾矿库溃坝 | 重大事故 |
| 2008 年 9 月 8 日 | 山西 | 尾矿库溃坝 | 特别重大事故 |
| 2010 年 9 月 21 日 | 广东 | 尾矿库溃坝 | 重大事故 |
| 2017 年 3 月 12 日 | 湖北 | 尾矿库溃坝 | 一般事故 |

注：事故等级按《生产安全事故报告和调查处理条例》第三条划分。

2020 年 2 月 21 日，应急管理部等八部委联合印发了《关于印发防范化解尾
矿库安全风险工作方案的通知》（应急〔2020〕15 号），该通知明确自 2020 年
起，在保证紧缺和战略性矿产矿山正常建设开发的前提下，全国尾矿库数量原则
上只减不增。积极推广尾矿回采提取有价组分、利用尾矿生产建筑材料、充填采
空区等尾矿综合利用先进适用技术，鼓励尾矿库企业通过尾矿综合利用减少尾矿
堆存量乃至消除尾矿库，从源头上消除尾矿库安全风险[14]。

从尾矿综合利用角度看（见图 1-11），从尾矿中回收有价组分约占尾矿利用
总量的 3%，生产建筑材料约占尾矿利用总量的 43%，充填矿山采空区约占尾矿
利用总量的 53%，其他途径利用约占 1%[15]。

从利用手段来看，矿山充填将长期是处理矿山固废的主要手段，我国历来比
较重视，有关部门频繁出台相关政策，鼓励和引导矿山采用充填采矿法。

1984 年 11 月 1 日，中国有色金属总公司发布了《有色金属工业若干重大技

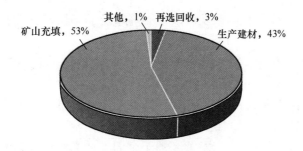

图 1-11　尾砂利用途径

术政策要点（试行）》（〔84〕中色科字第 1464 号）。

1996 年 5 月 13 日，国家计委等联合发布了《中国节能技术政策大纲》。

1998 年 2 月 12 日，国家经贸委等联合发布了《煤矸石综合利用管理办法》（国经贸资〔1998〕80 号）。

1999 年 10 月 20 日，国家经贸委等印发了《煤矸石综合利用技术政策要点》（国经贸资源〔1999〕1005 号）。

2005 年 9 月 7 日，国家环境保护总局等发布了《矿山生态环境保护与污染防治技术政策》（环发〔2005〕109 号）。

2007 年 11 月 22 日，国务院办公厅制定了《国家环境保护"十一五"规划》（国发〔2007〕37 号）。

2009 年 8 月 26 日，国家安全生产监督管理总局发布了《关于在非煤矿山推广使用安全生产先进适用技术和装备的指导意见》（安监总管一〔2009〕177 号）。

2009 年 4 月 29 日，国家安全监管总局发布了《关于切实做好非煤矿山安全生产"三项行动"有关工作的通知》（安监管总一〔2009〕92 号）。

2010 年 7 月 1 日，国家发展改革委等发布了《中国资源综合利用技术政策大纲》（2010 年第 14 号）。

2011 年 12 月 17 日，工业和信息化部制定了《大宗工业固体废物综合利用"十二五"规划》（工信部规〔2011〕600 号）。

2012 年 10 月 23 日，国土资源部印发了《关于推广先进适用技术提高矿产资源节约与综合利用水平的通知》（国土资发〔2012〕154 号）。

2012 年 3 月 12 日，国家安全生产监督管理总局等印发了《关于进一步加强尾矿库监督管理工作的指导意见》（安监总管一〔2012〕32 号）。

2013 年 1 月 9 日，国家能源局等印发了《煤矿充填开采工作指导意见》（国能煤炭〔2013〕19 号）。

2013 年 1 月 23 日，国务院印发了《循环经济发展战略及近期行动计划》

（国发〔2013〕5 号）。

2014 年 12 月 22 日，国家发展改革委等印发了《煤矸石综合利用管理办法（2014 年修订版）》（令第 18 号）。

2014 年 12 月 26 日，国家能源局等发布了《关于促进煤炭安全绿色开发和清洁高效利用的意见》（国能煤炭〔2014〕571 号）。

2015 年 4 月 21 日，国家发展改革委印发了《2015 年循环经济推进计划》（发改环资〔2015〕769 号）的通知。

2016 年 5 月，财政部等印发了《关于全面推进资源税改革的通知》（财税〔2016〕53 号）。

2016 年 12 月 25 日，中华人民共和国第十二届全国人民代表大会常务委员会第二十五次会议通过了《中华人民共和国环境保护税法》。

2017 年 3 月 22 日，国土资源部等印发了《关于加快建设绿色矿山的实施意见》（国土资规〔2017〕4 号）。

2018 年 2 月 26 日，国家能源局印发了《2018 年能源工作指导意见》。

2019 年 1 月 21 日，国务院办公厅印发了《“无废城市”建设试点工作方案》（国办发〔2018〕128 号）。

2021 年 3 月 18 日，国家发展改革委等印发了《关于“十四五”大宗固体废弃物综合利用的指导意见》（发改环资〔2021〕381 号）。

2022 年 1 月 27 日，工业和信息化部等印发了《关于印发加快推动工业资源综合利用实施方案的通知》（工信部联节〔2022〕9 号）。

2022 年 3 月 17 日，国家矿山安全监察局印发了《关于加强非煤矿山安全生产工作的指导意见》的通知（矿安〔2022〕4 号）。

2022 年 7 月 19 日，应急管理部等印发了《“十四五”矿山安全生产规划》（应急〔2022〕64 号）。

## 1.3　绿色矿山建设及成效

面对资源约束趋紧、环境污染严重、生态系统退化的严峻形势，2005 年，习近平同志创造性地提出“绿水青山就是金山银山”的科学论断；2023 年，党的二十大报告再次强调必须牢固树立和践行“绿水青山就是金山银山”的理念，站在人与自然和谐共生的高度谋划发展。正确处理好生态环境保护和发展的关系，是实现可持续发展的内在要求，也是推进现代化建设的重大原则。矿业高质量发展，绿色必将成为矿业转型升级的重要底色，秉承“绿水青山就是金山银山”的理念，把生态文明建设放在突出地位，是统筹处理矿业发展与生态环境保护和经济效益与生态效益关系的必然选择。

自 2007 年中国国际矿业大会正式发起倡议至 2023 年印发的《关于进一步加强绿色矿山建设的通知（征求意见稿）》，中国的绿色矿业发展已整整走过了 17 个年头。从原国土资源部的一家倡导，到国家六部委的联合行动，再到上升为国家战略，新形势下的中国绿色矿业正迎来了一个前所未有的黄金期。

2007 年 11 月 13 日，以"落实科学发展，推进绿色矿业"为主题的 2007 中国国际矿业大会在北京召开，首次提出了"绿色矿业"的概念。

2008 年 11 月 25 日，中国矿业联合会与 11 家大型矿山企业倡导发起签订《绿色矿山公约》，得到许多矿山企业的肯定和积极响应。

2009 年 1 月 7 日，国家发展改革委、国土资源部联合发布的《全国矿产资源规划（2008—2015 年）》首次提出了发展"绿色矿业"的明确要求，并确定"2020 年基本建立绿色矿山格局"的战略目标，标志着政府层面开始全面推进绿色矿业建设[16]。

2010 年 8 月 13 日，国土资源部发布了《国土资源部关于贯彻落实全国矿产资源规划发展绿色矿业建设绿色矿山工作的指导意见》（国土资发〔2010〕119号），随文附带了《国家级绿色矿山基本条件》，这是第一次以官方文件的形式提出了关于建设"绿色矿山"的明确要求，也是后来绿色矿山发展的指导性文件[17]。

2011 年 3 月 19 日，国土资源部公布了首批绿色矿山试点单位名单，标志着我国国家级绿色矿山试点工作正式启动。2012—2014 年连续 3 年，国土资源部共评选公布了四批共计 661 家国家级绿色矿山试点单位，这标志着我国绿色矿山建设已从理念、共识阶段上升到"试点先行、典型引路、探索经验、提供示范"的新阶段。

2011 年 7 月 18 日，中国地质科学院、中国地质大学、中国矿业联合会联合发布了《国家级绿色矿山建设规划技术要点和编写提纲》，这是一份绿色矿山建设与评选的重要指导性文件。

2012 年 6 月 14 日，国土资源部发出通知，到 2015 年，建设 600 个以上试点矿山，形成标准体系及配套支持政策措施；2015—2020 年，全面推广试点经验，实现大中型矿山基本达到绿色矿山标准；小型矿山企业按照绿色矿山条件规范管理，基本形成全国绿色矿山格局的总体目标；新办矿山达不到绿色标准不能获批。

2015 年 4 月 25 日，《中共中央国务院关于加快推进生态文明建设的意见》正式将绿色矿山写入文件，标志着这项工作由企业自律到部门倡导上升为国家战略[18]。

2017 年 3 月 22 日，国土资源部、财政部、生态环境部、国家质检总局、银监会、证监会联合印发《关于加快建设绿色矿山的实施意见》（国土资规

〔2017〕4号）。该意见明确了绿色矿山建设三大目标：一是基本形成绿色矿山建设新格局，二是探索矿业发展方式转变新途径，三是建立绿色矿业发展工作新机制[19]。

2018年6月22日，自然资源部发布已通过全国国土资源标准化技术委员会审查的《非金属矿行业绿色矿山建设规范》等9项行业标准并进行公告，于2018年10月1日起实施。这标志着我国绿色矿山建设开始进入"标准引领"的新阶段。

2019年6月4日，《自然资源部办公厅关于做好2019年度绿色矿山遴选工作的通知》（自然资办函〔2019〕965号）下发，明确规定了遴选原则、工作程序、工作要求[20]。

2019年7月，《绿色矿山建设评估指导手册》正式刊发。该手册包括《关于做好2019年度绿色矿山遴选工作的通知》的解读、绿色矿山建设评价指标体系及说明、绿色矿山建设第三方评估有关要求三部分内容。

自2019年至今，自然资源部共发布了2个批次的绿色矿山名录，合计有1253家矿山通过绿色矿山认证。

2023年11月15日，自然资源部联合生态环境部、财政部、市场监管总局、金融监管总局、中国证监会起草了《关于进一步加强绿色矿山建设的通知（征求意见稿）》。到2028年底，绿色矿山建设工作机制更加完善，持证在产的全部大型矿山、80%中型矿山要达到绿色矿山标准要求，各地可结合实际，参照绿色矿山标准加强小型矿山管理[21]。

现阶段纳入全国绿色矿山名录的1253家矿山，占全国近6万座矿山总数的比例约为2%，且以大中型矿山为主[22-23]。我国小型及以下矿山比例占80%以上，且小型矿山基础建设薄弱、技术装备水平不高、企业自主创新不足、集约化程度低、开发粗放和生态破坏等问题仍然十分突出，绿色矿山建设任务依然艰巨。

## 1.4 充填采矿技术

结合绿色矿山内涵与特征，应最大程度减少对矿区周边人居环境及生态环境的不良影响与破坏，实现经济效益、生态效益、社会效益三赢[24]，要求矿山开采必须走绿色采矿模式，按照矿产资源开发与生态环境相协调的理念，将矿床开采的各个工序作为一个系统从源头解决开采与环保问题。毋庸置疑，矿山固体废料充填采矿工艺是绿色采矿的主体支撑技术[25]。充填采矿技术具有消除采动引起的地表下沉和改善采矿应力环境功能；具有低贫损开采，提高资源综合利用率和"采富保贫"远景资源保护功能；具有降低废石尾砂等固体废料排放，甚至根本消除采矿末端处理达到无废开采的功能；具有适应各种复杂难采矿床开采的功能[26]。这些功能同步解决了资源高效回采、地表塌陷、尾矿库风险、环境污染等问题，具有显著的技术、经济、安全及环保优势。

金属矿床地下开采根据地压管理方式，将采矿方法分为空场法、崩落法和充填法。后者根据回采工艺分为空场嗣后、上向水平分层和下向水平分层充填采矿法。

空场嗣后充填采矿法属于空场法和充填法联合开采的方法，其实质是空场法采矿，利用充填进行地压管理，适用于矿石围岩中等稳固及以上的矿体。其中分段及阶段空场嗣后充填采矿法已发展为无矿柱连续开采模式，将矿房、矿柱和采空区处理作为一个整体予以考虑，有步骤地全面回采，最大限度地回收矿柱和减少矿石损失，实现了对矿体无间柱连续开采。其典型工艺特征为：先采Ⅰ步骤矿房嗣后胶结充填，再采Ⅱ步骤矿房嗣后非胶结充填。Ⅰ步骤胶结充填体形成的稳定支撑框架是Ⅱ步骤矿房安全回采的保障[27]。

下向水平分层充填采矿法适用于矿岩不稳固、极不稳固的薄至极厚的缓倾斜到极倾斜、品位高、经济价值大的矿体，根据进路结构细分为下向水平分层矩形进路和六边形进路充填采矿法。两者进路断面形状、相邻分层进路布置、分层内进路回采顺序、接顶要求存在根本区别。矩形进路回采工艺中，相邻分层进路交错布置，分层内进路两步骤回采，进路充填要求严格接顶，以控制人工假顶暴露跨度。六边形进路回采工艺中，相邻分层进路布置方向一致，分层内进路回采始终"隔一采一"，进路是否严格接顶不影响顶板暴露的跨度。下向水平分层充填采矿法中充填体既作为进路的顶板，也作为进路的侧帮。要求充填假顶在进路回采时应保持稳定，不能发生冒顶及突发性失稳；侧帮（矿体或充填体）应保持自立，爆破振动时不塌落[28]。

上向水平分层充填采矿法适用于矿石稳固、围岩不稳固，或矿石和围岩均不稳固的薄至极厚的缓倾斜到极倾斜矿体。根据矿体开采技术条件细分为普通式、点柱式和进路式充填采矿法。采场结构之间的差异源于顶板稳固性程度，其核心均是通过控制顶板暴露面积以满足顶板稳定性要求，普通式适用于顶板稳固或极稳固；点柱式适用于顶板中等稳固；进路式适用于顶板不稳固或极不稳固。普通式、点柱式分层内为一次回采，两次充填，底部非胶结充填，面层胶结充填。进路式分层内为两步骤回采，Ⅰ步骤进路胶结充填，Ⅱ步骤进路底部非胶结充填，面层胶结充填。分层内无论采用何种方式进行回采，面层充填体均作为继续上采的工作平台，要求其具有足够的强度及厚度，以满足无轨设备正常运行。进路式回采工艺中Ⅰ步骤进路充填体还作为Ⅱ步骤进路回采的侧帮[29]。

充填工艺发展至今，矿山充填已不再是简单处理固体废料，对充填体服务矿体回采提出了更多、更重要的功能性需求。矿山充填本质归结于两个方面的问题：采矿需要什么样的充填体，怎么充填才能达到采矿的要求。前者属于科学问题，涵盖了强度、配合比、浓度、流变、流态、成本等方面的研究及优化；后者属于技术应用问题，其目的在于制备满足质量好、易于管输、自流平、低成本等要求的料浆，构筑满足稳定、可提供安全作业条件的充填体。其中充填体强度是根据采矿方法要求而设计的，是设计的基础。根据强度要求，进行配合比、管输阻力、高流态分析，选择合适的浓度范围保障充填体质量，实现管道输送及采场自流平是设计的关键。充填成本控制是实现矿体回采产生经济效益的保证，决定能否"用得起"。

　　目前，针对功能性充填体强度理论的研究取得了丰富的科研成果，由于缺乏对力学作用机理的准确认识，强度设计方法仍然不能给采矿工程提供绝对的凭证，依然出现因充填强度设计不足发生充填体崩塌，或强度设计过高而造成充填成本居高不下影响效益。可见科学合理的胶结体强度直接影响矿体安全、高效开采及矿石质量指标。因此，有必要根据充填法的工艺特点，基于对充填力学作用的准确认识，深入开展满足科学、安全、低成本条件下的强度理论研究，既符合矿业工程前沿性课题研究发展方向，又符合地下开采矿山充填技术发展的趋势和需要，具有实际推广应用前景。

## 参 考 文 献

［1］中华人民共和国国民经济和社会发展第十四个五年规划和2035年远景目标纲要［N］.人民日报，2021-3-13（001）.

［2］中华人民共和国国土资源部.中国矿产资源报告（2014）［R/OL］.（2015-1-20）［2024-3-3］.https：//www.mnr.gov.cn/sj/sjfw/kc_19263/zgkczybg/201507/P020180704391549124562.pdf.

［3］中华人民共和国国土资源部.中国矿产资源报告（2015）［R/OL］.（2015-10-29）［2024-3-3］.https：//www.mnr.gov.cn/sj/sjfw/kc_19263/zgkczybg/201510/P020180704391561834053.pdf.

［4］中华人民共和国自然资源部.中国矿产资源报告（2016）［R/OL］.（2016-11-15）［2024-3-3］.https：//www.mnr.gov.cn/sj/sjfw/kc_19263/zgkczybg/201611/P020180704391568671396.pdf.

［5］中华人民共和国自然资源部.中国矿产资源报告（2017）［R/OL］.（2017-10-17）［2024-3-3］.https：//www.mnr.gov.cn/sj/sjfw/kc_19263/zgkczybg/201710/P020180704391578652787.pdf.

［6］中华人民共和国自然资源部.中国矿产资源报告（2018）［R/OL］.（2018-10-22）［2024-3-3］.https：//www.mnr.gov.cn/sj/sjfw/kc_19263/zgkczybg/201811/P020181116504882945528.pdf.

［7］中华人民共和国自然资源部.中国矿产资源报告（2019）［R/OL］.（2019-10-22）［2024-3-3］.https：//www.mnr.gov.cn/sj/sjfw/kc_19263/zgkczybg/201910/P020191022538917749527.pdf.

［8］中华人民共和国自然资源部.中国矿产资源报告（2020）［R/OL］.（2020-10-22）［2024-3-3］.https：//www.mnr.gov.cn/sj/sjfw/kc_19263/zgkczybg/202010/P020201022612391799194.pdf.

［9］中华人民共和国自然资源部.中国矿产资源报告（2021）［R/OL］.（2021-10-22）［2024-3-3］.https：//www.mnr.gov.cn/sj/sjfw/kc_19263/zgkczybg/202111/P020211105382622991767.pdf.

[10] 中华人民共和国自然资源部．中国矿产资源报告（2022）［R/OL］．（2022-9-21）［2024-3-3］．https：//www.mnr.gov.cn/sj/sjfw/kc_19263/zgkczybg/202209/P020230417517898935425.pdf.

[11] 中华人民共和国自然资源部．中国矿产资源报告（2023）［R/OL］．（2024-10-30）［2024-3-3］．https：//www.mnr.gov.cn/sj/sjfw/kc_19263/zgkczybg/202310/P020231030522363999436.pdf.

[12] 智研咨询．2023—2029年中国尾矿综合利用产业竞争现状及发展前景规划报告［R］．2024-4-23.

[13] 薛亮．数百亿吨"废石"，成灾还是成金？［J］．国土资源，2016（2）：21-24.

[14] 中华人民共和国应急管理部，等．关于印发防范化解尾矿库安全风险工作方案的通知（应急〔2020〕15号）［R/OL］．（2020-2-21）［2024-3-3］．https：//www.chinaminesafety.gov.cn/xw/zt/mjjzt2020/ffhjwkkaqfx/sjbs_3954/202012/t20201228_376032.shtml.

[15] 郝文蕾，杨浩禹，梁超，等．尾矿库尾矿矿物特征及综合利用探究［J］．世界有色金属，2023（18）：223-225.

[16] 中华人民共和国国土资源部，等．全国矿产资源规划（2008—2015年）［R/OL］．（2009-1-7）［2024-3-3］．https：//www.mnr.gov.cn/gk/tzgg/200901/t20090107_1989949.html.

[17] 中华人民共和国国土资源部．国土资源部关于贯彻落实全国矿产资源规划发展绿色矿业建设绿色矿山工作的指导意见（国土资发〔2010〕119号）［R/OL］．（2010-8-13）［2024-3-3］．https：//www.mnr.gov.cn/gk/tzgg/201008/t20100823_1990366.html.

[18] 中共中央，国务院．关于加快推进生态文明建设的意见［R/OL］．（2015-4-25）［2024-3-3］．https：//www.gov.cn/xinwen/2015-05/05/content_2857363.htm.

[19] 中华人民共和国国土资源部，等．关于加快建设绿色矿山的实施意见［R/OL］．（2017-3-22）［2024-3-3］．https：//gk.mnr.gov.cn/zc/zxgfxwj/201705/t20170510_1507265.html.

[20] 中华人民共和国自然资源部．自然资源部办公厅关于做好2019年度绿色矿山遴选工作的通知［R/OL］．（2019-6-4）［2024-3-3］．https：//gi.mnr.gov.cn/201906/t20190610_2440308.html.

[21] 中华人民共和国自然资源部，等．关于进一步加强绿色矿山建设的通知（征求意见稿）［R/OL］．（2023-11-15）［2024-3-3］．https：//gi.mnr.gov.cn/202311/t20231116_2806707.html.

[22] 贺昕宇，王京，王寿成，等．我国绿色矿山建设现状、问题及对策研究［J］．中国煤炭地质，2023，35（3）：63-66.

[23] 孙映祥．我国绿色矿山建设研究现状综述与思考［J］．中国国土资源经济，2020，33（9）：35-40，85.

[24] 中华人民共和国国土资源部．DZ/T 0320—2018有色金属行业绿色矿山建设规范［S］．北京：地质出版社．

[25] 姚维信．矿山粗骨料高浓度充填理论研究与应用［D］．昆明：昆明理工大学，2011.

[26] 乔登攀，程伟华，张磊，等．现代采矿理念与充填采矿［J］．有色金属科学与工程，2011，2（2）：7-14.

[27] 王俊．空场嗣后充填连续开采胶结体强度模型及其应用［D］．昆明：昆明理工大学，2017.

[28] 贾学元. 下向进路式充填体侧帮片帮机理与控制研究 [D]. 昆明：昆明理工大学, 2022.

[29] 陈涛. 无轨设备动载荷条件下上向分层充填体强度设计 [D]. 昆明：昆明理工大学, 2022.

# 2 充填采矿法应用与研究现状

## 2.1 两步骤阶段空场嗣后充填采矿法

1975年，垂直深孔球状药包落矿阶段矿房法（vertical crater retreat，简称VCR采矿法）首次应用于Levock（利瓦克）矿，该法由国际镍矿公司和加拿大工业有限公司共同研究开发，将大直径深孔爆破技术与无轨设备的配套使用，开启了地下有色金属矿山大规模、高效率、集中强化的时代[1-6]。20世纪70年代末期，在加拿大桦树镍矿、加拿大白马铜矿、加拿大百周年钼矿、美国卡尔福克钼矿、美国埃斯卡兰帝银矿、西班牙鲁尔比尔斯铅锌矿和瑞典奴荫瓦拉铁矿等矿山相继推广使用；20世纪80年代从加拿大引入我国，在凡口铅锌矿和铜陵狮子山铜矿试验成功并投入生产。随着开采工艺和技术的创新，实现了VCR采矿法与嗣后充填工艺的结合，并逐渐形成了"高阶段、大盘区、机械化"等工艺特点，在不断改进和完善的过程中，充分发挥了空场采矿法和充填采矿法各自的优点。空场嗣后充填采矿法具有以下优点：（1）将矿房、矿柱和采空区处理作为一个整体予以考虑，有步骤地全面回采，最大限度地回收矿柱和减少矿石损失，实现了对矿体无间柱连续开采；（2）将矿山生产中的废石、尾砂等充填到采空区中，减少对地表环境的影响；（3）稳定的胶结充填体形成的支撑框架，为回采作业提供了安全保障；（4）成熟的大直径深孔落矿技术和非相邻多个采场同时作业的工艺特点，保证了对矿体的高效开采。由于满足安全高效和保护地表环境等多方面的要求，该法在很多矿山得到了成功应用[7-14]，如澳大利亚芒特艾萨铜矿、爱尔兰塔拉铅锌矿、加拿大新布罗肯希尔矿，以及我国的铜绿山矿、安庆铜矿、司家营铁矿、李楼铁矿、大红山铜矿等[15-22]，并逐渐成为开采矿石围岩中等稳固、中厚及以上矿体的主体采矿方法。

空场嗣后充填采矿法属于空场法和充填法联合开采的方法，其实质是空场法采矿，利用充填进行地压管理，采矿方法如图2-1所示。该法在阶段上将矿体划分为Ⅰ步骤矿房和Ⅱ步骤矿房，先采Ⅰ步骤矿房后采Ⅱ步骤矿房，以Ⅰ步骤矿房胶结充填形成的人工矿柱为支撑构架，为Ⅱ步骤矿房回采提供安全可靠的作业环境，Ⅱ步骤矿房回采结束后对形成的空间进行充填，为节约充填成本，一般采用非胶结充填[23-26]。两步骤回采的目的在于：（1）以胶结矿柱替代矿石矿柱，最大限度回采矿石；（2）实现非相邻多个采场同时回采，以提高采区的生产能力；（3）胶结充填体相邻的Ⅱ步骤矿房先后回采，增加胶结充填体的养护时间，确保胶结充填体强度；（4）Ⅱ步骤矿房采用非胶结充填，可有效降低充填成本。

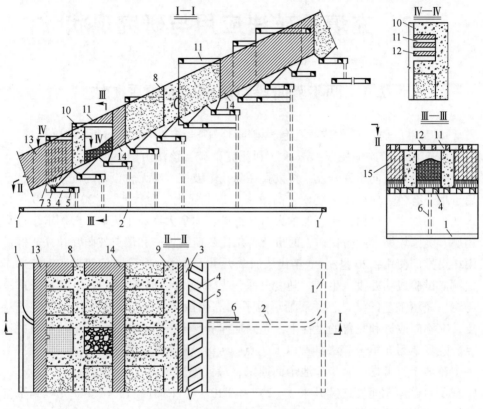

图 2-1　空场嗣后充填连续采矿法

1—中段运输巷道；2—中段穿脉装矿平巷；3—堑沟装矿平巷；4—出矿进路；5—采准干线；
6—溜井；7—切割天井；8—切割平巷；9—胶结矿柱；10—切顶联络道（充填回风道）；
11—凿岩巷道；12—条柱；13—中段顶柱；14—盘区间柱；15—大孔

空场嗣后充填采矿法中胶结充填体具有以下特点。

（1）结构尺寸特殊，暴露面积大。该法阶段高度高，矿房跨度大，相邻矿房爆破结束后与矿房接触侧胶结充填体一次整体暴露，且一次暴露面积较大；为节约胶结充填成本，将胶结充填体宽度设计较窄（减少胶结充填量以达到减少胶结充填成本的目的），使胶结充填体具有"高、窄、长"的特点。

（2）暴露次数多，暴露时间长。空场嗣后充填采矿法为框架式采矿法，分析其工艺特点可知，胶结充填体在矿房回采过程中暴露次数多达2~4次；由于矿房设计回采矿量较大，爆破结束后出矿时间较长，使得胶结充填体暴露时间较长。

（3）力学环境复杂。由空场嗣后充填体采矿法工艺特点可知，胶结充填体一侧暴露，另一侧为非胶结尾砂充填体时，处于一侧临空的多向受力状态，除临空面为自由边界外，其余面为应力边界。

大量研究表明，胶结充填体暴露高度越高、长度越长、宽度越窄，所需强度越大；胶结充填体暴露次数越多，暴露时间越长，暴露面积越大，所需强度越大；在一侧临空的多向受力状态下，影响胶结充填体稳定性的外力较多，除自身重力外，还有围岩作用力及非胶结尾砂充填体压力，且由于外力之间交互影响胶结充填体的稳定性，使分析胶结充填体稳定性和确定胶结充填体所需强度变得复杂。

## 2.2　下向分层充填采矿法

下向水平分层进路式充填采矿法适用于矿岩不稳固、极不稳固的薄至极厚的缓倾斜到极倾斜矿体，且矿体品位较高，经济价值大[27-28]。该法于 20 世纪 60 年代在瑞典波立登矿物股份有限公司的加彭贝里铅锌矿试验成功并应用，随后在加拿大、日本、德国和美国等国家相继推广应用。20 世纪 60 年代，我国黄沙坪铅锌矿在国内率先采用这种采矿方法。近 20 年来，我国下向水平分层充填采矿法发展较快，目前已成为世界上采用该法的矿山和开采总量最多的国家之一。由于无轨设备得到广泛应用，采用传统的下向分层充填采矿法的矿山逐年减少，大、中型矿山已基本实现了无轨化开采。我国金川二矿区是世界上采用下向分层充填采矿法规模最大、机械化程度和采场生产能力最大的矿山，整体技术水平接近国际先进矿山水平。

该法的工艺特征为：矿体内划分阶段，阶段内分段，分段内分层，分层内为减少顶板的暴露面积，提高回采工作的安全性，在分层内划分进路，属于典型的阶段开拓，分段采准，分层采矿模式。分段间采用斜坡道连接，分段巷道内掘进分层联络道通达各分层，自上而下分层回采，每一分层的回采是在掘进分层联络道后，以分层全高沿走向或垂直走向掘进分层道，分层道内按进路结构尺寸划分进路，顺序或间隔进行回采，进路回采完成后对形成的空区进行充填，为了保证下一分层进路回采和相邻进路回采的作业安全，一般采用胶结充填。由于进路充填体底部为下一分层回采时的直接顶板，因此充填时进路下半部分采用高强充填，并铺设钢筋网，为节约充填成本，上半部分充填体强度一般比下半部分低。进路断面尺寸主要取决于凿岩和出矿设备，进路断面高度即为分层高度，分段高度主要取决于分段巷道的布置位置及设备爬坡能力[27-28]。下向分层充填采矿法的实质是在矿岩无法提供安全可靠的作业条件下，通过再造回采环境，形成比矿岩稳定性好的人工假顶，在人工假顶下进行回采作业。该法具有明显的"分层式、小开挖、连续化、快速充填"特点，通过控制回采面积，减少围岩或充填体的暴露面积和暴露时间；通过采空区快速充填，利用充填体力学作用控制地压。

根据进路结构断面形状的不同，该法分为下向分层矩形进路充填采矿法和下向分层六边形进路充填采矿法，如图 2-2 和图 2-3 所示。

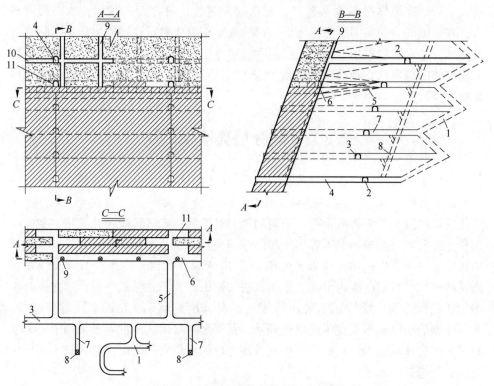

图 2-2 下向分层矩形进路充填采矿法

1—采准斜坡道；2—中段巷道；3—脉外分段巷道；4—穿脉巷道；5—分层联络道；6—脉内出矿道；
7—溜井联络道；8—溜井；9—预留回风井；10—预留回风井联道；11—充填挡墙

两者除进路断面形状不同外，相邻分层进路布置、进路回采顺序和进路充填要求也存在根本区别。在相邻分层进路布置方式上，矩形进路充填采矿法中相邻两层进路（垂直）交错布置，以提高采场充填体的整体稳定性[29]；六边形进路充填采矿法中，采用了仿生学原理，进路呈蜂窝状镶嵌结构，方向一致，形成的顶压传递结构提高了采场的稳定性[30]。在回采及充填方式上，矩形进路回采工艺为提高采场回采强度，分层内进路一般采用两步骤回采，先采 I 步骤进路，待充填养护结束后再采 II 步骤进路；I 步骤进路回采时，顶板是人工假顶，侧帮是 II 步骤未采矿体，假顶与 II 步骤未采矿体紧密接触；II 步骤进路回采时，顶板是人工假顶，侧帮是 I 步骤进路充填体，由于 I 步骤进路充填体需要作为二期进路

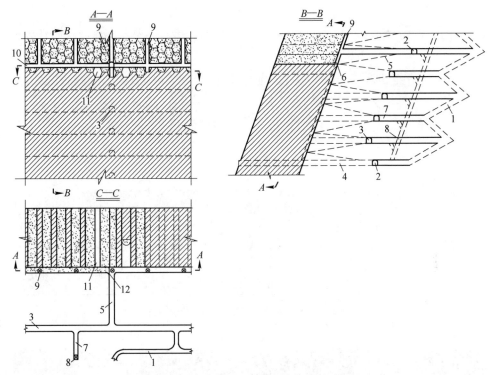

图 2-3 下向分层六边形进路充填采矿法

1—采准斜坡道；2—中段巷道；3—脉外分段巷道；4—穿脉巷道；5—分层联络道；6—脉内出矿道；
7—溜井联络道；8—溜井；9—预留回风井；10—预留回风井联道；11—六边形进路；12—充填挡墙

的侧帮，要求Ⅰ步骤进路充填时需严格接顶。

实际充填过程中，受膏体（料浆）沉缩的影响，Ⅰ步骤进路充填接顶的要求在实际操作中难以实现，必将导致Ⅱ步骤进路顶板暴露跨度增大，如图2-4所示。

此外，人工假顶在上覆压力作用下易发生下沉及挠曲变形，导致开裂及冒顶，从而影响人工假顶稳定，如图2-5所示。

六边形进路回采工艺中，相邻进路垂直高度错差一个分层（完整六边形进路高度的一半），同分层进路呈间隔分布，间隔距离为六边形进路腰宽，分层内进路一步回采，始终为"隔一采一"。顶板是人工假顶，两个斜上帮也为采场进路充填假顶，三条上分层充填体呈挤压结构镶嵌构成充填体"组合顶"，两个斜下帮及底板则为矿体。未采进路顶部与垂直相邻的高强度充填体呈紧密接触，不存在接顶与否的问题。与矩形进路一样，六边形进路对充填接顶的要求同样也是实际操作中难以完成的。与矩形进路不同的是，六边形进路不接顶，不影响人工假顶的跨度，保证了底板拉应力的大小。

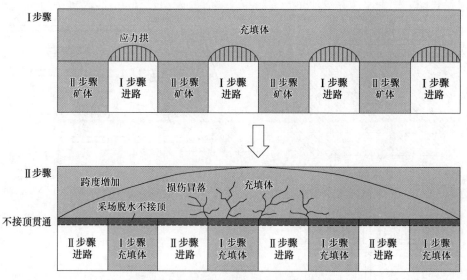

图 2-4　下向水平分层矩形进路采场结构

图 2-5　矩形进路人工假顶开裂、冒落

　　无论下向水平分层矩形进路充填采矿法还是六边形进路充填采矿法，充填体稳定是下向分层充填采矿法成功应用的关键[31-43]。该法中充填体强度设计存在以下难点。

　　（1）"顶+帮"结构协同。矩形工艺Ⅱ步骤进路和六边形工艺进路回采时，充填体既为进路直接顶板，又为进路侧帮（斜上帮），协同作用保障进路回采安全，但是顶与帮力学作用和受力特征与破坏机理不同，导致强度需求不同。

　　（2）"顶+帮"结构不同。充填假顶强度设计是以标准断面尺寸为依据。在矩形进路回采工艺中，Ⅰ步骤进路回采时，Ⅱ步骤进路与充填假顶紧密接触，不存在接顶与否的问题；Ⅰ步骤进路充填时，受料浆沉缩影响，很难实现完全接顶，导致二期进路内充填假顶暴露跨度增大。矩形进路回采工艺中的Ⅱ步骤进路"顶+帮"结构其顶板为上一分层充填体底板，侧帮为同分层Ⅰ步骤进路充填体。六边形进路回采工艺中，进路"顶+帮"结构的顶板为上上分层充填体底板，侧帮为上一分层进路充填体下半部分。

# 2.3 上向分层充填采矿法

上向分层充填采矿法适用于矿石稳固、围岩不稳固，或矿石和围岩均不稳固的薄至极厚的缓倾斜到极倾斜矿体，对形态不规则、分支复合变化大的矿体适应性较强，可以精确控制矿体边界和顶板暴露面积[27-28]。1959 年，加拿大鹰桥镍矿开始在上向水平分层充填采场内，试验用水泥尾砂浆取代充填料上铺板做工作底板。

上向分层充填采矿法中，人员和设备在暴露的顶板下作业，因此控制顶板的安全非常重要[44]。顶板的稳定性与自身稳固性、暴露面积和暴露时间有关，对于不同矿岩稳固性条件和矿石经济价值，上向分层充填采矿法可采用分层、点柱式分层和进路式分层进行回采，即上向分层充填采矿法、点柱式上向分层充填采矿法和上向分层进路式充填采矿法[45]。

## 2.3.1 上向分层充填采矿法

矿体分为矿房和矿柱，第一步骤回采矿柱，第二步骤回采矿房。矿房和矿柱均采用自下而上水平进行回采，回采第一分层时，掘进拉底巷道，并以此为自由面扩大至矿房边界形成拉底空间，再向上挑顶将矿石崩下，随工作面向上推进，逐层充填采空区并留出继续上采的工作空间，充填体除维护围岩稳定外，还作为继续上采的工作平台，崩落的矿石落在充填体表面，用机械运搬的方式将其运至溜井中。矿柱回采至最上一分层时进行接顶充填，矿房则在采完若干矿柱后再进行回采。矿柱回采时，每一层均采用胶结充填；矿房回采时，每一分层底部可采用非胶结充填，面层采用胶结充填，面层强度应满足无轨设备运行的要求。若矿房间柱不回采，矿房回采工艺与前述相同。上向分层充填采矿法如图2-6所示。

## 2.3.2 点柱式上向分层充填采矿法

点柱式上向分层充填采矿法工艺特征是在采场内留设永久矿柱支撑顶板，自下而上分层开采。回采第一分层时，掘进拉底巷道，并以此为自由面扩大至矿房边界，形成拉底空间，拉底时在预留点柱位置不回采，形成永久矿柱，再向上挑

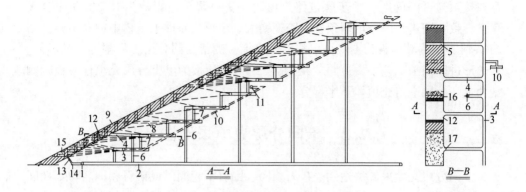

图 2-6 上向分层充填采矿法

1—阶段沿脉运输巷道；2—阶段穿脉运输巷道；3—沿脉干线（分段巷道）；4—出矿进路；
5—切割横巷道；6—矿石溜井；7—废石溜井；8—充填回风联道；9—充填回风上山；
10—盘区充填回风上山；11—充填回风平巷；12—滤水井；13—排水孔；14—排水穿脉；
15—充填体；16—间柱；17—充填挡墙

顶，将矿石崩下，随工作面向上推进，点柱向上垂直延伸并逐层充填采空区，并留出继续上采的工作空间。充填体除维护围岩稳定外，还作为继续上采的工作平台，当崩落的矿石落在充填体表面可用机械运搬的方式将其运至溜井中。每一分层充填时，底部采用非胶结充填，面层采用胶结充填。点柱式上向分层充填采矿法通过围岩—点柱—充填体协同支护原理维护采空区稳定，实现大结构采场开采。点柱式上向分层充填采矿法如图 2-7 所示。

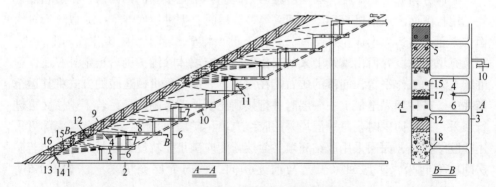

图 2-7 点柱式上向分层充填采矿法

1—阶段沿脉运输巷道；2—阶段穿脉运输巷道；3—沿脉干线（分段巷道）；4—出矿进路；
5—切割横巷道；6—矿石溜井；7—废石溜井；8—充填回风联道；9—充填回风上山；
10—盘区充填回风上山；11—充填回风平巷；12—滤水井；13—排水孔；14—排水穿脉；
15—点柱；16—充填体；17—间柱；18—充填挡墙

### 2.3.3 上向分层进路式充填采矿法

上向分层进路式充填采矿法适用于矿岩条件极不稳固和不稳固矿体，且矿体品位高，经济价值大，矿体厚度从薄到极厚、倾角从缓到极倾斜均可采用。其回采工艺是在分层道内按进路结构尺寸划分进路，分层内矿体采用掘进巷道的方式进行回采，进路可采用顺序回采和间隔回采两种方式。顺序回采时，分层出矿能力低，且要求所有进路进行胶结充填。为提高采场出矿能力及降低充填成本，一般采用间隔回采，同一分层内多条进路同时进行回采，凿岩、爆破、出矿和充填等工序平行交替作业，整个分层回采充填结束后再回采上一分层。Ⅰ期进路采用胶结充填，充填体强度应满足两方面的要求：（1）保持自立，在承受爆破振动时不塌落；（2）进路顶部充填体作为矿体继续上采的工作平台应满足无轨设备的运行要求。Ⅱ期进路回采结束后，进路底部可采用非胶结充填，顶部采用胶结充填。上向分层矩形进路充填采矿法如图 2-8 所示。

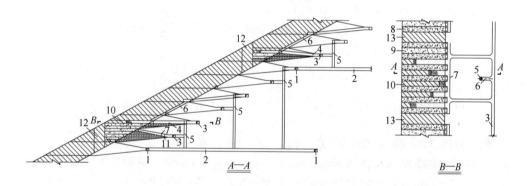

图 2-8　上向分层矩形进路充填采矿法

1—阶段沿脉运输巷道；2—阶段穿脉运输巷道；3—沿脉干线（分段巷道）；
4—出矿进路；5—矿石溜井；6—溜井联道；7—充填回风上山；8—Ⅰ步骤充填体；
9—Ⅱ步骤充填体；10—回采进路；11—充填挡墙；12—中段矿柱；13—盘区矿柱

分层内无论采用何种方式进行回采，面层充填体均作为继续上采的工作平台（如图 2-9 所示），要求其具有足够的强度及厚度，以满足无轨设备正常运行，同时应尽量降低充填成本[45-47]。科学合理地设计充填体面层强度与厚度取决于准确分析无轨设备与面层充填体之间的相互作用关系。一是合理确定无轨设备的载荷，其难点在于面层充填体受料浆流动性影响，并非绝对水平，其表面形态决定了载荷波动特征；二是合理确定分析两者相互作用关系的方法，其难点在于需分析无轨设备运行产生的法向和切向荷载共同作用下对面层充填体的影响。

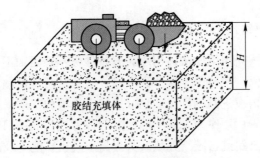

图 2-9  上向面层充填体

# 参 考 文 献

［1］ 王善元. 我国大直径深孔采矿技术的研究与发展趋势 ［J］. 矿业研究与开发，1998（3）：
8-11.

［2］ BISWAS K，JUNG S J. Review of current high density paste fill its technology ［J］. Mineral
Resources Engineering，2002，11（2）：165-182.

［3］ 解世俊. 现代地下采矿工艺技术的发展和未来采矿工艺技术改革的预测 ［J］. 有色矿冶，
1994（5）：1-7，16.

［4］ 王建春，赵昊坤，郭忠林. VCR 采矿法研究及应用现状 ［J］. 矿业工程，2010，8（2）：
15-17.

［5］ 吴璟，姚曙. 凡口铅锌矿 VCR 法采矿工艺的应用发展与技术创新 ［J］. 中国矿业，2012，
21（S1）：265-271.

［6］ 陈学仁. VCR 采矿法的概述 ［J］. 黄金，1981（4）：49-52.

［7］ DORRICOTT M，GRICE A. Impact of stope geometry on backfill systems for bulk mining ［C］//
In：Australasian Institute of Mining and Metallurgy，eds. MassMin 2000. Brisbane：Australasian
Institute of Mining and Metallurgy Publication，2000：705-711.

［8］ FESCHKEN P，RAINER C. Cost-saving backfilling in lead mines ［J］. Bulk Solids Handing，
1994，14（1）：151-153.

［9］ MITCHELL R J. Effect of stope geometry on fill stability ［C］// Proceedings of the 41st Canadian
Geotechnical Conference，1998：8-15.

［10］ MIKULA P A，LEE M F. Bulk low-grade Mining at Mount Charlotte Mine ［C］// In：Sandvik，
Tamrock，Dyno N. eds. MassMin 2000. Australasian Institute of Mining and Metallurgy
Publisher，2000：623-635.

［11］ BUTCHER R J. Block cave undercutting-aims，strategies，methods and management ［C］// In：
Sandvik，Tamrock，Dyno N. eds. MassMin 2000. Australasian Institute of Mining and
Metallurgy Publisher，2000：405-412.

［12］ SCHWAB N M. Massive mining techniques at 2300m depth ［C］// In：Sandvik，Tamrock，
Dyno N. eds. MassMin 2000. Australasian Institute of Mining and Metallurgy Publisher，2000：
813-818.

［13］FARANGI P N, HAYWAD A G, HASSANI F P. Consolidated rockfill optimization at kidd creek mines ［J］. CIM Bulletin, 1996, 89 (1001)：129-134.

［14］COOKE R. Hydraulic backfill distribution systems for deep mines ［J］. Journal of Mines, Metals & Fuels, 1997, 45 (11)：363-370.

［15］董璐, 高谦, 南世卿, 等. 司家营铁矿南区充填采矿参数优化设计 ［J］. 金属矿山, 2011 (9)：16-20, 24.

［16］田举博, 蔡蓓. 分段矿房嗣后充填法在李楼铁矿的应用 ［J］. 金属矿山, 2012 (6)：19-21, 25.

［17］周圣元. 深孔崩矿阶段充填法在铜绿山矿的应用 ［J］. 矿业研究与开发, 1996 (S1)：62-67.

［18］薛奕忠. 高阶段大直径深孔崩矿嗣后充填采矿法在安庆铜矿的应用 ［J］. 中国矿山工程, 2008 (2)：8-10, 35.

［19］余小明. 安庆铜矿大直径深孔爆破质量控制 ［J］. 有色金属工程, 2015, 5 (S1)：153-155.

［20］罗根平. 大红山铜矿块石尾砂胶结充填工艺试验研究与应用 ［D］. 昆明：昆明理工大学, 2015.

［21］李广涛, 艾春龙, 卢光远, 等. 大直径深孔侧向崩矿技术在大红山铜矿的应用 ［J］. 有色金属 (矿山部分), 2011, 63 (5)：8-10, 22.

［22］王俊, 乔登攀, 邓涛, 等. 大红山铜矿胶结高矿柱强度设计及工程实践 ［J］. 黄金, 2014, 35 (8)：41-46.

［23］李智, 潘冬, 汤永平. 大直径深孔阶段空场嗣后充填法侧向崩矿新方法的应用研究 ［J］. 化工矿物与加工, 2014, 43 (12)：35-38.

［24］魏晓明, 李长洪, 张立新. 急倾斜厚大矿体采矿方法的选择 ［J］. 金属矿山, 2014 (4)：31-34.

［25］李卫强, 苗丁. 大直径深孔嗣后充填采矿法的应用 ［J］. 采矿技术, 2016, 16 (1)：4-5, 57.

［26］汤永平, 曾伟民, 何艳梅. 大直径深孔侧向崩矿技术在柴山矿的应用 ［J］. 化工矿物与加工, 2016, 45 (7)：55-59.

［27］于润沧. 采矿工程师手册 (下册) ［M］. 北京：冶金工业出版社, 2009.

［28］王运敏. 现代采矿手册 (中册) ［M］. 北京：冶金工业出版社, 2012.

［29］王怀勇, 于润沧, 束国才. 机械化进路式下向充填采矿法的应用与发展 ［J］. 中国矿山工程, 2013, 42 (1)：4-8.

［30］张磊. 龙首矿下向六角形进路优化研究与应用 ［D］. 昆明：昆明理工大学, 2012.

［31］常庆粮, 冷强, 袁崇亮, 等. 急倾斜特厚煤层水平分层大采高充填膏体与煤体协调承载特性研究 ［J］. 采矿与安全工程学报, 2021, 38 (5)：919-928.

［32］吴爱祥, 张爱卿, 王洪江, 等. 膏体假顶力学模型研究及有限元分析 ［J］. 采矿与安全工程学报, 2017, 34 (3)：587-593.

［33］史秀志, 苟永刚, 陈新, 等. 顶底柱残矿回收的充填体假顶厚度确定与应用 ［J］. 采矿

与安全工程学报, 2016, 33 (6): 1080-1088.

[34] 华心祝, 孙恒虎. 下向进路高水固结尾砂充填主要参数的研究 [J]. 中国矿业大学学报, 2001 (1): 101-104.

[35] 周科平, 朱和玲, 高峰. 采矿环境再造地下人工结构稳定性综合方法研究与应用 [J]. 岩石力学与工程学报, 2012, 31 (7): 1429-1436.

[36] 韩斌, 吴爱祥, 邓建, 等. 基于可靠度理论的下向进路胶结充填技术分析 [J]. 中南大学学报 (自然科学版), 2006 (3): 583-587.

[37] 韩斌, 张升学, 邓建, 等. 基于可靠度理论的下向进路充填体强度确定方法 [J]. 中国矿业大学学报, 2006 (3): 372-376.

[38] 李小松, 李夕兵, 龚永超, 等. 大跨度充填体假顶力学模型及稳定性分析 [J]. 矿冶工程, 2018, 38 (6): 23-28, 38.

[39] 尚雪义, 李夕兵, 彭康, 等. 基于安全系数和可靠度的极破碎矿体进路优化 [J]. 中南大学学报 (自然科学版), 2016, 47 (7): 2390-2397.

[40] 顾伟, 张立亚, 谭志祥, 等. 基于弹性薄板模型的开放式充填顶板稳定性研究 [J]. 采矿与安全工程学报, 2013, 30 (6): 886-891.

[41] 黄玉诚, 孙恒虎, 刘文永. 下向进路充填采矿力学模型的探讨 [J]. 有色金属, 1999 (4): 1-3.

[42] 马长年. 金川二矿区下向分层采矿充填体力学行为及其作用的研究 [D]. 长沙: 中南大学, 2011.

[43] 冯帆, 黄万朋, 郭忠平, 等. 浅埋下向单一进路巷道胶结充填顶板稳定性分析 [J]. 采矿与安全工程学报, 2016, 33 (6): 1089-1095.

[44] 王光程. 大红山铜矿点柱式上向水平分层充填法研究与应用 [D]. 昆明: 昆明理工大学, 2014.

[45] 陈玉宾, 乔登攀, 孙宏生, 等. 上向水平分层充填体的强度模型及应用 [J]. 金属矿山, 2014 (10): 27-31.

[46] 马生徽, 刘俊, 赵朋飞. 铜绿山矿上向分层充填法数值模拟及充填体强度优化 [J]. 采矿技术, 2022, 22 (2): 167-170.

[47] 陈玉宾. 上向分层充填体强度模型及应用 [D]. 昆明: 昆明理工大学, 2014.

# 3 充填体强度设计方法

## 3.1 充填体力学作用

### 3.1.1 充填体的支护作用

Brady 和 Brown 认为，充填体对围岩的支护作用有三种[1]，如图 3-1 所示。

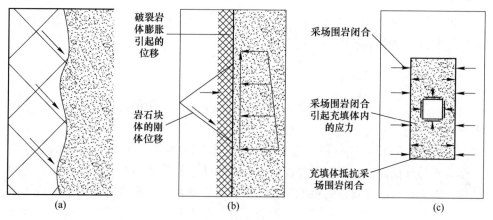

图 3-1 充填体支护作用机理

(a) 表面支护；(b) 局部支护；(c) 总体支护

(1) 充填体对卸载岩块的滑移趋势提供侧限压力，即表面支护作用，如图 3-1 (a) 所示。充填体通过对采场围岩具有滑移趋势的块体施加侧向约束，防止围岩在时间和空间上的渐进破坏。

(2) 充填体支撑破碎岩体和原生破碎岩体，即局部支护作用，如图 3-1 (b) 所示。相邻采矿作业引起采场围岩的刚体移动，使充填体对围岩产生被动支护抗力，支护抗力的存在允许采场帮壁存在较高的应力梯度。

(3) 充填体抵抗采场围岩的闭合，即总体支护作用，如图 3-1 (c) 所示。充填体在采场闭合过程中产生变形，提供支护抗力，起到总体支护构件的作用。充填体变形可降低区域中应力状态，起到抵抗围岩闭合的效果。

### 3.1.2 充填体与系统的共同作用

针对金川矿区采矿所采用的充填工艺及材料，于学馥教授研究提出了充填体的三种作用机理[2-5]。

（1）应力吸收与转移。充填料浆进入采空区后，最初是不受力的，当完成脱水固结后，胶结充填体具有一定强度并随着养护时间而增大，具备了转移和吸收应力的能力，参与地层自组织系统和活动，形成新的矿山结构再平衡体系。

（2）应力隔离机制。充填体对围岩稳定的应力隔离作用有两种，即隔离水平应力和隔离垂直应力。

（3）系统的共同作用。充填体充入地下采空区后，由于充填体、围岩、地应力、开挖等共同作用，特别是开挖系统的自组织机能使围岩变形得到控制，围岩能量耗散速度得以减缓，矿山结构和围岩破坏得到控制，防止发生无约束的自由坍塌。

该作用机理提出的对空区进行充填可减缓围岩能量耗散速度，而围岩系统的能量耗散速度决定了系统稳定性。

### 3.1.3 充填体的充填作用

Kirsten 和 Stacey 通过对南非深井黄金矿山充填体作用机理研究后指出，充填体的充填作用主要有三种[6]。

（1）保持顶板岩层的稳定性。受节理、裂隙的影响，顶板岩石被切割成结构体。采场开挖完成后，顶板暴露，顶板结构体在自重作用下具有滑移或冒落的趋势，这些具有潜在冒落可能的结构体被称之为拱顶石。充填体充入采场后为拱顶石与采场之间提供了一种连接，改善了顶板受力状态，提高了顶板围岩承载能力，减缓并最终阻止拱顶石的移动趋势，不致拱顶石发生自由冒落和坍塌而引起连锁反应使整个采场失稳。

（2）减轻地震波的危害。空区充填情况下，可将岩爆引起的压缩冲击波由在顶板和底板岩石表面处反射转变为在充填体与岩石界面上部分反射，这种改变降低了顶、底板岩石表面的拉应力。

（3）作为节理与裂隙中的填充物。充填料浆中部分细料进入围岩节理和裂隙中，增大了节理裂隙的黏结强度。此外，充填料与围岩之间的接触还能防止在工作面推进时岩层遭受曲率逆转期间节理中出现的任何原生细料跑出，促使节理和裂隙闭合，限制拱顶石的松动，提高顶板围岩的稳定性。

### 3.1.4 充填体的综合作用机理

综上，可将胶结充填体作用机理分为三个层面[4]。

（1）胶结充填体力学作用机理。充填体充入采场后，为围岩提供了侧限压力，改善了围岩受力状态，使其由单轴或双轴改变为双轴或三轴应力状态，增强了围岩的自稳能力。充填体不仅起到支撑作用，更重要是通过改善围岩应力状态提高围岩强度，保证围岩稳定。

（2）充填体结构作用机理。采场开挖后，岩体原始平衡结构体系被破坏，其本来能够维持平衡和承受荷载的几何不变体系变成了向空区内收敛的几何可变体，导致围岩的连锁破坏。相较岩体而言，充填体强度不高，荷载条件下变形较大，但是当充填体充入井下后，它可以维护原岩结构，维持围岩稳定，避免围岩结构系统的突变失稳。

（3）充填体让压作用机理。荷载作用下胶结充填体变形远大于原岩体，因此，胶结充填体能够在维护围岩结构体系的情况下，缓慢让压，使围岩地压能够缓慢释放（即减缓能量的释放速度）；同时，充填体施加于围岩的压力，可对围岩起到一种柔性支护的作用。

# 3.2 充填体强度设计方法分类

设计充填体强度的方法大体上可以分为四类：一是依据国家相关规范、规程；二是经验类比法；三是数值模拟分析方法；四是数学力学模型法。在胶结充填体强度设计的实践中，可以单独使用其中一种方法，也可几种方法同时使用。显而易见，若能将上述几种方法同时使用，将计算结果相互参照，更有利于设计合理的胶结充填体强度。

## 3.2.1 规范、规程

目前针对充填体所需强度有严格要求的国家规范、规程，主要包括《有色金属采矿设计规范》（GB 50771—2012）和《有色金属矿山生产技术规程》。如《有色金属采矿设计规范》（GB 50771—2012）9.5.2节第10条规定：下向水平分层进路式充填采矿法分层巷道和回采进路的充填要连续进行，严格按设计施工并接顶；充填体设计强度不得低于5 MPa。

## 3.2.2 经验类比法

经验类比法是指根据国内外矿山生产实际使用的胶结充填体强度设计，类比赋存岩体类似、地质条件相差不大、采矿方法和充填条件相似，采场尺寸和胶结充填体在采场中的暴露面积和时间相当的矿山，参考这些矿山胶结充填体强度设计值并结合矿山的实际情况分析得到胶结充填体所需的强度值，有时留有一定的安全系数。这个方法实质上是经验法，由于使用简单，因此该法应用较为广泛[7-11]。由于对胶结充填体的性能与作用机理认识还不够深刻，因此只能运用在实践中积累起来的经验做出设计决策。经验和教训固然很有价值，但是这种从经验出发的类比法，由于缺乏科学的理论依据，随着胶结充填体力学机理研究的不断深入，该法将逐渐被理论分析方法所取代。

### 3.2.3　数值模拟分析方法

利用有限差分法、边界单元法和有限单元法等程序建立数学物理模型，分析采场围岩闭合、围岩位移与应力分布及充填体位移与应力的分布，根据分析结果确定胶结充填体所需强度。该法易于操作、成本低和计算结果直观，加之充填体力学作用机理研究的不断深入，逐渐形成了以数值分析方法为主的分析体系[12-17]。

然而，运用该法成功地确定胶结充填体强度必须建立正确的模型。这不仅需要对研究对象有充分正确的认识，同时也要求对胶结充填体的力学特性和力学作用机理有充分正确的认识。受材料参数、边界约束、材料非均质连续性质和内部效应等影响，导致数值模拟解算无法高精度地逼近实际情况，不能给工程提供绝对的凭证，这一现状在一定程度上限制了数值分析方法的发展。因此，该法作为确定胶结充填体所需强度的辅助方法更为合适。目前常用的数值模拟软件有FLAC$^{3D}$、ANSYS 和 RFPA 等。

### 3.2.4　数学力学模型法

数学力学模型法实质为按开采和充填条件，将充填体抽象成一个力学模型，或是模拟成一个物理模型，根据充填体力学作用，推导出充填体所需要的强度[12-17]。该法能将复杂的力学条件和力学机制用简明的数学模型加以抽象概括出来，并对某些最基本的因素及这些因素之间的相互作用进行定量描述。现阶段，由于对胶结充填体力学机理认识还不够充分，数学力学模型还难以全面地反映实际上十分复杂的情况，这样的缺点有待于在今后的发展中加以克服，因此，使用数学力学模型方法并辅之以其他方法，将会收到更好的效果。

## 3.3　立式充填体强度设计方法与评述

### 3.3.1　规范、规程相关规定

《有色金属采矿设计规范》（GB 50771—2012）对立式充填体强度要求如下[18]：

第9.5.5节第2条规定，嗣后充填应采用高效率的充填方式；当矿柱需要回收时，充填体应具有足够的强度和自立高度。

第9.5.5节第3条规定，当充填体需要为相邻矿块提供出矿通道或底柱需要回收时，充填体底部应采用高灰砂比胶结充填，充填体强度应大于5 MPa。当矿柱不需要回收作为永久损失时，采空区宜采用非胶结充填。

《有色金属矿山生产技术规程》第34.1.9节对立式充填体强度要求如下[19]，矿房采用胶结充填时，矿柱回采应待胶结充填体强度达到设计要求后方可进行。矿房采用非胶结充填时，矿柱回采应待充填料压实后方可进行。

### 3.3.2  强度设计观点及方法分类

基于对立式胶结充填体力学作用机理认识的不同，强度设计观点主要分为两类。

第一类是将充填体视为自立性人工矿柱，主要承受自重。这种模型是基于如下考虑：（1）充填体的刚度与岩石的刚度相比，小到几乎可以忽略不计；（2）采场充填体一般接顶不密实，很难直接承受顶板压力；（3）当回收两充填体之间的矿石矿柱时，充填体的暴露面积应有一定限制，并据此设计充填体的强度值。

第二类是将充填体视为矿体开采结构物，其设计主要用来承受采场压力。

应当说明，按第二类模型来设计充填体强度，其数值一般较大。

采用数学力学模型法设计空场嗣后充填采矿法中胶结充填体强度，按分析方法不同可分为四类：（1）经验公式法；（2）数学模型法；（3）弹性力学分析方法；（4）岩土力学分析方法。基于建模理论不同，又分为拱效应模型、楔体滑动理论模型和覆岩承重理论。

### 3.3.3  经验公式法

经验公式法的实质在于通过统计矿山生产实际中使用的胶结充填体强度，建立胶结充填体所需强度与影响因素之间的数学关系，据此设计胶结充填体强度。

3.3.3.1  蔡嗣经经验公式

蔡嗣经教授根据大量的现场统计资料（见图3-2），通过回归分析得到胶结充填体所需强度与高度之间的关系满足半立方抛物线[9,20]：

$$H^2 = a\sigma^3 \tag{3-1}$$

式中　$H$ ——胶结充填体高度，m；

$a$ ——经验系数，胶结充填体高度小于50 m时取600，大于100 m时取1000；

$\sigma$ ——胶结充填体所需强度，MPa。

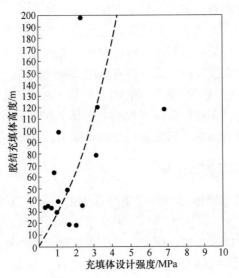

图 3-2　胶结充填体高度与强度关系的经验曲线

### 3.3.3.2　安庆铜矿经验公式

安庆铜矿二步回采矿房工业试验期间，对胶结充填体内应力进行监测，得到大量监测数据，并对胶结充填体稳定性进行有限元分析，综合监测结果和有限元分析结果，得到如式（3-2）所示的半经验公式。在安庆铜矿开采技术与回采工艺条件下，即使胶结充填体一侧临空，另一侧受尾砂充填体主动压力作用下也可自立[21]。

$$\sigma = \frac{\gamma h}{3\left(1 + \dfrac{H}{L} + \dfrac{W}{L}\right)} \tan\left(\frac{\pi}{2} - \frac{\varphi}{4}\right) \tag{3-2}$$

式中　$\sigma$——胶结充填体所需强度，MPa；

　　　$\gamma$——胶结充填体容重，MN/m³；

　　　$\varphi$——胶结充填体内摩擦角，（°）；

　　　$H$——胶结充填体高度，m；

　　　$L$——胶结充填体长度，m；

　　　$W$——胶结充填体宽度，m。

### 3.3.4　数学模型法

数学模型是在已有岩石力学和充填体力学特性研究的基础上，通过简化某些复杂的难以定量计算的影响因素，抽象并概括出可以表征胶结充填体力学特征的分析模型。运用数学力学方法获得描述胶结充填体应力分布的数学模型，据此确定胶结充填体所需强度。

### 3.3.4.1 Terzaghi 模型

1943 年，Terzaghi 描述了沉陷带上砂土体应力分布的一种方法[22]，由于胶结充填体强度特性与固结土相似，故也可用 Terzaghi 模型分析充填体内应力分布状态，以此确定充填体强度。假设如下：

（1）胶结充填体在深度上是无限的；

（2）在胶结充填体的任意深度上，各应力分量是常量；

（3）胶结充填体与围岩之间的剪切阻力得到了充分利用。

利用微分方法分析了胶结充填体任意高度上微分体的受力状态（见图 3-3），考虑微分体竖直方向受力平衡得到微分方程并求解[22-25]。

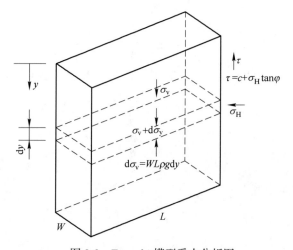

图 3-3 Terzaghi 模型受力分析图

胶结充填体垂直应力分布为：

$$\sigma = \frac{D}{A}(1 - e^{-Ay}) \tag{3-3}$$

其中：

$$A = \frac{2(L + W)}{LW}K\tan\varphi \tag{3-4}$$

$$D = \rho g - \frac{2c(L + W)}{LW} \tag{3-5}$$

$$K = \frac{1 - \mu}{\mu} \tag{3-6}$$

式中　$\sigma$ ——胶结充填体垂直应力，MPa；

　　　$y$ ——胶结充填体顶部至底部任意一点的距离，m；

　　　$L$ ——胶结充填体长度，m；

　　　$W$ ——胶结充填体宽度，m；

　　　$\rho g$ ——胶结充填体容重，MN/m$^3$；

　　　$\varphi$ ——胶结充填体内摩擦角，(°)；

　　　$c$ ——胶结充填体的内聚力，MPa；

　　　$K$ ——水平侧压系数；

　　　$\mu$ ——胶结充填体泊松比。

当 $L$ 趋于无穷大时，图 3-3 所示力学模型可简化为平面应变模型，称为二维 Terzaghi 模型。

$$\left.\begin{aligned} A &= \frac{2K\tan\varphi}{W} \\ D &= \rho g - \frac{2c}{W} \end{aligned}\right\} \tag{3-7}$$

当 $L = W$ 时，模型的横断面为正方形，此时模型称为三维 Terzaghi 模型。

$$\left.\begin{aligned} A &= \frac{4K\tan\varphi}{W} \\ D &= \rho g - \frac{4C}{W} \end{aligned}\right\} \tag{3-8}$$

### 3.3.4.2　扬辛模型

扬辛模型[20,26]如下所示：

$$\sigma = \frac{\gamma}{B}(1 - e^{-By}) \tag{3-9}$$

其中：

$$B = \frac{S}{F}\lambda\tan\delta \tag{3-10}$$

$$\lambda = \tan^2\left(\frac{\pi}{4} - \frac{\varphi}{2}\right) \tag{3-11}$$

式中　$\sigma$ ——胶结充填体垂直应力，MPa；

　　　$\gamma$ ——胶结充填体容重，MN/m$^3$；

　　　$y$ ——胶结充填体顶部至底部距离，m；

　　　$S$ ——充填采场周长，m；

　　　$F$ ——充填采场水平断面积，m$^2$；

δ——充填体与围岩之间的摩擦角，（°）；

λ ——侧压力系数；

φ ——胶结充填内摩擦角，（°）。

### 3.3.5 弹性力学分析方法

弹性力学分析方法实质是根据胶结充填体力学模型，采用弹性力学分析方法结合边界条件，建立胶结充填体内应力分布的解析解，据此确定胶结充填体强度。

#### 3.3.5.1 卢平弹性理论模型

根据图 3-4 所示的力学模型，假设：

（1）围岩对充填体的侧向压力和剪切阻力按直线分布；

（2）剪切阻力由围岩与充填体之间的黏聚力和摩擦阻力综合作用产生[20,27-28]。

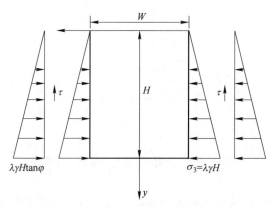

图 3-4　卢平弹性理论模型分析图

采用半逆解法和逆解法两种方法求解，采用叠加原理求得胶结充填体内垂直应力分布解。

$$\sigma = \frac{\gamma H}{1 + \lambda \tan\varphi \dfrac{H}{W}} \qquad (3\text{-}12)$$

其中：

$$\lambda = \frac{\mu}{1 - \mu} \qquad (3\text{-}13)$$

式中　σ ——胶结充填体垂直应力，MPa；

γ ——胶结充填体容重，MN/m$^3$；

$H$ ——胶结充填体高度，m；

$W$ ——胶结充填体宽度，m；

$\lambda$ ——侧压力系数；

$\varphi$ ——胶结充填体内摩擦角，(°)；

$\mu$ ——胶结充填体泊松比。

### 3.3.5.2 刘志祥弹性理论模型

刘志祥[29]针对阶段空场嗣后充填采矿法胶结充填体处于一侧临空，另一侧受尾砂侧压力的受力条件，将其简化成平面应变问题，如图3-5所示。

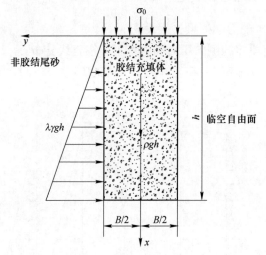

图3-5 侧压力作用下胶结充填体力学模型

采用半逆解法得到胶结充填体内垂直应力、剪应力和水平应力分布如下：

$$\sigma_x = \frac{2\lambda\gamma g}{B^3}x^3y + \left(\frac{3\lambda\gamma g}{5B} - \frac{6\rho g}{B}\right)xy - \frac{4\lambda\gamma g}{B^3}xy^3 - \rho g x - \sigma_0 \tag{3-14}$$

$$\sigma_y = \lambda\gamma g x\left(\frac{2}{B^3}y^3 - \frac{3}{2B}y - \frac{1}{2}\right) \tag{3-15}$$

$$\tau_{xy} = -\lambda\gamma g x^2\left(\frac{3}{B^3}y^2 - \frac{3}{4B}\right) - \lambda\gamma g\left(-\frac{1}{B^3}y^4 + \frac{3}{10B}y^2 - \frac{B}{80}\right) + \rho g\left(\frac{3}{B}y^2 + y - \frac{B}{4}\right) \tag{3-16}$$

式中 $\sigma_x$ ——胶结充填体垂直应力分量，MPa；

$\sigma_y$ ——胶结充填体水平应力分量，MPa；

$\tau_{xy}$ ——胶结充填体剪切应力分量，MPa；

$\lambda$ ——侧压力系数；

$\gamma g$ ——尾砂容重，MN/m$^3$；

$\rho g$ ——胶结充填体容重，MN/m$^3$；

$B$ ——胶结充填宽度，m；

$x$ ——充填体内任意一点纵坐标，m；

$y$ ——充填体内任意一点横坐标，m；

$\sigma_0$ ——胶结充填体顶部载荷，MPa。

### 3.3.6 岩土力学分析方法

岩土力学分析方法实质是借助岩土力学中的研究成果或分析方法，构建胶结充填体的力学模型，推导出胶结充填体的强度计算公式。基于对充填体与围岩之间相互作用关系认识的不同，模型可划分为成拱效应、楔体滑动理论（极限平衡分析方法）和覆岩承重理论。

#### 3.3.6.1 成拱效应

A Thomas 模型

Thomas 认为充填体自重应力作用下会在水平方向产生与围岩相互作用的水平应力，充填体与围岩都属于摩擦性介质，水平应力作用下两者接触面上将产生摩擦力，该摩擦力与两者接触面上的黏结力使充填体内成拱，充填体自重应力向围岩转移，充填体底部的压力小于充填体的自重应力，即成拱效应[30]。Thomas模型如下所示：

$$\sigma = \frac{\gamma H}{1 + \dfrac{H}{L}} \tag{3-17}$$

式中　$\sigma$ ——胶结充填体垂直应力，MPa；

$\gamma$ ——胶结充填体容重，MN/m$^3$；

$H$ ——胶结充填体高度，m；

$L$ ——胶结充填体长度，m。

B Mitchell 模型

加拿大学者 Mitchell 同 Thomas 讨论式（3-17）后，认为充填体和上下盘之间的摩擦力承担了充填体的部分重力载荷（成拱作用），进而提出采用式(3-18)计算胶结充填体强度[31-34]。

$$\sigma = F \frac{\gamma H}{\tan\beta + \dfrac{H}{L}} \tag{3-18}$$

其中：

$$\beta = \frac{\pi}{4} + \frac{\varphi}{2} \tag{3-19}$$

式中　$\sigma$ ——胶结充填体垂直应力，MPa；

$\gamma$ ——胶结充填体容重，$MN/m^3$；

$H$ ——胶结充填体高度，m；

$L$ ——胶结充填体长度，m；

$\beta$ ——胶结充填体底部的滑动面与水平面的夹角，(°)；

$\varphi$ ——胶结充填体的内摩擦角，(°)；

$F$ ——安全系数。

### 3.3.6.2  楔体滑动理论

楔体滑动理论实质是利用岩土力学中的楔体滑动理论，通过分析胶结充填体的三维楔形体稳定性条件（见图 3-6），推导出胶结充填体的强度计算公式。

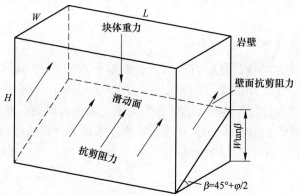

图 3-6　楔体滑动理论充填体受力分析

#### A　卢平楔体滑动模型

卢平在分析 Thomas 模型和 Mitchell 模型的基础上，对胶结充填体内聚力、内摩擦角、胶结充填体与围岩之间的接触条件和胶结充填体所受围岩侧压力加以考虑，采用极限平衡分析方法建立了胶结充填体三维楔形体的平衡方程，得到了胶结充填体垂直应力分布解[20,27-28]。

$$\sigma = \frac{\gamma H}{(1 - K)\left(\tan\beta + 2\dfrac{H}{L}\dfrac{c_j}{c}\sin\beta\right)} \tag{3-20}$$

其中：

$$\beta = \frac{\pi}{4} + \frac{\varphi}{2} \tag{3-21}$$

式中　σ——胶结充填体垂直应力，MPa；

　　　γ——胶结充填体容重，MN/m³；

　　　H——胶结充填体高度，m；

　　　L——胶结充填体长度，m；

　　　K——按 1 - sinφ 近似计算；

　　　β——胶结充填体底部滑动面与水平面的夹角，(°)；

　　　φ——胶结充填体的内摩擦角，(°)；

　　　$c_j$——胶结充填体与围岩之间的内聚力，MPa；

　　　c——胶结充填体的内聚力，MPa；

　　　$\dfrac{c_j}{c}$——取值为 0.6~1。

B　高水模型

杨宝贵等人[35]认为充填体发生破坏的主要原因是剪切破坏引起的垮塌，在该思想的启发下，分析了自立状态下高水固结充填体的受力状态，构建了胶结充填体强度设计模型。

$$\sigma = \dfrac{\dfrac{1}{100}\gamma H\sin\beta - \dfrac{c}{\cos\beta} - \dfrac{2}{L}Hc_1}{\tan\varphi + \dfrac{H}{L}K\tan\varphi_1} \tag{3-22}$$

其中：

$$\beta = \dfrac{\pi}{4} + \dfrac{\varphi}{2} \tag{3-23}$$

式中　σ——胶结充填体垂直应力，MPa；

　　　γ——胶结充填体容重，MN/m³；

　　　H——胶结充填体高度，m；

　　　L——胶结充填体长度，m；

　　　K——按 1 - sinφ 近似计算；

　　　β——胶结充填体底部滑动面与水平面的夹角，(°)；

　　　φ——胶结充填体的内摩擦角，(°)；

　　　$\varphi_1$——胶结充填体与围岩之间的内摩擦角，(°)；

　　　c——胶结充填体内聚力，MPa；

　　　$c_1$——胶结充填体与围岩之间的内聚力，MPa。

C　极限自立模型

以充填体强度计算为基础推导充填体极限自立高度的模型并不多，目前分析充填体稳定性还常采用经验类比法。大部分矿山为了保证充填体在空区内的稳定性，主要采取提高胶结充填体强度和减少充填体的暴露面积，理论不完善和现场监测工作不足很难评价充填体的稳定性。式（3-24）是在确定胶结充填参数的条件下探讨胶结充填体的极限高度[36]。

$$H = \frac{2c}{F\sin\beta\left[\gamma a\cos\beta\left(1 - c\tan\beta\frac{\tan\beta}{F}\right)\right]} \qquad (3\text{-}24)$$

其中：

$$\beta = \frac{\pi}{4} + \frac{\varphi}{2} \qquad (3\text{-}25)$$

式中   $H$ ——胶结充填体极限暴露高度，m；

　　　$c$ ——胶结充填体内聚力，MPa；

　　　$\beta$ ——胶结充填体底部滑动面与水平面的夹角，（°）；

　　　$\varphi$ ——胶结充填体内摩擦角，（°）；

　　　$F$ ——安全系数，$F = 1.2$。

　　　$\gamma$ ——胶结充填体容重，MN/m$^3$；

　　　$a$ ——垂直加速度，其值为重力加速度 $g$ 与爆破或微震加速度垂直分量之和。

　　D  刘志祥楔体滑动模型

刘志祥[29]针对空场嗣后充填采矿法胶结充填体一侧临空、一侧受尾砂侧压力的情形下，采用极限平衡分析方法建立了空场嗣后充填胶结充填体的强度模型。

$$\sigma = \frac{2WL(\gamma_1 H_2 + \sigma_0)\sin\alpha + \lambda\gamma_2 H_1^2\cos\alpha - 2WH_2(2c_1 + K_1\sigma_0\tan\varphi_1) - \frac{2WLc}{\cos\alpha}}{2WH_2K_1\tan\varphi_1 + 2WLK_2\tan\varphi}$$

$$\qquad (3\text{-}26)$$

其中：

$$\alpha = \frac{\pi}{4} + \frac{\varphi}{2} \qquad (3\text{-}27)$$

式中   $\sigma$ ——胶结充填体垂直应力，MPa；

　　　$W$ ——胶结充填体宽度，m；

　　　$L$ ——胶结充填体长度，m；

　　　$\gamma_1$ ——胶结充填体容重，MN/m$^3$；

　　　$H_2$ ——充填体高度，m；

　　　$\sigma_0$ ——顶板围岩作用于胶结充填体顶部的均布载荷，MPa；

　　　$\lambda$ ——非胶结尾砂侧压力系数；

$\gamma_2$——非胶结尾砂容重，$MN/m^3$；

$H_1$——滑移面以上胶结充填体高度，m；

$c_1$——胶结充填体与围岩之间的内聚力，MPa；

$c$——胶结充填体的内聚力，MPa；

$\alpha$——胶结充填体滑移角，(°)；

$\varphi_1$——胶结充填体与围岩之间的内摩擦角，(°)；

$\varphi$——胶结充填体的内摩擦角，(°)；

$K_1$，$K_2$——小于1的常数。

### 3.3.6.3　覆岩承重理论

覆岩承重理论实质是将岩石力学中的覆岩承重理论直接移植于胶结充填体强度设计，但并不是简单地将胶结充填体顶部至地表岩体重力直接加载于胶结充填体顶部[20]。

$$\sigma = K_1 \gamma_1 H_1 \tag{3-28}$$

式中　$\sigma$——胶结充填体垂直应力，MPa；

$K_1$——小于1的系数，称为覆岩重力系数；

$\gamma_1$——上覆岩体容重，$MN/m^3$；

$H_1$——上覆岩体的高度，m。

当为缓倾斜矿体开采，使用条带状矿柱时，式（3-28）相应变为：

$$\sigma = \frac{x + W}{W} K_1 \gamma_1 H_1 \tag{3-29}$$

式中　$x$——条带状充填矿柱的间距，m。

$W$——胶结充填体宽度，m。

### 3.3.7　存在的问题

分析立式胶结充填体强度模型的研究现状发现：

（1）确定胶结充填体强度的方法科学性不足。确定胶结充填体强度不仅需要对胶结充填体力学特性和力学机理有充分正确的认识，而且依赖于对影响胶结充填体稳定性的因素加以分析，经验类比法和经验公式主观性较强，不能全面客观地反映实际情况。

（2）确定胶结充填体强度的方法在对待其力学作用时意见不一。基于对胶结充填体力学作用认识不同，胶结充填体强度设计观点分为两类，一类是"支撑"观点，另一类是"自立性被动支护"观点。"支撑"观点主要考虑胶结充填体支撑上覆岩层压力，"自立性被动支护"观点主要考虑胶结充填体自重对强度的影响，可以确定以"支撑"观点设计的强度值比"自立性被动支护"观点设计的强度值大。这不仅与矿山开采条件和充填条件有关，更主要的原因在于对胶结充填体力学作用认识不足。

（3）对影响胶结充填体稳定性因素研究不足具体如下。

1）胶结充填体结构尺寸考虑不全。胶结充填体结构尺寸不仅与胶结充填体重力有关，而且还与围岩和胶结充填体接触面上剪切阻力有关。

2）强度设计应满足匹配的原则。内聚力和内摩擦角作为胶结充填体强度特征参数，共同决定了充填体强度特性。因此，求解胶结充填体所需强度时不应将两者同时作为已知参数，其合理的处理方式是将内摩擦角作为已知参数，对内聚力求解以匹配假定的内摩擦角，确定胶结充填体的所需强度。

3）胶结充填体与围岩之间的接触条件考虑不足。胶结充填体和岩石属于摩擦性介质，当两者存在相对运动趋势时将在两者接触面上产生剪切阻力，使胶结充填体产生内拱效应，削弱造成胶结充填体滑动的作用力，若对该因素不加以考虑必定造成设计强度大于实际所需强度。

4）自重作用条件下尾砂压密规律研究不足。空区内尾砂在自重作用下压密，其基本物理参数和强度特性参数将发生改变[37-39]，若采用自然松散状态下尾砂参数计算胶结充填体所受侧压力，计算结果必然偏小。

（4）由于缺乏现场实测，对胶结充填体强度设计值验证工作不足。胶结充填体强度值设计是否合理，很大程度上依赖于现场实测工作的检验，但现场实测工作一直以来都是较为薄弱的环节，大多数情况下是以充填体垮塌与否判断设计强度是否合理。若充填体垮塌，胶结充填体强度值必然是不合理的。但是胶结充填体保持自身稳定的情况下，胶结充填体强度值是否合理也很难说清楚，可能存在设计值大于所需强度值的情况。因此开展现场实测工作对于检验设计强度值是必不可少的。

# 3.4　下向充填体强度设计方法与评述

## 3.4.1　规范、规程相关规定

《有色金属采矿设计规范》（GB 50771—2012）中[18]第 9.5.3 节第 4 条规定，分层假顶应充填完整坚实，充填体单轴抗压强度不应小于 3 MPa。

《有色金属矿山生产技术规程》[19]第 30.4.6 节规定，矿房回采时，第一、二分层为护顶层，必须形成完整的坚固假顶后方可转入正式回采。第 30.4.13 节规定，分层巷道和回采进路的充填要连续进行，严格按设计施工并接顶；充填体设计强度不得低于 5 MPa。

### 3.4.2 简支梁理论模型

将下向进路式充填体简化为简支梁模型，分析承载层上覆荷载、体力或两者共同作用下，结构稳定性与受力状态的相互关系，为了方便分析计算，作如下假设：

（1）设进路承载层为连续、均质、各向同性，并符合弹性力学假设条件的梁；

（2）承载层两端支座（进路矿体或进路充填体）和承载层在屈服破坏之前为线弹性体，其本构方程为 $\sigma = E\varepsilon$；

（3）充填体具有应力隔离作用，承载层所受的水平应力很小，水平应力对承载层的弯曲影响也很小。因此，忽略水平应力对承载层应力分布的影响，同时略去梁两端的边界约束，近似简支。

承载层顶部受均布荷载作用情况下，其力学模型如图 3-7 所示。承载层只受重力时，力学模型如图 3-8 所示。

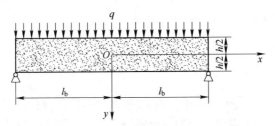

图 3-7 均布荷载作用下承载层力学模型

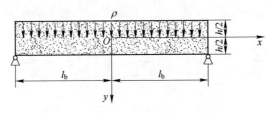

图 3-8 重力作用下承载层力学模型

根据叠加原理，均布荷载和重力共同作用下承载层应力分布见式（3-30）~ 式（3-32）[40]。

$$\sigma_x = \frac{6(q + \rho g h)}{h^3}\left(\frac{l^2}{4} - x^2\right)y + \frac{q + \rho g h}{h}\left(\frac{4y^2}{h^2} - \frac{3}{5}\right)y \quad (3\text{-}30)$$

$$\sigma_y = -\frac{q}{2}\left(1 + \frac{y}{h}\right)\left(1 - \frac{2y}{h}\right)^2 + \frac{\rho g y}{2}\left(1 - \frac{4y^2}{h^2}\right) \quad (3\text{-}31)$$

$$\tau_{xy} = -\frac{6(q + \rho gh)}{h^3}\left(\frac{h^2}{4} - y^2\right)x \qquad (3\text{-}32)$$

根据水平应力分布表达式 (3-30) 可知,承载层最大拉应力出现在底部中心处,表达式见式 (3-33)。

$$\sigma_{t(\max)} = (\sigma_x)_{\substack{x=0\\y=\frac{h}{2}}} = 3(q + \rho gh)\left(\frac{l^2}{4h^2} + \frac{1}{15}\right) \qquad (3\text{-}33)$$

式中　　$\sigma_x$ ——承载层 $x$ 方向拉应力,MPa;

　　　　$\sigma_y$ ——承载层 $y$ 方向拉应力,MPa;

　　　　$\tau_{xy}$ ——承载层剪应力,MPa;

　　$\sigma_{t(\max)}$ ——承载层最大拉应力,MPa;

　　　　$q$ ——承载层上覆均布荷载,MPa;

　　　　$\rho g$ ——承载层容重,MN/m$^3$;

　　　　$h$ ——承载层厚度,m;

　　　　$l$ ——进路宽度,m;

　　　　$x$ ——承载层宽度坐标,m;

　　　　$y$ ——承载层厚度坐标,m。

### 3.4.3　连续梁理论模型

马长年[41]将下向进路式充填体简化为受均布荷载作用的连续梁模型,基于简支边界条件,采用结构理论中的三弯矩方程,可列出与支座处静不定弯矩个数相等的三弯矩方程。通过这些方程组,能求得连续梁所有内力未知量。

相邻两跨梁的支座和作用于梁上的竖向荷载、弯矩与端弯矩图如图 3-9 所示。

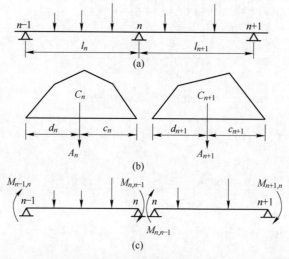

图 3-9　相邻两跨梁的支座和作用于梁上的竖向荷载、弯矩与端弯矩图

以 13 条标准进路为分析对象，相邻两层进路垂直交错布置，分层内采用两步骤回采（"隔一采一"模式），示意图如图 3-10 所示。

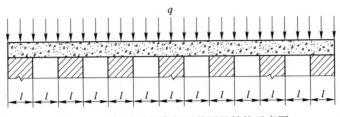

图 3-10 进路回采顺序与承载层的结构示意图

考虑进路侧帮片帮和塌落至仅留下过进路形心铅垂线的矿岩与假顶接触的极限状况，其力学模型如图 3-11 所示。

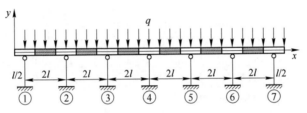

图 3-11 承载层连续梁与支座的关系示意图

承载层连续梁任意截面的弯矩和剪力的解析表达式见式（3-34）和式（3-35）：

$$M(x) = \begin{cases} -\dfrac{1}{2}qx^2 & \left(0 \leqslant x \leqslant \dfrac{l}{2}\right) \\[2mm] -\dfrac{1}{2}qx^2 + \dfrac{569}{416}qlx - \dfrac{569}{832}ql^2 & \left(\dfrac{l}{2} < x \leqslant \dfrac{5l}{2}\right) \\[2mm] -\dfrac{1}{2}qx^2 + \dfrac{1471}{416}qlx - \dfrac{5079}{832}ql^2 & \left(\dfrac{5l}{2} < x \leqslant \dfrac{9l}{2}\right) \\[2mm] -\dfrac{1}{2}qx^2 + \dfrac{2283}{416}qlx - \dfrac{12387}{832}ql^2 & \left(\dfrac{9l}{2} < x \leqslant \dfrac{13l}{2}\right) \\[2mm] -\dfrac{1}{2}qx^2 + \dfrac{3125}{416}qlx - \dfrac{23333}{832}ql^2 & \left(\dfrac{13l}{2} < x \leqslant \dfrac{17l}{2}\right) \\[2mm] -\dfrac{1}{2}qx^2 + \dfrac{3937}{416}qlx - \dfrac{37137}{832}ql^2 & \left(\dfrac{17l}{2} < x \leqslant \dfrac{21l}{2}\right) \\[2mm] -\dfrac{1}{2}qx^2 + \dfrac{4839}{416}qlx - \dfrac{56079}{832}ql^2 & \left(\dfrac{21l}{2} < x \leqslant \dfrac{25l}{2}\right) \\[2mm] -\dfrac{1}{2}qx^2 + 13qlx - \dfrac{169}{2}ql^2 & \left(\dfrac{25l}{2} < x \leqslant \dfrac{26l}{2}\right) \end{cases} \quad (3\text{-}34)$$

$$T(x) = \begin{cases} qx & \left(0 \leqslant x \leqslant \dfrac{l}{2}\right) \\[2mm] qx - \dfrac{569}{416}ql & \left(\dfrac{l}{2} < x \leqslant \dfrac{5l}{2}\right) \\[2mm] qx - \dfrac{1471}{416}ql & \left(\dfrac{5l}{2} < x \leqslant \dfrac{9l}{2}\right) \\[2mm] qx - \dfrac{2283}{416}ql & \left(\dfrac{9l}{2} < x \leqslant \dfrac{13l}{2}\right) \\[2mm] qx - \dfrac{3125}{416}ql & \left(\dfrac{13l}{2} < x \leqslant \dfrac{17l}{2}\right) \\[2mm] qx - \dfrac{3937}{416}ql & \left(\dfrac{17l}{2} < x \leqslant \dfrac{21l}{2}\right) \\[2mm] qx - \dfrac{4839}{416}ql & \left(\dfrac{21l}{2} < x \leqslant \dfrac{25l}{2}\right) \\[2mm] qx - 13ql & \left(\dfrac{25l}{2} < x \leqslant \dfrac{26l}{2}\right) \end{cases} \tag{3-35}$$

式中　$M(x)$ ——承载层弯矩，MN·m；

　　　$T(x)$ ——承载层剪力，MN；

　　　$q$ ——承载层上覆均布荷载，MPa；

　　　$x$ ——承载层横向坐标，m；

　　　$l$ ——进路宽度，m。

承载层底部最大拉应力为：

$$\sigma_{T(max)} = \frac{6|M_{max}|}{lh^2} \tag{3-36}$$

式中　$\sigma_{T(max)}$ ——承载层最大拉应力，MPa；

　　　$|M_{max}|$ ——承载层最大弯矩，MN·m。

### 3.4.4　薄板理论模型

将进路侧帮视为弹性基础，承载层视为在弹性基础之上由弹性介质组成的薄板，可以采用薄板理论分析承载层应力分布[42-43]：

(1) 将进路承载层看作均质、连续、各向同性的且符合弹性力学假设条件的弹性板；

(2) 在屈服破坏之前，将矿体和充填体的承载层看作为线弹性体，其本构方程为 $\sigma = E\varepsilon$；

（3）充填体承载层的厚度 $h$ 与承载层水平方向上最小尺寸 $l$ 的比值为 $\dfrac{h}{l} \leqslant \dfrac{1}{5}$ ；

（4）充填体承载层上受的均布荷载为 $q$ ，在进路开采中，一般进路长度都远大于进路宽度；

（5）薄板的弯曲主要是由于垂直载荷引起的，忽略水平应力的影响。

弹性薄板力学模型如图 3-12 所示。

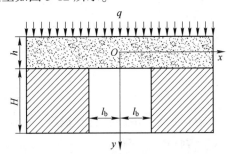

图 3-12 下向胶结充填进路受力模型

承载层底部最大拉应力按式（3-37）计算。

$$\sigma_{T(max)} = - \frac{\dfrac{ql}{2} \left\{ \dfrac{l^2}{4} \left[ \dfrac{3(1-\mu^2)E_j}{Eh^3H} \right]^{\frac{1}{2}} + \dfrac{3l}{2} \left[ \dfrac{3(1-\mu^2)E_j}{Eh^3H} \right]^{\frac{1}{4}} + 3 \right\}}{\left[ \dfrac{3(1-\mu^2)E_j}{Eh^3H} \right]^{\frac{1}{4}} \left\{ \dfrac{l}{2} \left[ \dfrac{3(1-\mu^2)E_j}{Eh^3H} \right]^{\frac{1}{4}} + 1 \right\} h^2} \tag{3-37}$$

式中   $\sigma_{T(max)}$ ——承载层底部最大拉应力，MPa；

     $q$ ——承载层所受均布荷载，MPa；

     $l$ ——进路宽度，m；

     $\mu$ ——胶结充填体泊松比；

     $E_j$ ——弹性基础的弹性模量（矿体或充填体），MPa；

     $E$ ——承载层弹性模量，MPa；

     $H$ ——进路高度，m。

### 3.4.5 可靠度理论模型

韩斌等人[44]提出了基于可靠度的下向进路胶结充填体强度确定方法。该方法采用不确定性方法来分析计算胶结充填体的强度，可使许多不确定性因素定量化，能够反映各种类型随机参数的随机性，同时也可给出相应可能承担的风险，即失效概率。

基于可靠度理论的下向进路胶结充填采矿法的充填强度确定方法，可靠度理论模型主要分为下述四个步骤进行。

（1）建立极限状态方程。

$$z = g(h, l, E_j, E_L, q, \sigma_R)$$

$$= \sigma_R - \frac{\left[\dfrac{3(1-\mu^2)E_j}{E_L M}\right]^{\frac{1}{2}} q l^3 h^{-\frac{3}{2}} + 3\left[\dfrac{3(1-\mu^2)E_j}{E_L M}\right]^{\frac{1}{4}} q l^2 h^{-\frac{4}{3}} + 3ql}{\left[\dfrac{3(1-\mu^2)E_j}{E_L M}\right]^{\frac{1}{2}} l h^{\frac{1}{2}} + \left[\dfrac{3(1-\mu^2)E_j}{E_L M}\right]^{\frac{1}{4}} h^{\frac{5}{4}}} = 0$$

（3-38）

式中　$\sigma_R$——进路承载层抗拉强度，MPa；

$h$——承载层厚度，m；

$l$——进路1/2宽度，m；

$E_j$——进路侧帮岩体（或充填体）弹性模量，MPa；

$E_L$——进路承载层弹性模量，MPa；

$q$——承载层所受均布荷载，MPa；

$\mu$——承载层泊松比；

$M$——进路高度，m。

（2）确定各随机参数的特征值。式（3-38）中 $h$、$l$、$E_j$、$E_L$、$q$ 均可作为随机参数，可通过现场调查和实验室测得。

（3）进路承载层稳定性可靠概率的确定。

（4）进路承载层强度的计算。将 $h$、$l$、$E_j$、$E_L$、$q$ 的相关参数代入蒙特卡洛法和改进的 JC 法分析程序初步确定强度值，就可以计算出相应的承载层稳定性可靠概率指标，然后以计算出的可靠概率指标为参照，逐次调节充填体强度值并反复运算，即可求得承载层稳定性可靠概率，即为所要求值时对应的充填体强度值。

对于下向进路式胶结充填采矿法而言，一条进路一般在一个月内可采完。因此，承载层稳定性可靠概率达到90%则完全可以满足井下生产的要求，故将承载层稳定性可靠概率确定为90%。

### 3.4.6　存在的问题

分析下向进路式充填体强度模型的研究现状发现如下问题。

（1）"聚焦于顶、忽略两帮"。根据下向分层进路式充填采矿法典型工艺可知，充填体既作为进路直接顶板，又作为进路侧帮，协同作用保障进路回采安全。目前针对下向分层矩形进路式充填体强度设计方法仅考虑充填体作为人工假顶这一力学作用，忽略充填体作为侧帮的力学作用。由于顶与帮力学作用、受力特征与破坏机理不同，强度需求必然不同，因此有必要针对"顶+帮"组合结构力学作用，综合考虑"顶+帮"组合结构的稳定性需求。

（2）"失稳机理统一、力学模型不统一"。目前针对下向分层矩形进路式充填体强度设计的方法大体分为三类，基于进路假顶（承载层）的典型破坏模式（冒顶、脱层与断裂）均认为失稳机理为弯曲变形导致的拉伸破坏。因此分别构建了以单跨双支座简支梁、多跨多支座连续梁、单跨双支座薄板表征的假顶力学模型，三类模型差异较大。

（3）总结下向分层进路式充填体强度设计理论研究成果，多以矩形进路为主，少见针对六边形进路的研究，原因在于目前很难用一种成熟的力学模型表征六边形进路复杂的镶嵌结构。

# 3.5  上向充填体强度设计方法与评述

## 3.5.1  规范、规程相关规定

《有色金属采矿设计规范》（GB 50771—2012）中[18]相关规定如下：

第 9.5.2 节第 8 条规定：上向充填采矿法胶结充填体设计强度，应满足矿柱回采时自立高度的要求，并应能承受爆破振动的影响。

第 9.5.2 节第 9 条规定：回收底柱的采场，应在底柱上构筑厚度不小于 0.4 m、强度不小于 15 MPa 的钢筋混凝土或厚度大于 5 m、强度大于 5 MPa、底板上铺设钢筋网的砂浆胶结料隔离层。

第 9.5.2 节第 10 条规定：采用干式或尾砂充填时，宜在分层充填面上铺设厚度不小于 0.15 m、强度不低于 15 MPa 的混凝土垫层；采用低强度胶结充填时，每分层充填面上宜铺设厚度不小于 0.3 m、强度不低于 3 MPa 的胶结充填体。

《有色金属矿山生产技术规程》中[19]相关规定如下：

第 30.2.7 节规定：采用矿石底柱时，拉底层底板必须平整，在底柱上应构筑厚度不小于 0.4 m、混凝土强度不小于 15 MPa 的钢筋混凝土隔离层，并使其周边伸入围岩中。采用水砂充填体时，也可采用水砂胶结隔离层，其强度不小于 5 MPa，厚度不小于 5 m。

第 30.2.11 节规定：采场充填前，靠间柱的一侧应构筑密实的混凝土隔离墙，上下分层的隔离墙应严密衔接，并保持在同一垂直面上。隔离墙厚度不小于 0.3 m，混凝土强度不低于 15 MPa。混凝土隔离墙和间柱之间不得留有空隙。

第 30.2.12 节规定：每分层干式或水砂充填面上，应铺设混凝土垫层或水砂胶结垫层；混凝土垫层厚度不小于 0.15 m，强度不低于 15 MPa；水砂胶结垫层厚度不小于 0.4 m，强度不低于 5 MPa。

### 3.5.2 Tikou Belem 模型

Tikou Belem 在文献 [45] 中提到，上向分层充填采矿法中每分层充填体都必须作为继续上采的工作平台，通常需要在短期内进行高强充填。面层充填体表面荷载可采用克雷格修正的太沙基公式表示。假设无轨设备与充填体接触形状为方形，尺寸由汉森和博伊斯提出的方法计算。

$$Q_f = 0.4\gamma B N_\gamma + 1.2 c N_c \tag{3-39}$$

其中：

$$N_\gamma = 1.8(N_q - 1)\tan\varphi \tag{3-40}$$

$$N_c = \frac{N_q - 1}{\tan\varphi} \tag{3-41}$$

$$N_q = \tan^2\left(45° + \frac{\varphi}{2}\right)\exp(\pi\tan\varphi) \tag{3-42}$$

$$B = \sqrt{\frac{F_t}{p}} \tag{3-43}$$

式中  $Q_f$ ——面层充填体承载力，kPa；

$\gamma$ ——充填体密度，kN/m³；

$B$ ——充填体表面接触位置方形基脚宽度，m；

$N_\gamma$ ——单位重量承载系数；

$c$ ——充填体内聚力，kPa；

$N_c$ ——内聚力承载系数；

$N_q$ ——超载承载系数；

$\varphi$ ——充填体内摩擦角，(°)；

$F_t$ ——轮胎荷载力，kN；

$p$ ——轮胎胎压，kN/m²。

### 3.5.3 半空间体应力分布

陈玉宾[46-47]通过对无轨设备动荷载下充填体的作用机理和受力分析，运用弹性力学方法计算，借助弹性力学理论布希涅斯克解答和赛如提解答，得到了无轨设备法向荷载和切向荷载分别作用下面层充填体垂直位移、压应力和剪应力分布规律。通过应力叠加构建了无轨设备动荷载下的胶结充填体强度模型。

胶结层的厚度模型为：

$$d = 40f_1 \frac{40\mu\sqrt{a^2 + b^2}\, q_v}{E} \tag{3-44}$$

胶结层的抗压强度模型为：

$$\sigma_c = f_2 q_v \qquad (3-45)$$

胶结层的抗剪强度模型为：

$$\tau = f_3 \frac{\mu}{2}(q_v + q_h) \qquad (3-46)$$

式中　$d$——面层充填体设计厚度，m；

$\sigma_c$——面层充填体设计抗压强度，MPa；

$\tau$——面层充填体设计抗剪强度，MPa；

$f_1$——面层厚度安全系数；

$f_2$——抗压强度安全系数；

$f_3$——抗剪强度安全系数；

$\mu$——面层充填泊松比；

$E$——面层充填体弹性模量，MPa；

$a$——无轨设备轮胎与面层充填体矩形接触面长度，m；

$b$——无轨设备轮胎与面层充填体矩形接触面宽度，m；

$q_v$——无轨设备法向荷载；MPa；

$q_h$——无轨设备切向荷载，MPa。

### 3.5.4　存在的问题

分析上向面层充填体强度模型的研究现状发现：

（1）荷载特性研究不足。无轨设备满载条件下，设备及矿石重量通过轮胎作用于面层充填体，运行依靠轮胎与面层充填体之间的摩擦力，面层受法向荷载和切向荷载作用，且属于动荷载范畴；受面层充填平整度的影响，荷载同时具有波动特征。

（2）强度与厚度分割处理。无轨设备荷载作用下，面层充填体底部将发生弯曲变形，充填体"抗压不抗拉"，若拉应力超过其抗拉强度，将产生由底至顶的拉伸贯穿破坏。因此，其充填设计指标中应包含厚度指标，以控制底部拉应力，抵抗弯曲变形。

参 考 文 献

［1］BRADY B H G, BROWN E T. Rock mechanics for underground mining ［M］. London：Georgr Allen & Unwin, 1985.

［2］于学馥. 信息时代岩土力学与采矿计算初步 ［M］. 北京：科学出版社, 1991.

［3］蔡嗣经. 矿山充填机理的理论研究现状及发展趋势 ［J］. 采矿技术, 2011, 11（3）：15-18.

[4] 王新民, 古德生, 张钦礼. 深井矿山充填理论与管道输送技术 [M]. 长沙: 中南大学出版社, 2010.

[5] 樊忠华. 充填体与围岩相互作用机理与应用研究 [D]. 北京: 北京科技大学, 2010.

[6] JOHNSON R A, YORK G. Backfill alternatives for regional support in ultra-depth south african gold mine [C] // In: Bloss D M, EDS. MINEFILL 98. Brisbane, Australia: Australasian Institute of Mining and Metallurgy Publication, 1988: 239-244.

[7] 杨建桥. 某矿自立胶结充填体的稳定性研究 [D]. 昆明: 昆明理工大学, 2012.

[8] 蔡嗣经. 矿山充填力学基础 [M]. 北京: 冶金工业出版社, 2009.

[9] 蔡嗣经. 胶结充填材料的强度特性与强度设计 (Ⅰ)——胶结充填体的强度设计 [J]. 南方冶金学院学报, 1985 (3): 39-46.

[10] 刘志祥, 周士霖. 充填体强度设计知识库模型 [J]. 湖南科技大学学报 (自然科学版), 2012, 27 (2): 7-12.

[11] 盛佳, 汪洋, 孟艳平, 等. 厚大矿体充填法开采的全尾砂胶结充填体强度设计 [J]. 采矿技术, 2012, 12 (4): 15-17.

[12] ATKINSON J A, CAIRNCROSS JAMES R G. Model tests on shallow tunnels in sand and clay: 7F, 9R. tunnels and tunnelling [J]. International Journal of Rock Mechanics and Mining Sciences & Geomechanics Abstracts. Elsevier. July, 1974: 28-32.

[13] AUBERTIN M, LI A, ARNOLDI S, et al. Interaction between backfill and Rock mass in narrow stopes [J]. Soil and Rock America, 2003, 1: 1157-1164.

[14] 孙书伟. FLAC 3D 在岩土工程中的应用 [M]. 北京: 水利水电出版社, 2011.

[15] 胡炳南, 李宏艳. 煤矿充填体作用数值模拟研究及其机理分析 [J]. 煤炭科学技术, 2010, 38 (4): 13-16.

[16] 杨飏, 龚新华. 河床下矿体分段空场嗣后充填法开采研究 [J]. 矿业研究与开发, 2015, 35 (12): 5-9.

[17] 孙辉, 王在泉, 张黎明. 六边形进路开采稳定性影响因素分析 [J]. 矿业研究与开发, 2015, 35 (12): 13-16.

[18] 长沙有色冶金设计研究院. GB 50771—2012 有色金属采矿设计规范 [S]. 北京: 中国计划出版社, 2012.

[19] 中国有色金属工业总公司. 有色金属矿山生产技术规程 [S]. 1990.

[20] 卢平. 确定胶结充填体强度的理论与实践 [J]. 黄金, 1992 (3): 14-19.

[21] 李爱兵, 周先明. 安庆铜矿高阶段回采充填体—矿体—岩体稳定性的有限元分析 [J]. 矿业研究与开发, 2000 (1): 19-21.

[22] TERZAGHI K. Theoretical soil mechanics [M]. New York: J. Wiley and Sons, 1943.

[23] 蔡嗣经. 胶结充填材料的强度特性与强度设计 (Ⅱ)——胶结充填体强度设计的几个理论模型 [J]. 南方冶金学院学报, 1985 (4): 12-21.

[24] 张世超, 姚中亮. 安庆铜矿特大型采场充填体稳定性分析 [J]. 矿业研究与开发, 2001 (4): 12-15.

[25] 杨耀亮, 邓代强, 惠林, 等. 深部高大采场全尾砂胶结充填理论分析 [J]. 矿业研究与

开发，2007（4）：3-4，20.

[26] 戴兴国，古德生，吴爱祥. 散体矿岩静压分析与计算［J］. 中南工业大学学报，1995（5）：584-588.

[27] 卢平. 胶结充填矿柱中的应力分布［J］. 黄金，1988（6）：9-14.

[28] 卢平. 胶结充填矿柱强度的设计［J］. 江西有色金属，1990（2）：48-53.

[29] 刘志祥. 深部开采高阶段尾砂充填体力学与非线性优化设计［D］. 长沙：中南大学，2005.

[30] THOMAS E G, NATEL J H, NOTLEY K R. Fill Technology in underground metalliferous mines［M］. Ontario, Canada：Interna. Acad. Serv. Ltd.，1977.

[31] BURENIN A V. Application of Rock Mechanics to Cut-And-Fill Mining［M］. London：Inst. Min. & Met，1981.

[32] HASSANI F P, SCOBLE M J, YU T R. Innovations in Mining Backfill Technology［C］// Proc. of 4th Interna. Symp.，Montreal，Canada，October，1989.

[33] MITCHELL R J, OLSEN R S, SMITH J D. Model studies on cemented tailings used in mine backfill［J］. Canadian Geotechnical Journal，1982，19（1）：14-28.

[34] MITCHELL R J. Earth structures engineering［M］. Boton：Allen & Unwin，1983.

[35] 杨宝贵，孙恒虎，庄百宏. 高水固结充填体的自立［J］. 有色金属，2000（2）：7-10.

[36] 朱志彬，刘成平. 充填体强度计算及稳定性分析［J］. 采矿技术，2008（3）：15-17，25.

[37] 王俊，李广涛，乔登攀，等. 两步骤空场嗣后充填大体积充填体强度模型的构建方法：中国，CN107918712B［P］.2021-05-07.

[38] 王俊，乔登攀，韩润生，等. 阶段空场嗣后充填胶结体强度模型及应用［J］. 岩土力学，2019，40（3）：1105-1112.

[39] 王俊，乔登攀，邓涛，等. 大红山铜矿胶结高矿柱强度设计及工程实践［J］. 黄金，2014，35（8）：41-46.

[40] 徐芝纶. 弹性力学［M］. 北京：高等教育出版社，1990.

[41] 马长年. 金川二矿区下向分层采矿充填体力学行为及其作用的研究［D］. 长沙：中南大学，2011.

[42] 范家让. 强厚度叠层板壳的精确理论［M］. 北京：科学出版社，1996.

[43] 黄玉诚，孙恒虎，刘文永. 下向进路充填采矿力学模型的探讨［J］. 有色金属，1999（4）：1-3.

[44] 韩斌，吴爱祥，邓建，等. 基于可靠度理论的下向进路胶结充填技术分析［J］. 中南大学学报（自然科学版），2006（3）：583-587.

[45] TIKOU B, MOSTAFA B. Design and application of underground mine paste backfill technology［J］. Geotechnical and Geological Engineering，2008，26（2）：147-174.

[46] 陈玉宾，乔登攀，孙宏生，等. 上向水平分层充填体的强度模型及应用［J］. 金属矿山，2014（10）：27-31.

[47] 陈玉宾. 上向分层充填体强度模型及应用［D］. 昆明：昆明理工大学，2014.

# 4　两步骤空场嗣后胶结充填体强度设计模型

## 4.1　胶结充填体力学作用

两步骤空场嗣后充填回采工艺的采区内不留矿柱，以胶结充填体替代矿石矿柱维护采场稳定，实现对矿体的连续开采。随着开采范围不断扩大，采区顶板暴露面积随之增大，顶板内上覆岩层的压力转移至盘区四周围岩及胶结充填体内，因此要求其必须具有足够的强度和自立高度。基于对胶结充填体力学作用机理认识不同，强度设计观点主要包括自立性被动支护和支撑两种。前者主要考虑胶结充填体自重对稳定性的影响，如加拿大福克斯矿（0.45 MPa）和芒特艾萨（3.0 MPa）[1]；后者主要考虑上覆岩层压力对稳定性的影响，如捷克利矿（5.0 MPa）、杰兹卡兹甘矿（15.0 MPa）、共青团矿（6.75 MPa）、灯塔矿（8.0 MPa）和季申克矿（5.0 MPa）[1]。显然采用第二种观点设计的强度远大于采用第一种强度观点设计的强度。高强充填必然以消耗更多的水泥为代价，据统计，胶结充填法中水泥成本占充填成本的70%左右，严重影响矿山经济效益，这一情况在贫矿开采、深部开采及低迷的矿业市场中更为明显。

分析两步骤空场嗣后充填采矿法回采工艺，对胶结充填体被动承压过程加以说明。盘区未开采前，矿岩处于在初始地应力作用下弹性平衡状态，矿体承载来自上覆岩层重力[2]，如图4-1所示。

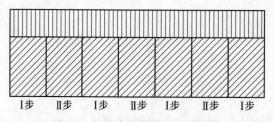

I步　II步　I步　II步　I步　II步　I步

图4-1　原岩应力平衡状态示意图

回采 I 步骤矿房时，由于矿石被采出，矿房四周失去了原有的支撑力及位移约束，破坏了原岩应力平衡，引起矿岩应力的重新分布，空区上部应力发生转移使得应力降低，造成与其相邻矿房上部压力增大（见图4-2（a）），矿岩应力状态趋于新的平衡。可见，Ⅰ步骤矿房回采是在相邻Ⅱ步骤矿房形成免压拱的支撑作用下完成的。

Ⅰ步骤矿房回采结束，对其形成的空区胶结充填在凝结沉实后形成具有一定强度和高度的人工矿柱，胶结充填体的固结压密特性使得胶结充填体不可能与顶板完全接顶，此时仍是未开采Ⅱ步骤矿房起支撑作用承载岩层压力，胶结充填体顶部不受力或受较小的力。由于胶结充填体为四周矿岩提供侧向压力，矿岩应力状态得到改善，承载能力提高，缓解了矿房因应力集中造成的破坏，如图 4-2（b）所示。

胶结充填体经养护达到设计强度后，回采相邻的Ⅱ步骤矿房，应力平衡再次被打破，顶板因暴露面积增大在岩层压力作用下产生下沉，岩体在拉应力作用下发生破坏，并逐渐与胶结充填体顶部接触，胶结充填开始承压，并反作用于顶板，改善了顶板受力状态，自稳能力提高，防止顶板无约束地渐进破坏，应力状态再次达到平衡（见图 4-2（c））。若充填体强度满足稳定性要求，则可为矿房回采提供安全的作业环境。

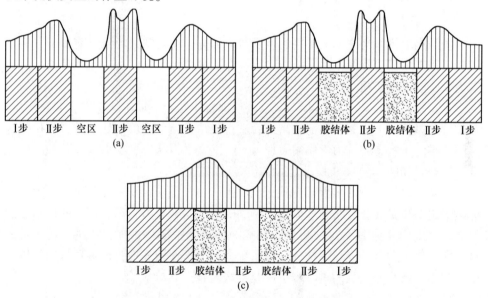

图 4-2 胶结充填体被动承压分析示意图
(a) Ⅰ步矿房回采；(b) Ⅰ步矿房充填；(c) Ⅱ步矿房回采

综上，胶结充填体是一种借以控制地压的手段，只有在受压条件下才能产生抵抗力反作用于围岩。空场嗣后充填采矿法中，空区围岩在矿房回采过程中已经完成应力释放、转移等应力重新分布的过程，即使使用高弹性模和高强度的充填材料也不会对采场围岩立即产生支撑效果，因此胶结充填体力学作用表现为自立性被动支护。

在矿房回采形成空区后充填前，四周围岩处于单侧临空的三向受力状态（见图4-3），围岩临空侧有低应力破裂区，强度较低。空区充填后，充填体对四周围岩提供侧限压力，使围岩处于三维受力状态（见图4-4），四周围岩表层低应力破裂区在充填体的侧压力作用下其自承能力得以提高。

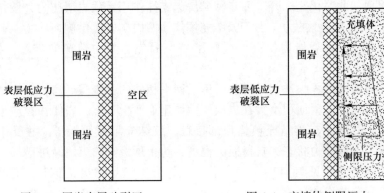

图4-3　围岩表层破裂区　　　　　图4-4　充填体侧限压力

胶结充填体作为充填采矿法的重要组成部分，在控制采场地压前提下，为下一步回采工序创造作业条件。胶结充填体在服务矿体回采过程中会暴露2~4次，其力学状态各不相同。

Ⅰ步骤矿房回采（见图4-5（a）），顶部岩体处于单轴拉伸状态，裂隙扩展，存在冒落风险。Ⅰ步骤矿房回采结束后进行胶结充填，充填体处于围岩和矿体包裹的三维力学状态，其力学作用表现为改善围岩受力状态、支护采场顶板、防止空区闭合，如图4-5（b）所示。

胶结充填体一侧Ⅱ步骤矿房回采（见图4-5（c）），顶板揭露面积增大，岩体裂隙进一步扩展，胶结充填体处于单侧临空的三维受力状态。Ⅱ步骤矿房非胶结充填结束后（见图4-5（d）），胶结充填体处于被矿体、围岩和尾砂包裹的三维力学状态，和尾砂充填体构成支护系统，其力学作用表现为改善顶板四周围岩受力状态，防止岩层裂隙进一步扩展及空区闭合。

胶结充填体另一侧Ⅱ步骤矿房回采（如图4-5（e）所示），采场顶板揭露面积进一步增大，岩体裂隙扩展加剧，作用于胶结充填体顶部的岩层压力进一步增大，受尾砂侧压力的作用使胶结充填体具有向空区倒塌的趋势。此时胶结充填体处于一侧临空，另一侧受尾砂侧压力作用的三维力学状态，其力学作用表现为支护采场顶板四周围岩、改善顶板及四周围岩受力状态、防止顶板岩层裂隙进一步扩展及限制尾砂流动，为矿房回采提供安全的作业环境。此时的胶结充填体受力最为复杂。

综上所述，空场嗣后充填胶结体的力学作用主要表现为：

（1）为采场围岩提供侧向约束，改善围岩受力状态，提高围岩稳定性；

（2）胶结充填体的支撑作用表现为支撑采场破碎围岩，计算胶结充填体顶部压力时，应按顶板松脱地压进行计算；

（3）限制采场围岩的位移、变形，防止岩体中裂隙的进一步发展和岩层的进一步移动；

（4）胶结充填体一侧临空，另一侧为非胶结尾砂的力学作用还表现为限制尾砂流动，承载尾砂产生的主动侧压力。

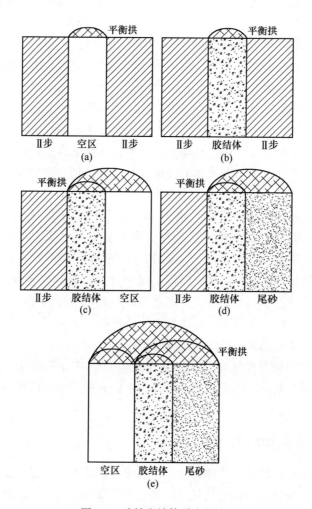

图 4-5 胶结充填体受力状态

(a) 回采Ⅰ步矿房；(b) 充填Ⅰ步矿房；(c) 回采右侧Ⅱ步矿房；
(d) 充填右侧Ⅱ步矿房；(e) 回采左侧Ⅱ步矿房

# 4.2  立式充填体建模方法与力学模型

## 4.2.1  强度建模分析方法选择

1983 年，Smith 等人设计物理模型，用于研究回收充填体之间的矿柱。实验过程中，为模拟矿柱回收，逐渐把模型走向方向上挡住充填体的挡板一块块卸下，即解除对充填体的约束。实验结果表明，充填体的典型破坏是由剪切破坏而发生的垮落[1,3]。

基于胶结充填体典型破坏形式为剪切引起的垮塌，采用岩土力学中楔形滑动体极限平衡分析方法分析胶结充填体三维楔形体极限平衡状态，成为建立胶结充填体强度模型的主要方法。卢平在分析 Thomas 模型和 Mitchell 模型的优缺点后利用楔形滑动体极限平衡分析方法导出卢平楔体滑动模型。蔡嗣经教授曾在《矿山充填力学基础》[1]中论述：若设计的胶结充填体强度等于或稍大于充填体中最大垂直应力即可满足胶结充填体保持稳定的要求，若数学力学模型计算值满足上述条件即可直接用于确定胶结充填体的强度。为了分析自立强度模型的适用性，蔡嗣经教授曾采用数学力学模型（包括蔡嗣经经验公式、Terzaghi 模型、Thomas 模型和卢平楔体滑动模型）计算澳大利亚芒特艾萨矿业公司一"自立"胶结充填人工矿柱的所需强度，并将计算结果与实测的胶结充填体垂直应力进行对比分析，结果表明，蔡嗣经经验公式、Terzaghi 二维模型和卢平楔体滑动模型计算结果位于实测结果之上，其中卢平楔体滑动模型计算结果与实测结果最为接近[1]，表明卢平楔体滑动模型对自立性人工矿柱有较好的适用性。

杨宝贵等人也曾采用楔形滑动体极限平衡分析方法分析高水固结充填体的垂直应力，建立了高水固结充填体的强度模型。

杨志祥[4]针对阶段空场嗣后充填法工艺特点，在分析胶结充填体力学作用的基础上，采用楔形滑动体极限平衡分析方法研究建立了高阶段分层充填体极限平衡力学分析模型。

## 4.2.2  胶结充填体力学平衡状态

根据前述确定的胶结充填体力学作用及典型破坏形式，结合影响胶结充填体稳定性的因素（胶结充填体结构尺寸、胶结充填体强度特性、胶结充填体与围岩之间的剪切阻力、顶板压力、非胶结充填体（尾砂充填体）主动压力），可建立胶结充填体的力学模型[2,5-7]，如图 4-6 所示。

为方便分析，将图 4-6 所示的胶结充填体力学模型简化为如图 4-7 所示的力学简图。由图 4-6 可知，胶结充填体滑移面上三维楔形体的平衡状态主要受 5 个

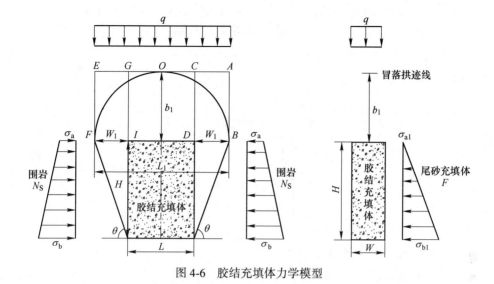

图 4-6  胶结充填体力学模型

方面力的影响：（1）顶板平衡拱内松散岩体的重力；（2）胶结充填体自身的重力；（3）非胶结充填体（尾砂）的主动压力；（4）胶结充填体滑动面上的抗滑阻力；（5）充填体两侧受到围岩或其他充填体的作用力。

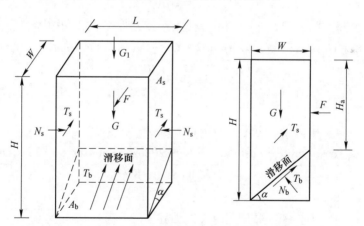

图 4-7  胶结充填体力学模型简图

$T_s$ —围岩壁与胶结充填体之间的剪切阻力，MN；$T_b$ —滑动面上抗滑力，MN；

$N_s$ —围岩壁对胶结充填体的作用力，MN；$N_b$ —滑动面以下的胶结充填体对上部滑动体的支撑力，MN；

$G$ —胶结充填体重力，MN；$G_1$ —胶结充填体顶部所受冒落岩石重力，MN；$A_b$ —滑动面面积，m²；

$A_s$ —围岩壁与胶结充填体的接触面积，m²；$H_a$ —滑动面以上胶结充填体高度，m；

$H$ —胶结充填体高度，m；$W$ —胶结充填体宽度，m；$L$ —胶结充填体长度，m；

$F$ —非胶结尾砂对胶结充填体的侧向压力的合力，MN；$\alpha$ —胶结充填体滑移角，(°)

采用极限平衡分析方法建立胶结充填体三维楔形滑动体的平衡方程为：

$$\left.\begin{array}{l} 2T_s + T_b - G\sin\alpha - G_1\sin\alpha - F\cos\alpha = 0 \\ N_b - G\cos\alpha - G_1\cos\alpha + F\sin\alpha = 0 \end{array}\right\} \tag{4-1}$$

辅助方程为：

$$\left.\begin{array}{l} T_b = cA_b + N_b\tan\varphi \\ T_s = c_0A_s + N_s\tan\varphi_0 \\ G = \gamma H_aWL \\ A_b = \dfrac{WL}{\cos\alpha} \\ A_s = WH_a \end{array}\right\} \tag{4-2}$$

式中    $c$——胶结充填体内聚力，MPa；

$\varphi$——胶结充填体内摩擦角，(°)；

$c_0$——胶结充填体与围岩之间的黏聚力，MPa；

$\varphi_0$——胶结充填体与围岩之间的内摩擦角，(°)。

一般条件下有 $c_0 < c$，$\varphi_0 < \varphi$ [8]，为方便分析，令：

$$\left.\begin{array}{l} c_0 = kc \\ \varphi_0 = \varphi \end{array}\right\} \tag{4-3}$$

将辅助方程式（4-2）、式（4-3）代入平衡方程（4-1）中得：

$$c = \dfrac{(G+G_1)\sin\alpha + F\cos\alpha - [(G+G_1)\cos\alpha - F\sin\alpha]\tan\varphi - 2N_s\tan\varphi_0}{2kH_aW + \dfrac{WL}{\cos\alpha}} \tag{4-4}$$

将式（4-4）中分子、分母同时乘以 $\cos\alpha$ 得：

$$c = \dfrac{(G+G_1)\cos\alpha(\sin\alpha - \cos\alpha\tan\varphi) + F\cos\alpha(\cos\alpha + \sin\alpha\tan\varphi) - 2N_s\cos\alpha\tan\varphi_0}{2kH_aW\cos\alpha + WL} \tag{4-5}$$

将式（4-5）中分子、分母同时乘以 $2\tan\alpha$，可得：

$$c = \dfrac{2(G+G_1)\sin\alpha(\sin\alpha - \cos\alpha\tan\varphi) + 2F\cos\alpha(\cos\alpha + \sin\alpha\tan\varphi)\tan\alpha - 4N_s\sin\alpha\tan\varphi_0}{4kH_aW\sin\alpha + 2WL\tan\alpha} \tag{4-6}$$

当 $\varphi = 5° \sim 45°$ 时，式（4-6）分子上存在的 $2\sin\alpha(\sin\alpha - \cos\alpha\tan\varphi)$ 和 $2\cos\alpha(\cos\alpha + \sin\alpha\tan\varphi)$ 两个系数计算结果见表4-1。由表4-1所示的计算结果可知，上述两个系数计算结果均接近1，为方便计算将上述两个系数均按1处理。

表 4-1 两系数计算结果

| $\varphi/(°)$ | $2\sin\alpha(\sin\alpha - \cos\alpha\tan\varphi)$ | $2\cos\alpha(\cos\alpha + \sin\alpha\tan\varphi)$ |
|---|---|---|
| 5 | 0.9992 | 1.0008 |
| 10 | 0.9992 | 1.0008 |
| 15 | 0.9992 | 1.0008 |
| 20 | 0.9992 | 1.0008 |
| 25 | 0.9991 | 1.0009 |
| 30 | 0.9991 | 1.0009 |
| 35 | 0.9990 | 1.0010 |
| 40 | 0.9990 | 1.0010 |
| 45 | 0.9989 | 1.0011 |

根据上述分析结果可将式（4-6）简化为：

$$c = \frac{G + G_1 + F\tan\alpha - 4N_s\sin\alpha\tan\varphi_0}{4kH_aW\sin\alpha + 2WL\tan\alpha} \tag{4-7}$$

式（4-7）为胶结充填体内聚力计算公式，为求得胶结充填体单轴抗压强度可按式（4-8）计算：

$$\sigma_c = c\frac{2\cos\varphi}{1 - \sin\varphi} \tag{4-8}$$

将式（4-7）代入式（4-8）中可得：

$$\sigma_c = \frac{G + G_1 + F\tan\alpha - 4N_s\sin\alpha\tan\varphi_0}{2kH_aW\sin\alpha + WL\tan\alpha} \times \frac{\cos\varphi}{1 - \sin\varphi} \tag{4-9}$$

式（4-9）为两步骤空场嗣后充填胶结体强度模型的数学表征。当用于工程设计时，还需合理确定充填体顶板松脱地压和围岩对胶结充填体的作用力及尾砂主动压力合力。

## 4.3 胶结充填体顶部荷载

受节理、裂隙切割的影响，岩体是介于连续介质和完全松散介质之间的材料，具有一定黏结力的松散介质[9]。采场回采造成扰动后，原岩应力自然平衡状态受到破坏，应力重新分布后趋于新的平衡状态，在此过程中部分围岩发生破坏，采场顶部岩体冒落。为确定作用于胶结充填体顶部冒落的松散岩体重力，有必要对采场顶板冒落形式和冒落高度进行分析，以便定量计算松散岩体重力。

为建立胶结充填体顶部压力的计算方法，实地调查了大红山铜矿井下空区的冒落情况，并对调查情况进行统计分析。大红山铜矿部分盘区顶板冒落形状如图4-8所示。

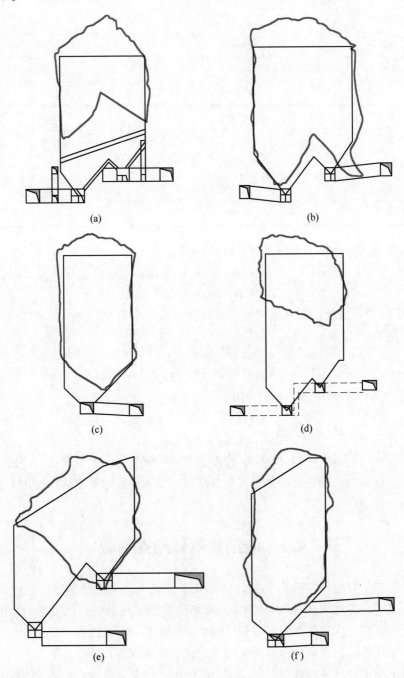

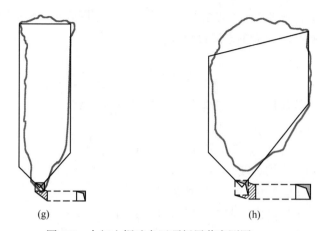

(g)         (h)

图 4-8 大红山铜矿盘区顶板冒落实测图

(a) 435 中段 B4-6-1 盘区；(b) 435 中段 B10-12-1 盘区；(c) 435 中段 B14-17-1 盘区；
(d) 435 中段 B17-21-1 盘区；(e) 435 中段 B24-28-2 盘区；(f) 435 中段 B58-60-1 盘区；
(g) 米底莫 B92-94-4 盘区；(h) 米底莫 B94-98-5 盘区

空场嗣后充填采矿法采场结构尺寸较大，导致围岩暴露面积较大，受出矿时间的影响，围岩暴露时间较长。顶板岩石往往在拉应力的作用下易发生冒落，冒落到一定程度形成"拱"稳定下来。由于采场顶板拱内的岩石已发生冒落，不再承载上覆岩层重力荷载，因此上覆岩层重力荷载转移到采场四周围岩，从而导致四周围岩破坏滑移，即所谓的片帮。

综上，将采场顶板平衡拱冒落区域及采场围岩片帮区域（与胶结充填体接触两侧）视为与胶结充填体相互作用的力学范围，因此胶结充填体顶部受平衡拱内松散岩体重力，两侧受采场侧帮片帮范围的压力，其力学模型如图 4-9 所示。

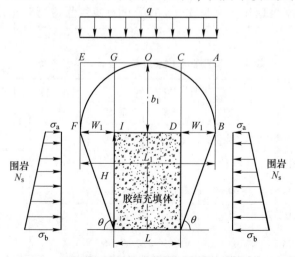

图 4-9 胶结充填体地压计算简图

采场顶部平衡拱跨度由采场跨度与采场片帮范围确定。设采场四周围岩内摩擦角为 $\varphi_1$，则采场四周围岩滑移角为：

$$\theta = \frac{\pi}{4} + \frac{\varphi_1}{2} \tag{4-10}$$

该采场跨度为 $L$（胶结充填体长度），则平衡拱跨度为：

$$L_1 = L + 2W_1 = L + \frac{2H}{\tan\theta} = L + 2H\cot\theta \tag{4-11}$$

式中　$L_1$——平衡拱跨度，m；

　　　$L$——采场跨度（胶结充填体长度），m；

　　　$H$——采场高度（胶结充填体高度），m；

　　　$W_1$——围岩片帮宽度，m；

　　　$\theta$——侧帮滑移角，(°)。

自然平衡拱高度 $b_1$ 为：

$$b_1 = \frac{L_1}{2f} = \frac{L + 2H\cot\theta}{2f} = \frac{L/2 + H\cot\theta}{f} \tag{4-12}$$

式中　$f$——普氏坚固性系数。

作用于胶结充填体顶部松散岩体的重力近似等于矩形岩柱 $CDIG$（见图4-9）的重力（考虑松散岩体与胶结充填体的接触面积 $WL$）：

$$G_1 = \gamma_1 b_1 WL \tag{4-13}$$

式中　$G_1$——作用于胶结充填体顶部松散岩体的重力，MN；

　　　$W$——胶结充填体宽度，m；

　　　$\gamma_1$——顶板岩石容重，MN/m$^3$。

将统计的采场冒落拱高度与式（4-12）的计算结果进行对比分析，结果见表4-2。

表4-2　实测冒落拱高度与模型计算高度对比

| 编号 | 盘区 | 盘区结构尺寸/m | | | 实测高度/m | 计算高度/m | 差值/m |
|---|---|---|---|---|---|---|---|
| | | 高度 | 跨度 | 长度 | | | |
| 1 | 435 中段 B4-6-1 | 43.2 | 40.80 | 43.30 | 12.50 | 7.07 | 5.43 |
| 2 | 435 中段 B10-12-1 | 48.3 | 39.30 | 41.2 | 6.70 | 6.33 | 0.37 |
| 3 | 435 中段 B14-17-1 | 50.80 | 24.59 | 86.07 | 6.89 | 6.37 | 0.52 |
| 4 | 435 中段 B17-21-1 | 57.60 | 32.00 | 30.00 | 7.04 | 5.67 | 1.37 |
| 5 | 435 中段 B24-28-2 | 33.01 | 35.50 | 49.36 | 10.29 | 5.76 | 4.52 |

| 编号 | 盘 区 | 盘区结构尺寸/m | | | 实测高度/m | 计算高度/m | 差值/m |
|---|---|---|---|---|---|---|---|
| | | 高度 | 跨度 | 长度 | | | |
| 6 | 435 中段 B58-60-1 | 56.84 | 23.33 | 30.35 | 7.10 | 5.08 | 2.02 |
| 7 | 米底莫 B92-94-4 | 67.25 | 24.43 | 36.94 | 3.84 | 7.75 | 3.91 |
| 8 | 米底莫 B94-98-5 | 37.15 | 27.48 | 106.29 | 9.97 | 5.45 | 4.52 |

由表4-2可知,式(4-12)计算结果与实测统计结果基本一致,差值较小。由此可见,可采用式(4-12)计算采场顶部平衡拱高度,可用式(4-13)计算胶结充填体顶部所受松散岩体重力。

## 4.4 胶结充填体所受侧帮围岩压力

由第4.1节分析可知,胶结充填体侧帮受围岩两侧滑移部分的压力。以围岩滑移角 $\theta$ 确定侧帮滑移岩体范围为:

$$\theta = \frac{\pi}{4} + \frac{\varphi_1}{2} \tag{4-14}$$

式中    $\varphi_1$ ——侧帮岩体的内摩擦角。

分析侧帮(与胶结充填体接触的部分)发生滑移岩体的极限平衡状态可知:侧帮围岩在自重及顶板松散岩体重力的作用下具有沿滑动面下滑的趋势,同时受胶结充填体水平阻力和滑动面上的抗滑阻力的限制保持平衡。因此,侧帮滑移部分围岩的极限平衡状态受以下几个力的影响[5-7,10]:

(1)侧帮楔形滑动体自身的重力 $G_2$ ;

(2)侧帮对应顶板内松散岩体的重力 $G_3$ 近似等于矩形 ABDC(见图4-10)的重力;

(3)胶结充填体对侧帮围岩的水平阻力 $N$ ;

(4)滑移面上的抗滑阻力 $F_1$ 。

侧帮围岩对胶结充填体侧压力分析模型如图4-10所示。侧帮围岩高度为 $H$ ,与胶结充填体接触宽度为 $W$ ,胶结充填体与侧帮的接触面积为 $HW$ ,胶结充填体对侧帮围岩的水平阻力 $N$ 与侧帮围岩对胶结充填体的作用力 $N_s$ 为一对平衡力,大小相等。

分析图4-10中侧帮围岩三维楔形体自重 $G_2$ 及顶板松散岩体重力 $G_3$ 与滑动面上的抗滑阻力 $F_1$ 之间的三角关系可得:

$$\frac{G_2 + G_3}{F_1} = \sin\theta \tag{4-15}$$

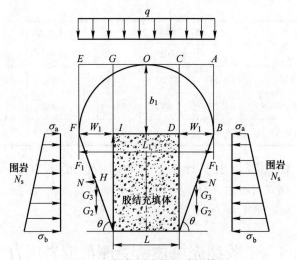

图4-10 侧帮围岩侧压分析模型

由式（4-15）可得：

$$F_1 = \frac{G_2 + G_3}{\sin\theta} \tag{4-16}$$

由滑动面上抗滑阻力 $F_1$ 和胶结充填体施加给侧帮围岩的水平阻力 $N$ 之间的关系可得：

$$N = F_1\cos\theta = \frac{(G_2 + G_3)\cos\theta}{\sin\theta} \tag{4-17}$$

其中侧帮围岩三维楔形体的重力为：

$$G_2 = \frac{\gamma_2 H^2 W}{2\tan\theta} \tag{4-18}$$

式中 $\gamma_2$——侧帮岩石容重，$MN/m^3$。

作用于侧帮围岩顶板内松散岩体的重力为（借助第4.3节中平衡拱高度进行计算）：

$$G_3 = \frac{\gamma_1 b_1 HW}{\tan\theta} \tag{4-19}$$

胶结充填体施加给侧帮的水平阻力为：

$$N = \frac{\gamma_2 H^2 W + 2\gamma_1 b_1 HW}{2\tan^2\theta} \tag{4-20}$$

对式（4-20）中 $\frac{1}{\tan^2\theta}$ 进行如下讨论：

因为三角函数中存在：

$$\tan(A + B) = \frac{\tan A + \tan B}{1 - \tan A \tan B} \tag{4-21}$$

将式（4-14）代入 $\dfrac{1}{\tan^2\theta}$ 并采用式（4-21）对其进行计算得：

$$\frac{1}{\tan^2\theta} = \frac{1}{\tan^2\left(\dfrac{\pi}{4} + \dfrac{\varphi_1}{2}\right)} = \left(\frac{1 - \tan\dfrac{\pi}{4}\tan\dfrac{\varphi_1}{2}}{\tan\dfrac{\varphi_1}{2} + \tan\dfrac{\pi}{4}}\right)^2 \tag{4-22}$$

式（4-22）可等价于：

$$\frac{1}{\tan^2\theta} = \frac{1}{\tan^2\left(\dfrac{\pi}{4} + \dfrac{\varphi_1}{2}\right)} = \left(\frac{\tan\dfrac{\pi}{4} - \tan\dfrac{\varphi_1}{2}}{1 + \tan\dfrac{\varphi_1}{2}\tan\dfrac{\pi}{4}}\right)^2 \tag{4-23}$$

因为三角函数中存在：

$$\tan(A - B) = \frac{\tan A - \tan B}{1 + \tan A \tan B} \tag{4-24}$$

因此式（4-22）可改写为：

$$\frac{1}{\tan^2\theta} = \frac{1}{\tan^2\left(\dfrac{\pi}{4} + \dfrac{\varphi_1}{2}\right)} = \left(\frac{\tan\dfrac{\pi}{4} - \tan\dfrac{\varphi_1}{2}}{1 + \tan\dfrac{\varphi_1}{2}\tan\dfrac{\pi}{4}}\right)^2 = \tan^2\left(\frac{\pi}{4} - \frac{\varphi_1}{2}\right) \tag{4-25}$$

将式（4-25）代入式（4-20）中得：

$$N_S = N = \frac{1}{2}(\gamma_2 H + 2\gamma_1 b_1)\tan^2\left(\frac{\pi}{4} - \frac{\varphi_1}{2}\right)HW \tag{4-26}$$

综上，采场侧帮滑移部分施加于胶结充填体的压力采用式（4-26）计算。

## 4.5 尾砂主动压力计算方法

抵抗尾砂坍塌，防止尾砂沿滑动面下滑是空场嗣后充填采矿法中胶结充填体的主要力学作用之一。因此，胶结充填体受非胶结尾砂主动压力影响（见图4-11）。

通常，散体压力借助经典土压力计算公式（朗肯土压力理论和库仑压力理论）进行计算[11-15]，而忽略以下问题：

（1）将尾砂视为完全松散介质，忽略尾砂密实条件下骨架结构变形引起的强度参数变化。

（2）密实条件下尾砂孔隙体积较自然堆积条件下小，单位体积内尾砂颗粒

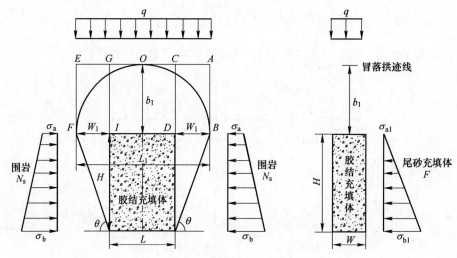

图 4-11   胶结充填体受尾砂主动压力分析示意图

含量增大，密度随之增大。

尾砂是典型多孔散体介质，具有流动及压缩密实特征[16]。尾砂流动产生主动压力，并受压缩密实侧向膨胀而增强，会对胶结充填体稳定性产生不良影响；同时尾砂抗剪强度随压缩密实而增强，具有限制尾砂流动的力学作用，对保障胶结充填体稳定具有积极作用。胶结充填体强度设计取决于对尾砂自密实行为机理与强度力学特性响应机制的正确认识，难点在于尾砂黏聚力较弱，很难通过原位取样的方式对其进行测定；其次按传统研究思路"力—密实规律—物理与强度力学特性"取得的研究成果很难在工程实践中用于对"高度—物理与强度力学特性"的预测分析，关键问题在于尾砂高度内，密实度与高度呈非线性增长关系，导致构建尾砂上覆压力与高度之间的数学关系存在困难。因此，开展尾砂自密实行为机理与强度力学特性响应机制研究无疑具有重要的理论研究意义及工程应用价值。

基于此，以非胶结尾砂自密实主动力学行为为切入点，研究尾砂物理力学特性与细观孔隙结构的响应机制，构建精确计算尾砂主动压力的数学模型。

### 4.5.1   尾砂自密实研究现状及发展动态

#### 4.5.1.1   尾砂自密实行为规律研究

尾砂是多孔隙结构散体介质，受压易产生变形，密实特性随上覆压力的增大呈非线性增长关系。曹亮[17]利用数字图像技术分析砂土侧限压缩的位移发展及演化过程，发现砂土位移场类似于抛物线形状，位移等值线呈轴对称分布。

赵云哲[18]、Aursudkij[19]、井国庆[20]、王俊[21]、张波[22]、田园[23]等人研究发现，在单向逐级加压条件下砂土和尾砂轴向塑性应变逐渐增大，呈现出初期快后期缓的特点，最终达到稳定。田园[23]、沈素平[24]等人对砂土和尾砂密度压缩特性的研究结果表明，密度对压缩性具有显著影响，压缩性能随密度的增大而增大。而张意江[25]指出，围压同样会对尾矿料的压缩特性产生影响，且比密度的影响更为剧烈。王俊[21]、韩流[26]通过分析散体密度与压力之间的关系得到，密度随压力的增大呈幂函数增长。刘兵[27]在砂土固结试验中，利用蓝色环氧树脂胶注射至压缩中的砂样，并用光学显微镜拍摄得到其微观结构图像，实现砂土在压缩过程中微观结构的固定和提取。目前对尾砂（砂土）密实特性的研究主要集中在外部荷载作用下的响应特征，并未考虑尾砂自身重力作用下的密实特性，主要难度在于尾砂自密实作用下，尾砂颗粒迁移引起孔隙结构重组，尾砂密实度增大，导致自重应力变化。嗣后充填采场内尾砂仅受竖向自身重力，因此研究尾砂自密实行为机理的前提条件是必须准确测量尾砂有效应力或构建可预测尾砂有效应力模型，进而形成"有效应力—孔隙结构—物理力学特性—特征参数表征"的分析体系。

### 4.5.1.2 非胶结尾砂自密实强度特性研究

尾砂密实条件下，颗粒接触点增加，颗粒啮合程度增强，表现为抗剪能力增强。Simms[28]、Hu[29]、Chang[30]、Fourie[31]等人对尾矿的岩土工程性质和力学特性进行研究，指出尾砂具有不同于普通土体的特殊性质。杨凯[32]对尾砂强度特性研究结果表明，增加尾矿坝坝体中尾砂的密实度，可以提高坝体的强度，增强坝体的稳定性。韩流[26]对软岩重塑试样力学强度进行测定，重塑岩样的黏聚力随重塑压力的增大呈二次函数规律增长，增长的速度逐渐下降，而内摩擦角不受重塑压力的影响。张超[33]对尾砂动力特性测试得出，尾矿最大动剪模量与平均有效主应力之间表现出直线关系。肖枫[34]开展细粒含量（黏粒与粉粒）对尾矿抗剪强度影响研究，随着黏粒含量的增加，试样内聚力随之增大，内摩擦角先减小后增大；随着粉粒含量的增加，试样的内聚力随之增大，内摩擦角先增大后减小。崔明娟[35]通过分析颗粒粗糙度对剪切特性的影响，得到颗粒粗糙度越大，砂土抗剪强度越大。目前针对尾砂（砂土）强度特性研究主要集中在强度特征参数的变化规律，并未探究强度特性演化的力学机理，本质上尾砂上覆压力是孔隙结构变化的力学来源，颗粒结构重组是强度特性响应的结构基础，因此构建"有效应力—孔隙结构—强度力学特性—特征参数表征"的分析体系，是揭示尾砂强度形成—强化机理的根本途径。

### 4.5.1.3 尾砂主动压力分布规律研究

尾砂流动及自密实侧向膨胀必然对构筑物（挡墙、胶结充填体）产生主动压力（侧向压力），影响构筑物稳定。宋宏元[36]、李广涛[37]等人对尾砂作用于挡墙的主动压力进行现场监测，结果表明挡墙所受压力随充填高度的变化呈非线性增长关系，且逐渐趋于稳定。肖昕迪[38]采用离散元方法对挡土墙上土压力进行模拟，模拟结果同样表明挡土墙所受压力随高度的增加呈非线性增长关系。王俊[39]对尾砂侧压力计算进行理论推导得出，尾砂主动压力与充填高度呈线性增长关系。曹帅[40-41]、杨磊[42]、刘志祥[43]等人分析尾砂主动压力对胶结体稳定性影响，也将尾砂主动压力做线性分布处理。陈立志[44]通过对散体物料对料仓侧压力计算分析指出，散体物料的侧压力系数介于主动土压力系数与静止土压力系数之间。窦国涛[45]通过对刚性墙侧土压力的实验研究发现，侧压力系数随土压缩变形的增大而增大。蔡正银[46]对侧压力系数影响因素进行分析得出，同种粒径砂土侧压力系数值随土样相对密度的增加而逐渐增加，相同密度砂土侧压力系数值随粒径的增大而减小。喻昭晟[47]根据土压力的非线性分布规律，提出了粗颗粒土静止土压力系数非线性计算方法。目前尾砂流动特性主要以主动压力进行表征，上述研究对尾砂和其他散体介质主动压力分布规律及影响因素进行了大量探究，但研究结果之间存在较大差距，不具一致性。根本原因在于对散体介质主动压力影响因素分析不足导致，主动压力大小及分布规律取决于上覆压力及侧压力系数，上覆压力受尾砂密实程度影响，侧压力系数受尾砂强度力学特性影响。因此，精确计算尾砂主动压力需要对尾砂自密实行为规律进行详细分析，并对密实条件下的尾砂上覆压力与侧压力系数进行精确计算。

### 4.5.2 自密实尾砂基本物理力学参数特性

#### 4.5.2.1 尾砂压缩试验

受四周围岩（或胶结充填体）的限制，尾砂在采场内只有竖向变形没有横向变形。因此，尾砂在采场内的变形条件可考虑为侧限条件，通常采用侧限压缩仪（固结仪）对散体的压缩变形进行实验研究[21,33,39,48]。

采用三联杆高压固结仪对大红山铜矿分级尾砂和全尾砂（物理力学参数见表4-3）进行压缩实验，将尾砂样置于金属容器（横截面积30 cm$^2$，高度30.6 mm）内，按规程逐级加压，观察并记录尾砂在不同压力下的压缩变形量，用以分析尾砂的压密特性。

**表4-3 大红山尾砂物理力学参数**

| 尾砂 | 自然堆积密度/t · m$^{-3}$ | 密度/t · m$^{-3}$ | 孔隙率/% |
|------|------|------|------|
| 分级尾砂 | 1.466 | 2.897 | 49.4 |
| 全尾砂 | 1.375 | 2.847 | 51.7 |

分别对分级尾砂和全尾砂进行三次压缩实验，取实验平均值进行计算分析，实验结果见表4-4。

表 4-4 尾砂压缩实验结果

| 载荷/MPa | 分级尾砂 | | 全尾砂 | |
|---|---|---|---|---|
| | 压缩率/% | 孔隙率/% | 压缩率/% | 孔隙率/% |
| 0 | 0 | 49.4 | 0 | 51.7 |
| 0.1 | 7.19 | 42.21 | 14.77 | 36.93 |
| 0.2 | 9.12 | 40.28 | 16.99 | 34.71 |
| 0.3 | 9.84 | 39.56 | 18.27 | 33.43 |
| 0.4 | 10.62 | 38.78 | 19.25 | 32.45 |
| 0.5 | 11.31 | 38.09 | 19.9 | 31.8 |
| 0.6 | 11.86 | 37.54 | 20.49 | 31.21 |
| 0.7 | 12.39 | 37.01 | 21.01 | 30.69 |
| 0.8 | 12.84 | 36.56 | 21.44 | 30.26 |
| 0.9 | 13.27 | 36.13 | 21.86 | 29.84 |
| 1.0 | 13.66 | 35.74 | 22.22 | 29.48 |
| 1.1 | 14.02 | 35.38 | 22.48 | 29.22 |
| 1.2 | 14.35 | 35.05 | 22.71 | 28.99 |
| 1.3 | 14.67 | 34.73 | 22.91 | 28.79 |
| 1.4 | 14.97 | 34.43 | 23.1 | 28.6 |
| 1.5 | 15.26 | 34.14 | 23.3 | 28.4 |

实验过程中发现：

（1）每级加压前期，尾砂压缩表现为瞬间下沉，压缩速率较快；每级加压后期压缩量较小，压缩速率较小。

（2）首级加压尾砂压缩量最大，可达总压缩量的47%以上，表明自然堆积下的尾砂极易被压缩。

（3）相同荷载作用下，全尾砂压缩量比分级尾砂大，表明全尾砂比分级尾砂更易被压缩；全尾砂孔隙比大于分级尾砂，表明相同荷载作用下全尾砂达到稳定状态变形量必然大于分级尾砂。

（4）整体来看，尾砂压缩变形量随上覆压力的增大而增大，变形速率逐渐减小。随着尾砂上覆压力的增大，孔隙体积逐渐减小，堆积密实度逐渐增大，颗粒嵌合越来越紧，啮合强度越来越强，压缩逐渐困难。

　　为直观反映尾砂压密特性，将分级尾砂和全尾砂孔隙率随压力的变化关系绘制如图4-12所示。

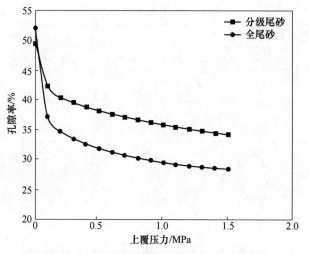

图4-12　尾砂孔隙率随上覆压力的变化曲线

### 4.5.2.2　自密实尾砂物理力学参数模型

　　根据尾砂孔隙率随上覆压力的变化关系，计算了不同密实条件下尾砂的堆积密度，见表4-5，尾砂堆积密度随上覆压力的变化关系如图4-13所示。

表4-5　尾砂压缩实验结果

| 载荷/MPa | 分级尾砂 | | | 全 尾 砂 | | |
| --- | --- | --- | --- | --- | --- | --- |
| | 压缩率 /% | 孔隙率 /% | 堆积密度 /t·m⁻³ | 压缩率 /% | 孔隙率 /% | 堆积密度 /t·m⁻³ |
| 0 | 0 | 49.40 | 1.466 | 0 | 51.70 | 1.375 |
| 0.1 | 7.19 | 42.21 | 1.674 | 14.77 | 36.93 | 1.796 |
| 0.2 | 9.12 | 40.28 | 1.730 | 16.99 | 34.71 | 1.859 |
| 0.3 | 9.84 | 39.56 | 1.751 | 18.27 | 33.43 | 1.895 |
| 0.4 | 10.62 | 38.78 | 1.774 | 19.25 | 32.45 | 1.923 |
| 0.5 | 11.31 | 38.09 | 1.793 | 19.90 | 31.80 | 1.942 |
| 0.6 | 11.86 | 37.54 | 1.810 | 20.49 | 31.21 | 1.958 |
| 0.7 | 12.39 | 37.01 | 1.825 | 21.01 | 30.69 | 1.973 |
| 0.8 | 12.84 | 36.56 | 1.838 | 21.44 | 30.26 | 1.985 |
| 0.9 | 13.27 | 36.13 | 1.850 | 21.86 | 29.84 | 1.998 |
| 1.0 | 13.66 | 35.74 | 1.862 | 22.22 | 29.48 | 2.008 |

| 载荷/MPa | 分级尾砂 | | | 全 尾 砂 | | |
|---|---|---|---|---|---|---|
| | 压缩率 /% | 孔隙率 /% | 堆积密度 /t·m⁻³ | 压缩率 /% | 孔隙率 /% | 堆积密度 /t·m⁻³ |
| 1.1 | 14.02 | 35.38 | 1.872 | 22.48 | 29.22 | 2.015 |
| 1.2 | 14.35 | 35.05 | 1.881 | 22.71 | 28.99 | 2.022 |
| 1.3 | 14.67 | 34.73 | 1.891 | 22.91 | 28.79 | 2.027 |
| 1.4 | 14.97 | 34.43 | 1.899 | 23.10 | 28.60 | 2.033 |
| 1.5 | 15.26 | 34.14 | 1.908 | 23.30 | 28.40 | 2.038 |

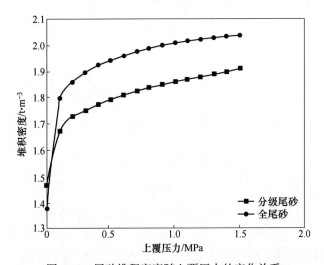

图 4-13 尾砂堆积密度随上覆压力的变化关系

由图 4-13 可知：

（1）由于尾砂孔隙体积随上覆压力的增大而减小，尾砂密实度随之增大，单位体积内尾砂颗粒增大，使尾砂堆积密度随之增大，且尾砂堆积密度增长的变化规律与尾砂变形规律一致，随上覆压力的增大，增长速率逐渐减小。

（2）由于全尾砂比分级尾砂更易被压缩，相同荷载作用下全尾砂堆积密度比分级尾砂大。

采用 Origin 软件自定义函数对图 4-13 中所示的尾砂堆积密度随压力的变化关系曲线进行拟合，自定义函数如下：

$$\rho_\sigma = A_1(\sigma_v + B_1)^{D_1}$$
$$A_1 = A_{11}\rho_w \tag{4-27}$$

式中　$\rho_\sigma$——尾砂压缩密度，t/m³；

　　　$\sigma_v$——尾砂上覆压力系数，与上覆压力数值一致；

$A_1$ ——与尾砂自然堆积密度有关的尾砂密度参数，$t/m^3$；

$B_1$ ——与尾砂上覆压力有关，影响尾砂密度的压缩系数；

$D_1$ ——与尾砂自然堆积孔隙率有关，影响尾砂密度的压缩系数；

$\rho_w$ ——自然堆积密度，$t/m^3$；

$A_{11}$ ——与自然堆积密度有关的压缩系数，为方便后续分析，将 $A_{11}\rho_w$ 简化为 $A_1$。

分级尾砂拟合结果如图 4-14 所示。

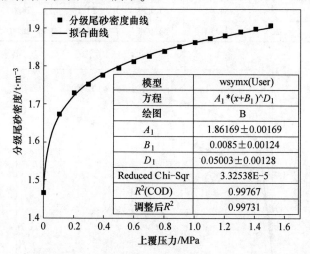

图 4-14 分级尾砂堆积密度随上覆压力的变化

全尾砂拟合结果如图 4-15 所示。

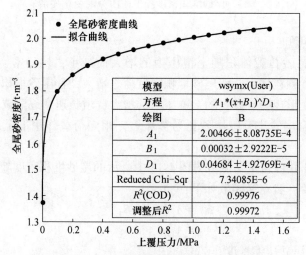

图 4-15 全尾砂堆积密度随上覆压力的变化

由图 4-14 和图 4-15 所示的拟合结果可知，分级尾砂和全尾砂的堆积密度随上覆压力的变化关系满足幂函数特征，拟合曲线与实验曲线吻合度高，相关系数分别为 0.99767 和 0.99976。分级尾砂压缩常数 $A_1 = 1.86169$、$B_1 = 0.0085$、$D_1 = 0.05003$，全尾砂压缩常数 $A_1 = 2.00466$、$B_1 = 0.00032$、$D_1 = 0.04684$。

为分析采场内尾砂堆积密度随高度的变化，作如下假设：

（1）同一水平面的铅垂压力相等；

（2）不考虑尾砂与围岩壁和胶结充填体之间的摩擦力；

（3）尾砂无侧向变形。

采场内任意高度上尾砂微元体的受力状态如图 4-16 所示，分析铅垂方向的受力平衡，可建立如式（4-28）所示的平衡方程。

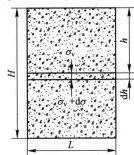

图 4-16 尾砂微元体受力分析示意图

$$\sigma_v + \rho_\sigma g dh = \sigma_v + d\sigma_v \tag{4-28}$$

化简式（4-28）得：

$$dh = \frac{d\sigma_v}{\rho_\sigma g} \tag{4-29}$$

对式（4-29）两端同时进行积分得：

$$h = \int_0^{\sigma_v} \frac{d\sigma_v}{\rho_\sigma g} \tag{4-30}$$

因为式（4-30）中压力单位为 MPa，为满足单位统一，需将式中尾砂容重单位转换设为 $MN/m^3$（其中设 $g$ 等于 10 N/kg），将式（4-27）代入式（4-30）得：

$$h = \int_0^{\sigma_v} \frac{100}{A_1} (\sigma_v + B_1)^{-D_1} d\sigma_v \tag{4-31}$$

对式（4-31）求不定积分可得：

$$h = \frac{100}{A_1(1 - D_1)} (\sigma_v + B_1)^{1-D_1} + f_1 \tag{4-32}$$

式中 $f_1$——积分常数。

由积分边界条件 $\sigma_v = 0$ 时，$h = 0$，求得：

$$f_1 = - \frac{100}{A_1(1 - D_1)} B_1^{1 - D_1} \qquad (4\text{-}33)$$

则采场内尾砂高度与尾砂垂直应力之间的转换关系为：

$$h = \frac{100}{A_1(1 - D_1)} (\sigma_v + B_1)^{1 - D_1} - \frac{100}{A_1(1 - D_1)} B_1^{1 - D_1} \qquad (4\text{-}34)$$

由式（4-34）可得用尾砂赋存高度表征的上覆压力数学模型为：

$$\sigma_v = \left\{ \frac{A_1(1 - D_1)}{100} \left[ h + \frac{100}{A_1(1 - D_1)} B_1^{1 - D_1} \right] \right\}^{\frac{1}{1 - D_1}} - B_1 \qquad (4\text{-}35)$$

将式（4-35）代入式（4-27）可解得采场内尾砂密度随高度的变化关系式：

$$\rho_h = A_1 \left[ \frac{A_1(1 - D_1)}{100} \right]^{\frac{D_1}{1 - D_1}} \times \left[ h + \frac{100}{A_1(1 - D_1)} B_1^{1 - D_1} \right]^{\frac{D_1}{1 - D_1}} \qquad (4\text{-}36)$$

式（4-36）还可表示为：

$$\rho_h = I (h + J)^Q \qquad (4\text{-}37)$$

其中：

$$I = A_1 \left[ \frac{A_1(1 - D_1)}{100} \right]^{\frac{D_1}{1 - D_1}} \qquad (4\text{-}38)$$

$$J = \frac{100}{A_1(1 - D_1)} B_1^{1 - D_1} \qquad (4\text{-}39)$$

$$Q = \frac{D_1}{1 - D_1} \qquad (4\text{-}40)$$

式中　$I$——与尾砂自然堆积密度有关的密度，$t/m^3$；

　　　$J$——与采场内尾砂高度有关，影响尾砂密度的压缩系数；

　　　$Q$——与尾砂自然堆积状态有关，影响尾砂密度的压缩系数。

分析式（4-37）可知，尾砂在自重压密条件下，尾砂密度随充填高度满足幂函数特征。

大红山铜矿分级尾砂充填采场内，分级尾砂堆积密度随高度的变化关系可描述为：

$$\rho_{h1} = 1.505 (h + 0.61)^{0.053} \qquad (4\text{-}41)$$

式中　$\rho_{h1}$——大红山铜矿分级尾砂自重压缩密度，$t/m^3$；

　　　$h$——高度比例系数，与高度数值一致。

大红山铜矿全尾砂充填采场内，全尾砂堆积密度随高度的变化关系可描述为：

$$\rho_{h2} = 1.65 (h + 0.024)^{0.049} \qquad (4\text{-}42)$$

式中　$\rho_{h2}$——大红山铜矿全尾砂自重压缩密度，$t/m^3$；

$h$ ——高度比例系数，与高度数值一致。

大红山铜矿尾砂堆积密度随高度的变化关系曲线如图4-17所示。

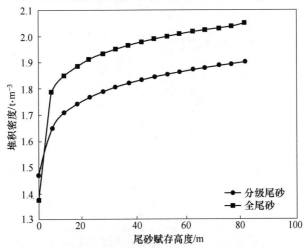

图4-17 大红山尾砂堆积密度随采场充填高度变化曲线
（采场顶部至底部为采场高度坐标轴正方向，采场顶部高度为0 m）

分析式（4-41）、式（4-42）及图4-17可知，采场内尾砂堆积密度随高度的增大而增大，随着采场高度的增大尾砂上覆压力逐渐增大，尾砂在自重压力作用下产生压缩沉降，孔隙体积逐渐减小，使单位体积内尾砂颗粒增多。尾砂密度增长速率随高度的增大逐渐减小，这是由于尾砂在压密过程中孔隙体积减小，颗粒重新排列分布逐渐趋于稳定，使尾砂越来越难被压缩。

### 4.5.2.3 尾砂自重压密数值模拟

采用Fluent软件模拟采场非胶结分级尾砂充填过程，采场结构参数为长30 m、宽30 m、高60 m。采场物理模型（采用Gambit软件进行建模）如图4-18所示，单元为六面体网格，共175288个网格，366233个面，37151个节点。非胶结分级尾砂充填空区的过程其实质为：砂浆脱水及尾砂自重压密，属于固液分离问题。模拟采用混合物模型进行多相流计算，选用标准$K\text{-}\varepsilon$模型进行求解。设置重力加速度为9.8 m/s$^2$，水为主相，密度为998 kg/m$^3$，尾砂颗粒为次相，密度为2897 kg/m$^3$，砂浆以300 m$^3$/h的流量通过入口进入采场，料浆质量浓度为70%，体积浓度为46%。模型右侧出口设置为自由流动出口。在顶部至底部每隔5 m设置一个监测面，共12个。

模型收敛结果（尾砂体积浓度分布结果）如图4-19所示。

由图4-19可知，采场顶部至底部方向上，高度越高尾砂体积分数越大，孔隙体积越小（尾砂越密实），尾砂密度越大。采场顶部10 m处由于入口料浆的干

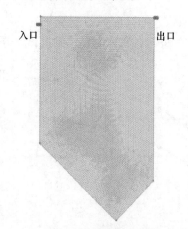

图 4-18 采场物理模型

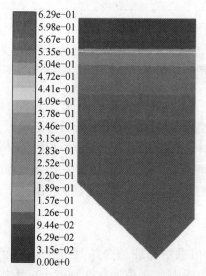

图 4-19 采场内尾砂体积浓度分布图

涉作用,颗粒难以沉降,因此该范围内尾砂体积分数较小。

为分析模拟结果与大红山分级尾砂自重压密模型(见式(4-41))之间的区别,将监测面的监测结果(将体积浓度转化成密度)与式(4-41)的计算结果进行对比分析,结果见表4-6。

表 4-6 数值模拟结果与模型计算结果对比

| 采场高度/m | 数值模拟监测结果 | | 模型计算结果 | 差值 |
|---|---|---|---|---|
| | 体积浓度 | 堆积密度 | 堆积密度 | |
| (顶部至底部) | /% | /t·m⁻³ | /t·m⁻³ | /t·m⁻³ |
| 0 | 50.60 | 1.466 | 1.467 | −0.001 |

续表 4-6

| 采场高度/m（顶部至底部） | 数值模拟监测结果 | | 模型计算结果 | 差值 |
|---|---|---|---|---|
| | 体积浓度 /% | 堆积密度 /t·m⁻³ | 堆积密度 /t·m⁻³ | /t·m⁻³ |
| 5 | 54.77 | 1.587 | 1.649 | -0.062 |
| 10 | 57.24 | 1.658 | 1.705 | -0.047 |
| 15 | 59.72 | 1.730 | 1.740 | -0.010 |
| 20 | 61.51 | 1.782 | 1.766 | 0.016 |
| 25 | 62.44 | 1.809 | 1.786 | 0.023 |
| 30 | 62.83 | 1.820 | 1.803 | 0.017 |
| 35 | 62.89 | 1.822 | 1.818 | 0.004 |
| 40 | 62.90 | 1.822 | 1.830 | -0.008 |
| 45 | 62.92 | 1.823 | 1.841 | -0.019 |
| 50 | 62.94 | 1.823 | 1.852 | -0.028 |
| 平均 | | 1.740 | 1.751 | -0.011 |

数值模拟计算结果与模型计算结果中尾砂堆积密度分布曲线如图 4-20 所示。

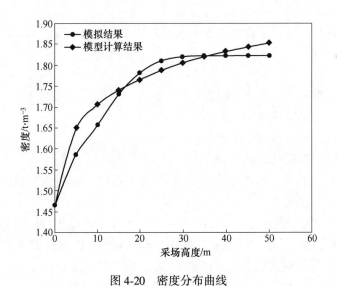

图 4-20 密度分布曲线

由表 4-6 和图 4-20 可知，相同采场高度条件下，同一水平上数值模拟监测结果与模型计算结果堆积密度最大差值为 0.062 t/m³，最小差值为 0.001 t/m³，平均堆积密度相差 0.011 t/m³，两种计算方法密度分布曲线吻合度较高。

### 4.5.3　自密实尾砂强度力学特性

#### 4.5.3.1　尾砂侧限压缩条件下直剪试验

尾砂是一种碎散的细颗粒散体材料，尾砂颗粒矿物本身具有较大的强度，不易发生破坏。尾砂颗粒之间的接触界面相对脆弱，容易发生相对滑移等。因此，尾砂强度主要由颗粒间的相互作用力决定，而不是由颗粒矿物的强度决定。这个特点决定了尾砂破坏的主要表现形式是剪切破坏，其强度主要表现为黏聚力和摩擦力，即其抗剪强度主要由颗粒间的黏聚力和摩擦力组成。

尾砂抗剪强度一般采用库仑强度公式表征：

$$\tau_f = c_w + \sigma \tan\varphi_w \tag{4-43}$$

式中　$\tau_f$——剪切破裂面上的剪应力，即尾砂的抗剪强度；

$\sigma \tan\varphi_w$——摩擦强度，其大小正比于法向应力 $\sigma$；

$\varphi_w$——尾砂内摩擦角；

$c_w$——尾砂的黏聚力，为法向应力为零时的抗剪强度，即大小与所受法向应力无关，对于无黏性散体，$c_w = 0$。

式（4-43）为著名的库仑公式，其中 $c_w$ 和 $\varphi_w$ 是决定尾砂抗剪强度的两个指标，称为抗剪强度指标。

若考虑孔隙水压，尾砂抗剪强度采用有效应力抗剪强度公式表示，则库仑公式（4-43）改写为：

$$\tau_f = c_{w1} + (\sigma - u)\tan\varphi_{w1} \tag{4-44}$$

式中　$u$——尾砂中的孔隙水压力；

$\sigma - u$——尾砂剪切破坏面上的有效法向应力；

$\varphi_{w1}$——尾砂的有效内摩擦角；

$c_{w1}$——尾砂的有效黏聚力。

为区分式（4-43）和式（4-44），前者称为总应力抗剪强度公式，后者称为有效应力抗剪强度公式。

采场内尾砂经长时间脱水后，可忽略孔隙水压对其抗剪强度的影响。因此采用总应力抗剪强度公式（库仑抗剪强度公式）对尾砂抗剪强度进行分析，由式（4-43）可知，尾砂的抗剪强度由两部分组成，即摩擦强度 $\sigma \tan\varphi_w$ 和黏聚强度 $c_w$。一般强度情况下，为简化分析，认为尾砂黏聚强度 $c_w = 0$。

分析可知，尾砂摩擦强度取决于剪切面上的正应力 $\sigma$ 和尾砂的内摩擦角 $\varphi_w$。尾砂内摩擦表现为颗粒之间的相对滑动，物理过程包括两个部分，一是颗粒之间的滑动摩擦；二是颗粒之间由于咬合所产生的咬合摩擦。

滑动摩擦是由于矿物接触面粗糙不平引起的。颗粒之间的滑动摩擦可采用滑动摩擦角表示。

咬合摩擦是指相邻颗粒相对移动的约束作用。当尾砂内沿着某一剪切面产生剪切破坏时，相互咬合着的颗粒必须从原来的位置被抬起，跨越相邻颗粒，或者在尖角处将颗粒剪断，然后才能移动。尾砂越密，咬合作用越强，表现为内摩擦角越大。

可见，空场内尾砂由于赋存高度不同，其上覆正应力不同，密实状态不同，咬合作用也不同，导致不同赋存高度上尾砂摩擦强度不同。可见分析尾砂抗剪性能摩擦强度时应考虑尾砂密实特性。

黏聚力 $c_w$ 取决于尾砂粒间的各种物理化学作用力，包括库仑力（静电力）、范德华力、胶结作用力等。一般把黏聚力区分成两部分，即原始黏聚力和固化黏聚力。原始黏聚力来源于颗粒间的静电力和范德华力。颗粒间的距离越近，单位面积上尾砂颗粒接触点越多，原始黏聚力越大。因此，尾砂密度越大，原始黏聚力就越大。固化黏聚力取决于存在于颗粒之间的胶结物质的胶结作用，其胶结性能大小与含水量大小有关。

同样，尾砂密实特性影响尾砂黏聚力大小，密实条件下，尾砂密度增大，尾砂颗粒之间距离减小、接触面积增大，原始黏聚力增大。可见分析尾砂抗剪性能黏聚强度时应考虑尾砂密实特性。其次，尾砂固化黏聚力受尾砂含水量的影响，因此分析尾砂抗剪性能黏聚强度时还应考虑尾砂含水率。

综上，尾砂密实特性对尾砂抗剪强度具有显著影响，应予以充分考虑。

大空区内尾砂受四周围岩或胶结体的限制将其视为侧限条件，仅发生垂直方向上的压缩变形，采场内自上而下尾砂自重应力不同、尾砂孔隙结构尺寸减小程度不同、颗粒接触条件不同、颗粒咬合程度不同，尾砂强度特性必然呈增长趋势。由于尾砂强度特性对主动压力具有影响，因此必须探明自密实尾砂强度发展规律，揭示非胶结自密实尾砂强度形成-强化机理，构建强度特征参数表征模型。

为了分析自密实尾砂强度特征，作如下假设：

（1）尾砂自重压缩为侧限条件；

（2）同一水平面的上覆压力相等；

（3）空区内尾砂已完全脱水，为非饱和状态，试验时不考虑排水问题。

不同密实程度尾砂的强度参数测定可采用侧限压缩试验和直剪试验，侧限压缩试验用于制备不同密实度的尾砂试样，直剪试验用于测定尾砂抗剪强度参数。

对大红山铜矿（基本物理参数见表4-5）采用全面法进行直剪试验，试验方法如下。

（1）将大红山铜矿的尾砂烘干后，配置成含水 0、2%、4%、6%、8%、10%、12%、14%、16%、18%、20%、22%的尾砂试样，并用密封袋封闭，防止水分蒸发。

（2）将不同含水的尾砂试样进行侧限压缩试验，获得不同压力条件下密实尾砂试样，压力等级为 0 MPa、0.1 MPa、0.2 MPa、0.3 MPa、0.4 MPa、0.6 MPa、0.8 MPa、1.0 MPa 和 1.2 MPa。

（3）将不同含水率和密实度的尾砂分别进行直剪试验。

试验仪器设备如下：

（1）ZJ 型应变控制式直剪仪，由剪切盒、垂直加载装置等组成，如图 4-21 所示。

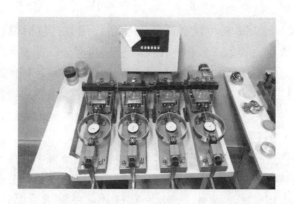

图 4-21　ZJ 型应变控制式直剪仪

（2）环刀：高度 20 mm，直径 61.8 mm，面积 30 cm$^2$。

（3）天平：感量 0.1 g，称量 500 g。

（4）百分表：量程 10 mm。

（5）其他辅助工具：环刀、饱和器、削土刀、秒表、透水石、滤纸等。

试验步骤如下：

（1）制备不同密实度和含水率的尾砂试样；

（2）每组试验至少制备 4 个试样，密度差值不大于 0.3 kN/m$^3$；

（3）下盒对准，插入固定销，在下盒内放入透水石和滤纸，将带有试样的环刀刀口向上，刀背向下，然后对准剪切盒口，放置滤纸和上透水石，将试样慢速推入剪切盒内，移去环刀，加上传力盖板；

（4）滑动钢珠、剪切盒和量力环，施加 0.01 N/mm$^2$ 的预压荷载，转动手轮，将量力环中百分表读数调零；

（5）施加垂直压力后立即拔除固定销，开动秒表，以 0.8 mm/min 一周的速度速转动手轮（每转周剪位移 0.2 mm），使试样在 3~5 min 内剪切破坏。手轮每转一周，记录一次量力环内量表读数一次，直至试样剪切破坏。

剪切破坏标准如下：当量力环中的百分表指针不再前进或有明显后退时，取百分表读数最大值；当百分表指针不后退时，以剪切位移为 4 mm 对应的变形为百分表读数，当剪切位移达到 6 mm 停止剪切。

尾砂不同固结应力（不同密实度）、不同含水率条件下直剪试验结果见表 4-7 和表 4-8。

表 4-7 尾砂直剪试验结果（含水率 0~10%）

| 固结应力 /MPa | 正应力 /MPa | 剪应力/MPa | | | | | |
|---|---|---|---|---|---|---|---|
| | | 含水率 0 | 含水率 2% | 含水率 4% | 含水率 6% | 含水率 8% | 含水率 10% |
| 0 | 0.1 | 0.0495 | 0.0522 | 0.0559 | 0.0572 | 0.0605 | 0.0650 |
| | 0.2 | 0.1099 | 0.1118 | 0.1145 | 0.1255 | 0.1337 | 0.1374 |
| | 0.3 | 0.1539 | 0.1539 | 0.1612 | 0.1676 | 0.1740 | 0.1777 |
| | 0.4 | 0.1997 | 0.2034 | 0.2098 | 0.2180 | 0.2272 | 0.2345 |
| 0.1 | 0.1 | 0.0513 | 0.0540 | 0.0595 | 0.0623 | 0.0641 | 0.0696 |
| | 0.2 | 0.1136 | 0.1136 | 0.1172 | 0.1282 | 0.1365 | 0.1429 |
| | 0.3 | 0.1557 | 0.1594 | 0.1630 | 0.1722 | 0.1759 | 0.1832 |
| | 0.4 | 0.2052 | 0.2052 | 0.2134 | 0.2253 | 0.2327 | 0.2455 |
| 0.2 | 0.1 | 0.0522 | 0.0568 | 0.0623 | 0.0641 | 0.0660 | 0.0714 |
| | 0.2 | 0.1154 | 0.1154 | 0.1191 | 0.1292 | 0.1401 | 0.1429 |
| | 0.3 | 0.1566 | 0.1612 | 0.1649 | 0.1740 | 0.1777 | 0.1850 |
| | 0.4 | 0.2070 | 0.2088 | 0.2180 | 0.2290 | 0.2363 | 0.2473 |
| 0.3 | 0.1 | 0.0531 | 0.0594 | 0.0641 | 0.0660 | 0.0678 | 0.0733 |
| | 0.2 | 0.1172 | 0.1172 | 0.1209 | 0.1301 | 0.1411 | 0.1456 |
| | 0.3 | 0.1576 | 0.1612 | 0.1685 | 0.1759 | 0.1786 | 0.1869 |
| | 0.4 | 0.2088 | 0.2125 | 0.2217 | 0.2317 | 0.2400 | 0.2510 |
| 0.4 | 0.1 | 0.0531 | 0.0623 | 0.0660 | 0.0687 | 0.0687 | 0.0751 |
| | 0.2 | 0.1209 | 0.1191 | 0.1227 | 0.1319 | 0.1429 | 0.1475 |
| | 0.3 | 0.1594 | 0.1649 | 0.1704 | 0.1795 | 0.1795 | 0.1905 |
| | 0.4 | 0.2107 | 0.2180 | 0.2253 | 0.2363 | 0.2418 | 0.2528 |
| 0.6 | 0.1 | 0.0544 | 0.0641 | 0.0678 | 0.0714 | 0.0705 | 0.0779 |
| | 0.2 | 0.1246 | 0.1209 | 0.1246 | 0.1337 | 0.1438 | 0.1493 |
| | 0.3 | 0.1630 | 0.1685 | 0.1722 | 0.1814 | 0.1832 | 0.1905 |
| | 0.4 | 0.2143 | 0.2217 | 0.2290 | 0.2400 | 0.2418 | 0.2583 |

| 固结应力 /MPa | 正应力 /MPa | 剪应力/MPa | | | | | |
|---|---|---|---|---|---|---|---|
| | | 含水率 0 | 含水率 2% | 含水率 4% | 含水率 6% | 含水率 8% | 含水率 10% |
| 0.8 | 0.1 | 0.0559 | 0.0656 | 0.0696 | 0.0733 | 0.0733 | 0.0797 |
| | 0.2 | 0.1264 | 0.1227 | 0.1246 | 0.1365 | 0.1466 | 0.1530 |
| | 0.3 | 0.1649 | 0.1704 | 0.1740 | 0.1823 | 0.1905 | 0.1924 |
| | 0.4 | 0.2180 | 0.2253 | 0.2308 | 0.2437 | 0.2473 | 0.2638 |
| 1.0 | 0.1 | 0.0573 | 0.0669 | 0.0714 | 0.0733 | 0.0742 | 0.0834 |
| | 0.2 | 0.1282 | 0.1246 | 0.1264 | 0.1374 | 0.1511 | 0.1539 |
| | 0.3 | 0.1649 | 0.1740 | 0.1740 | 0.1832 | 0.1914 | 0.1924 |
| | 0.4 | 0.2217 | 0.2290 | 0.2345 | 0.2437 | 0.2528 | 0.2693 |
| 1.2 | 0.1 | 0.0595 | 0.0682 | 0.0724 | 0.0742 | 0.0769 | 0.0852 |
| | 0.2 | 0.1264 | 0.1264 | 0.1282 | 0.1383 | 0.1539 | 0.1557 |
| | 0.3 | 0.1649 | 0.1740 | 0.1759 | 0.1832 | 0.1942 | 0.1960 |
| | 0.4 | 0.2235 | 0.2327 | 0.2363 | 0.2455 | 0.2583 | 0.2702 |

表 4-8　尾砂直剪试验结果 （含水率 12%~22%）

| 固结应力 /MPa | 正应力 /MPa | 剪应力/MPa | | | | | |
|---|---|---|---|---|---|---|---|
| | | 含水率 12% | 含水率 14% | 含水率 16% | 含水率 18% | 含水率 20% | 含水率 22% |
| 0 | 0.1 | 0.0669 | 0.0705 | 0.0720 | 0.0656 | 0.0632 | 0.0577 |
| | 0.2 | 0.1411 | 0.1447 | 0.1429 | 0.1411 | 0.1374 | 0.1282 |
| | 0.3 | 0.1832 | 0.1905 | 0.1740 | 0.1777 | 0.1722 | 0.1649 |
| | 0.4 | 0.2382 | 0.2455 | 0.2492 | 0.2400 | 0.2345 | 0.2198 |
| 0.1 | 0.1 | 0.0769 | 0.0769 | 0.0742 | 0.0714 | 0.0674 | 0.0614 |
| | 0.2 | 0.1502 | 0.1502 | 0.1429 | 0.1429 | 0.1411 | 0.1319 |
| | 0.3 | 0.1869 | 0.1887 | 0.1850 | 0.1814 | 0.1777 | 0.1740 |
| | 0.4 | 0.2601 | 0.2565 | 0.2510 | 0.2473 | 0.2400 | 0.2253 |
| 0.2 | 0.1 | 0.0806 | 0.0815 | 0.0769 | 0.0733 | 0.0714 | 0.0650 |
| | 0.2 | 0.1539 | 0.1539 | 0.1484 | 0.1466 | 0.1429 | 0.1319 |
| | 0.3 | 0.1887 | 0.1924 | 0.1869 | 0.1832 | 0.1832 | 0.1777 |
| | 0.4 | 0.2656 | 0.2656 | 0.2565 | 0.2510 | 0.2455 | 0.2290 |

| 固结应力 /MPa | 正应力 /MPa | 剪应力/MPa | | | | | |
| --- | --- | --- | --- | --- | --- | --- | --- |
| | | 含水率 12% | 含水率 14% | 含水率 16% | 含水率 18% | 含水率 20% | 含水率 22% |
| 0.3 | 0.1 | 0.0843 | 0.0861 | 0.0797 | 0.0751 | 0.0733 | 0.0696 |
| | 0.2 | 0.1557 | 0.1557 | 0.1502 | 0.1484 | 0.1447 | 0.1319 |
| | 0.3 | 0.1905 | 0.1942 | 0.1887 | 0.1869 | 0.1850 | 0.1795 |
| | 0.4 | 0.2711 | 0.2730 | 0.2601 | 0.2519 | 0.2492 | 0.2363 |
| 0.4 | 0.1 | 0.0870 | 0.0894 | 0.0815 | 0.0769 | 0.0751 | 0.0714 |
| | 0.2 | 0.1576 | 0.1576 | 0.1521 | 0.1502 | 0.1466 | 0.1337 |
| | 0.3 | 0.1942 | 0.1960 | 0.1905 | 0.1869 | 0.1869 | 0.1814 |
| | 0.4 | 0.2748 | 0.2785 | 0.2638 | 0.2556 | 0.2510 | 0.2400 |
| 0.6 | 0.1 | 0.0907 | 0.0918 | 0.0843 | 0.0788 | 0.0769 | 0.0733 |
| | 0.2 | 0.1594 | 0.1594 | 0.1557 | 0.1521 | 0.1493 | 0.1374 |
| | 0.3 | 0.1960 | 0.1979 | 0.1924 | 0.1924 | 0.1887 | 0.1832 |
| | 0.4 | 0.2803 | 0.2821 | 0.2693 | 0.2583 | 0.2565 | 0.2437 |
| 0.8 | 0.1 | 0.0934 | 0.0956 | 0.0870 | 0.0806 | 0.0806 | 0.0751 |
| | 0.2 | 0.1612 | 0.1612 | 0.1576 | 0.1539 | 0.1521 | 0.1411 |
| | 0.3 | 0.1960 | 0.1979 | 0.1924 | 0.1942 | 0.1905 | 0.1869 |
| | 0.4 | 0.2840 | 0.2876 | 0.2748 | 0.2620 | 0.2620 | 0.2473 |
| 1.0 | 0.1 | 0.0953 | 0.0989 | 0.0879 | 0.0834 | 0.0824 | 0.0769 |
| | 0.2 | 0.1630 | 0.1649 | 0.1585 | 0.1557 | 0.1539 | 0.1447 |
| | 0.3 | 0.1979 | 0.1960 | 0.1933 | 0.1960 | 0.1942 | 0.1869 |
| | 0.4 | 0.2876 | 0.2950 | 0.2748 | 0.2675 | 0.2656 | 0.2528 |
| 1.2 | 0.1 | 0.0971 | 0.0998 | 0.0898 | 0.0879 | 0.0861 | 0.0788 |
| | 0.2 | 0.1649 | 0.1685 | 0.1612 | 0.1566 | 0.1557 | 0.1466 |
| | 0.3 | 0.1997 | 0.1997 | 0.1960 | 0.1905 | 0.1887 | 0.1887 |
| | 0.4 | 0.2913 | 0.2986 | 0.2803 | 0.2748 | 0.2730 | 0.2565 |

### 4.5.3.2 尾砂侧限压缩抗剪强度

根据表 4-7 和表 4-8 所示尾砂直剪强度试验结果,绘制不同密实度和不同含水率条件下尾砂的强度曲线,以正应力为横坐标,剪应力为纵坐标,采用式(4-43)所示的库仑强度公式对其进行拟合,可得到尾砂的强度参数,包括黏聚力 $c_w$ 和内

摩擦角 $\varphi_w$。

以自然堆积状态下含水率为0的尾砂强度参数测定为例，该条件下尾砂强度曲线如图4-22所示。

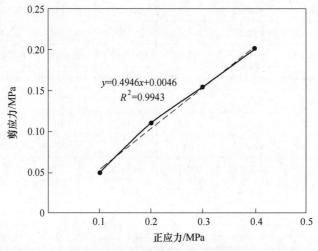

图 4-22 自然堆积干尾砂强度曲线

图4-22中拟合直线斜率为 $\tan\varphi_w$（$\varphi_w$ 为内摩擦角），直线截距为黏聚力 $c_w$，根据拟合结果可知，$\tan\varphi_w = 0.4946$，采用反三角函数可求得自然堆积干尾砂摩擦角 $\varphi_w$ 约为 26.32°，内聚力 $c_w = 0.0046$ MPa。

根据上述方法求得不同密实状态和含水率下尾砂强度指标见表4-9~表4-11。

表 4-9 尾砂抗剪强度指标（含水率0~6%）

| 固结应力/MPa | 孔隙率/% | 含水率0 | | 含水率2% | | 含水率4% | | 含水率6% | |
|---|---|---|---|---|---|---|---|---|---|
| | | 黏聚力/MPa | 内摩擦角/(°) | 黏聚力/MPa | 内摩擦角/(°) | 黏聚力/MPa | 内摩擦角/(°) | 黏聚力/MPa | 内摩擦角/(°) |
| 0.0 | 49.40 | 0.0046 | 26.32 | 0.0064 | 26.37 | 0.0083 | 26.95 | 0.0110 | 27.72 |
| 0.1 | 42.21 | 0.0055 | 26.74 | 0.0082 | 26.54 | 0.0114 | 26.91 | 0.0138 | 28.06 |
| 0.2 | 40.28 | 0.0064 | 26.82 | 0.0101 | 26.65 | 0.0129 | 27.15 | 0.0142 | 28.35 |
| 0.3 | 39.56 | 0.0073 | 26.91 | 0.0118 | 26.72 | 0.0137 | 27.49 | 0.0152 | 28.50 |
| 0.4 | 38.78 | 0.0082 | 27.08 | 0.0129 | 27.15 | 0.0147 | 27.73 | 0.0165 | 28.84 |
| 0.6 | 37.54 | 0.0096 | 27.39 | 0.0137 | 27.49 | 0.0156 | 27.98 | 0.0183 | 28.96 |
| 0.8 | 36.56 | 0.0101 | 27.69 | 0.0143 | 27.78 | 0.0165 | 28.06 | 0.0197 | 29.18 |
| 1.0 | 35.74 | 0.0106 | 27.92 | 0.0147 | 28.18 | 0.0174 | 28.23 | 0.0202 | 29.12 |
| 1.2 | 35.05 | 0.0110 | 27.95 | 0.0151 | 28.42 | 0.0184 | 28.34 | 0.0206 | 29.20 |

**表 4-10　尾砂抗剪强度指标**（含水率 8%~14%）

| 固结应力/MPa | 孔隙率/% | 含水率 8% | | 含水率 10% | | 含水率 12% | | 含水率 14% | |
|---|---|---|---|---|---|---|---|---|---|
| | | 黏聚力/MPa | 内摩擦角/(°) | 黏聚力/MPa | 内摩擦角/(°) | 黏聚力/MPa | 内摩擦角/(°) | 黏聚力/MPa | 内摩擦角/(°) |
| 0.0 | 49.40 | 0.0137 | 28.39 | 0.0165 | 28.76 | 0.0184 | 29.07 | 0.0201 | 29.72 |
| 0.1 | 42.21 | 0.0160 | 28.60 | 0.0183 | 29.60 | 0.0220 | 30.38 | 0.0238 | 30.00 |
| 0.2 | 40.28 | 0.0179 | 28.75 | 0.0192 | 29.67 | 0.0248 | 30.53 | 0.0257 | 30.57 |
| 0.3 | 39.56 | 0.0183 | 28.99 | 0.0206 | 29.87 | 0.0266 | 30.76 | 0.0275 | 30.93 |
| 0.4 | 38.78 | 0.0193 | 29.07 | 0.0225 | 29.95 | 0.0284 | 30.96 | 0.0290 | 31.20 |
| 0.6 | 37.54 | 0.0215 | 28.96 | 0.0234 | 30.22 | 0.0303 | 31.19 | 0.0305 | 31.36 |
| 0.8 | 36.56 | 0.0230 | 29.51 | 0.0243 | 30.61 | 0.0320 | 31.24 | 0.0324 | 31.50 |
| 1.0 | 35.74 | 0.0234 | 29.95 | 0.0257 | 30.80 | 0.0330 | 31.46 | 0.0339 | 31.77 |
| 1.2 | 35.05 | 0.0247 | 30.31 | 0.0280 | 30.77 | 0.0339 | 31.69 | 0.0348 | 32.11 |

**表 4-11　尾砂抗剪强度指标**（含水率 16%~22%）

| 固结应力/MPa | 孔隙率/% | 含水率 16% | | 含水率 18% | | 含水率 20% | | 含水率 22% | |
|---|---|---|---|---|---|---|---|---|---|
| | | 黏聚力/MPa | 内摩擦角/(°) | 黏聚力/MPa | 内摩擦角/(°) | 黏聚力/MPa | 内摩擦角/(°) | 黏聚力/MPa | 内摩擦角/(°) |
| 0.0 | 49.40 | 0.0189 | 29.37 | 0.0162 | 29.24 | 0.0147 | 28.75 | 0.0119 | 27.61 |
| 0.1 | 42.21 | 0.0202 | 29.79 | 0.0192 | 29.52 | 0.0180 | 29.00 | 0.0147 | 28.09 |
| 0.2 | 40.28 | 0.0229 | 30.00 | 0.0211 | 29.67 | 0.0201 | 29.36 | 0.0165 | 28.27 |
| 0.3 | 39.56 | 0.0248 | 30.10 | 0.0234 | 29.64 | 0.0211 | 29.60 | 0.0174 | 28.71 |
| 0.4 | 38.78 | 0.0257 | 30.34 | 0.0242 | 29.80 | 0.0229 | 29.60 | 0.0183 | 28.96 |
| 0.6 | 37.54 | 0.0275 | 30.61 | 0.0257 | 30.06 | 0.0233 | 30.04 | 0.0202 | 29.12 |
| 0.8 | 36.56 | 0.0284 | 30.89 | 0.0266 | 30.31 | 0.0257 | 30.23 | 0.0220 | 29.35 |
| 1.0 | 35.74 | 0.0298 | 30.77 | 0.0275 | 30.65 | 0.0266 | 30.54 | 0.0229 | 29.68 |
| 1.2 | 35.05 | 0.0303 | 31.23 | 0.0288 | 30.74 | 0.0275 | 30.70 | 0.0239 | 29.91 |

尾砂强度指标随固结应力的变化关系如图 4-23 和图 4-24 所示。可以看出：相同含水率条件下，尾砂黏聚力和内摩擦角均随固结应力的增大而增大，并逐渐趋于稳定，固结应力增大，尾砂孔隙体积减小，颗粒间距减小，单位体积内尾砂颗粒增多，尾砂接触点位及面积增大，咬合程度增加，使尾砂强度特性增强；当固结应力增大到一定程度后，尾砂孔隙结构逐渐趋于稳定，强度也趋于稳定。

尾砂强度指标随孔隙率的变化关系如图 4-25 和图 4-26 所示。可以看出：相同含水率条件下，尾砂黏聚力和内摩擦角均随尾砂孔隙率的增大而增大，并逐渐

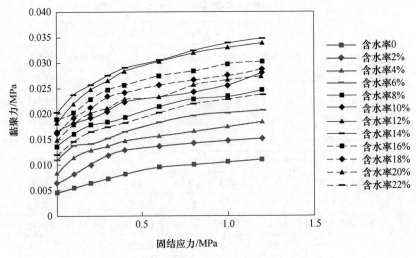

图 4-23　尾砂黏聚力随固结应力的变化关系

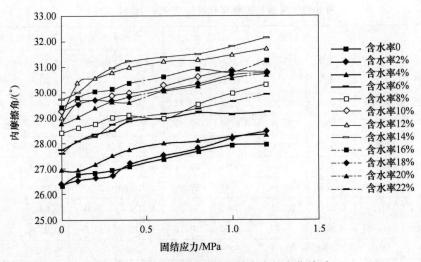

图 4-24　尾砂内摩擦角随固结应力的变化关系

趋于稳定，其基本原理和固结应力与强度特征关系一致。

　　尾砂强度指标随含水率的变化关系如图 4-27 和图 4-28 所示。可以看出：相同固结应力（密实状态）条件下，尾砂黏聚力和内摩擦角随尾砂含水率的增大先增大后减小。当含水率小于 14% 时，黏聚力与内摩擦角均随含水率的增加而增加；当尾砂含水率达到 14% 左右，尾砂的黏聚力与内摩擦角最大；当含水率大于 14% 时，黏聚力与内摩擦角随含水率的增大而减小。这是由于尾砂中含有胶结物质，水是胶结物质产生胶结作用的重要媒介，且胶结作用的强度与含水量有关，

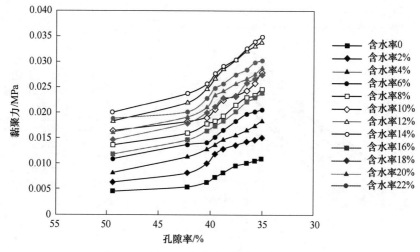

图 4-25 尾砂黏聚力随孔隙率的变化关系

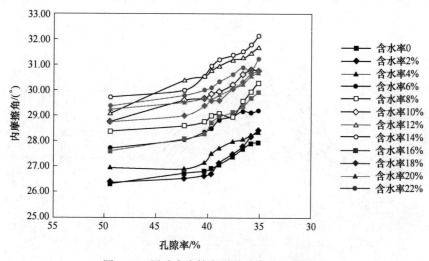

图 4-26 尾砂内摩擦角随孔隙率的变化关系

并存在最优需水量，最优需水量条件下胶结物质被充分利用，因此尾砂强度指标达到最大；当尾砂中含水量小于最优需水量时，胶结物质利用率随含水量的增大而增大，呈现尾砂强度增强的趋势；当尾砂含水量大于最优需水量时，胶结物质被稀释，胶结性能降低，导致尾砂强度指标降低。

即使尾砂为自然松散状态且不含水条件，尾砂仍然具有一定的抗剪强度。因此，分析尾砂主动压力对构筑物、充填体等稳定性影响时，不应忽略尾砂抗剪强度特性对主动压力的影响。特别是大空区非胶结充填采场内，尾砂自密实及含水

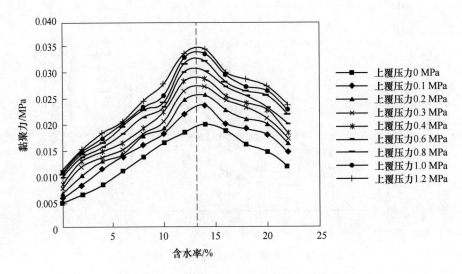

图 4-27　尾砂黏聚力随含水率的变化关系

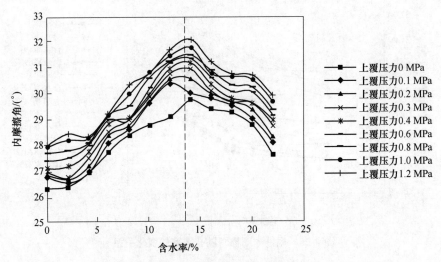

图 4-28　尾砂内摩擦角随含水率的变化关系

条件，其抗剪强度特征更加明显。

### 4.5.3.3　尾砂自密实与强度响应关系

根据图 4-23 和图 4-24 的变化关系分析可知，两个强度指标均与固结应力呈幂函数关系特征。采用 Origin 软件自定义函数（见式（4-45）和式（4-46））对密实状态下尾砂黏聚力及内摩擦角试验结果进行拟合分析。

$$c_{\sigma} = A_2 \left( \sigma_{\mathrm{v}} + B_2 \right)^{D_2} \tag{4-45}$$
$$A_2 = A_{21} c_{\mathrm{w}}$$

式中　$c_{\sigma}$——尾砂受压条件下的黏聚力，MPa；

　　　$\sigma_{\mathrm{v}}$——尾砂上覆压力系数，与上覆压力数值一致；

　　　$A_2$——与尾砂自然堆积黏聚力有关的黏聚力参数，MPa；

　　　$B_2$——与尾砂上覆压力有关，影响尾砂黏聚力的压缩系数；

　　　$D_2$——与尾砂自然堆积孔隙率有关，影响尾砂黏聚力的压缩系数；

　　　$c_{\mathrm{w}}$——自然堆积黏聚力，MPa；

　　　$A_{21}$——与自然堆积黏聚力有关的压缩系数，为方便后续分析，将 $A_{21} c_{\mathrm{w}}$ 简化为 $A_2$。

$$\varphi_{\sigma} = A_3 \left( \sigma_{\mathrm{v}} + B_3 \right)^{D_3} \tag{4-46}$$
$$A_3 = A_{31} \varphi_{\mathrm{w}}$$

式中　$\varphi_{\sigma}$——尾砂受压条件下的内摩擦角，（°）；

　　　$A_3$——与尾砂自然堆积内摩擦角有关的内摩擦角参数，（°）；

　　　$B_3$——与尾砂上覆压力有关，影响尾砂内摩擦角的压缩系数；

　　　$D_3$——与尾砂自然堆积孔隙率有关，影响尾砂内摩擦角的压缩系数；

　　　$\varphi_{\mathrm{w}}$——自然堆积内摩擦角，（°）；

　　　$A_{31}$——与自然堆积内摩擦角有关的压缩系数，为方便后续分析，将 $A_{31} \varphi_{\mathrm{w}}$ 简化为 $A_3$。

尾砂黏聚力与固结应力拟合结果如图 4-29 所示（以尾砂含水率 14% 为例）。

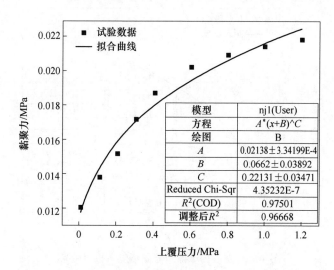

图 4-29　尾砂黏聚力与固结应力拟合结果

尾砂黏聚力函数表达式拟合结果见表4-12。

表 4-12 尾砂黏聚力函数表达式拟合结果

| 含水率/% | 相关系数 | 黏聚力/MPa |
|---|---|---|
| 0 | 0.98075 | $c_\sigma = 0.01035 \times (\sigma_v + 0.08936)^{0.35192}$ |
| 2 | 0.95346 | $c_\sigma = 0.01479 \times (\sigma_v + 0.0394)^{0.2423}$ |
| 4 | 0.98166 | $c_\sigma = 0.01921 \times (\sigma_v + 0.05811)^{0.26238}$ |
| 6 | 0.96668 | $c_\sigma = 0.02138 \times (\sigma_v + 0.0662)^{0.22131}$ |
| 8 | 0.96931 | $c_\sigma = 0.02454 \times (\sigma_v + 0.06204)^{0.21644}$ |
| 10 | 0.98547 | $c_\sigma = 0.02785 \times (\sigma_v + 0.06413)^{0.19409}$ |
| 12 | 0.99158 | $c_\sigma = 0.03204 \times (\sigma_v + 0.04164)^{0.17711}$ |
| 14 | 0.99724 | $c_\sigma = 0.03257 \times (\sigma_v + 0.05237)^{0.16446}$ |
| 16 | 0.98832 | $c_\sigma = 0.02994 \times (\sigma_v + 0.06114)^{0.16843}$ |
| 18 | 0.98931 | $c_\sigma = 0.02779 \times (\sigma_v + 0.04134)^{0.17182}$ |
| 20 | 0.98988 | $c_\sigma = 0.02536 \times (\sigma_v + 0.05981)^{0.19703}$ |
| 22 | 0.99794 | $c_\sigma = 0.02249 \times (\sigma_v + 0.0793)^{0.25006}$ |

尾砂内摩擦角与固结应力的拟合结果如图 4-30 所示（以尾砂含水率 14% 为例）。

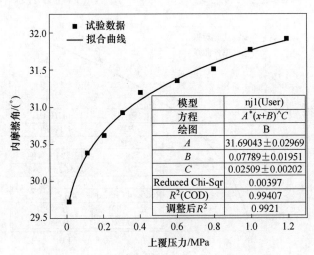

图 4-30 尾砂内摩擦角与固结应力拟合结果

尾砂内摩擦角函数表达式拟合结果见表 4-13。

表 4-13 尾砂内摩擦角函数表达式拟合结果

| 含水率/% | 相关系数 | 内摩擦角/(°) |
|---|---|---|
| 0 | 0.99588 | $\varphi_\sigma = 27.55024 \times (\sigma_v + 0.104)^{0.02793}$ |
| 2 | 0.98214 | $\varphi_\sigma = 28.00824 \times (\sigma_v + 0.07092)^{0.02328}$ |
| 4 | 0.97305 | $\varphi_\sigma = 28.69326 \times (\sigma_v + 0.05835)^{0.02264}$ |
| 6 | 0.99109 | $\varphi_\sigma = 29.23601 \times (\sigma_v + 0.11811)^{0.02539}$ |
| 8 | 0.99021 | $\varphi_\sigma = 29.8898 \times (\sigma_v + 0.12646)^{0.02731}$ |
| 10 | 0.99716 | $\varphi_\sigma = 30.69312 \times (\sigma_v + 0.10257)^{0.02858}$ |
| 12 | 0.99815 | $\varphi_\sigma = 31.37383 \times (\sigma_v + 0.06812)^{0.0263}$ |
| 14 | 0.99407 | $\varphi_\sigma = 31.69043 \times (\sigma_v + 0.07789)^{0.02509}$ |
| 16 | 0.99641 | $\varphi_\sigma = 31.25577 \times (\sigma_v + 0.08356)^{0.0249}$ |
| 18 | 0.99221 | $\varphi_\sigma = 30.70735 \times (\sigma_v + 0.07829)^{0.02215}$ |
| 20 | 0.99608 | $\varphi_\sigma = 30.22507 \times (\sigma_v + 0.07959)^{0.02276}$ |
| 22 | 0.99243 | $\varphi_\sigma = 29.64928 \times (\sigma_v + 0.0405)^{0.02234}$ |

在第 4.5.2.2 节中构建了尾砂上覆应力与赋存高度的等量关系，见式 (4-47)。

$$\sigma_v = \left[ \frac{A_1(1 - D_1)}{100}h + B_1^{1-D_1} \right]^{\frac{1}{1-D_1}} - B_1 \tag{4-47}$$

为了简化分析，将式 (4-47) 作如下简化：

$$\sigma_v = (A_4 h + B_4)^{D_4} - B_1 \tag{4-48}$$

其中：

$$A_4 = \frac{A_1(1 - D_1)}{100} \tag{4-49}$$

$$B_4 = B_1^{1-D_1} \tag{4-50}$$

$$D_4 = \frac{1}{1 - D_1} \tag{4-51}$$

将式 (4-48) 代入式 (4-45) 尾砂黏聚力拟合公式中，即可构建采场内不同高度尾砂黏聚力的预测模型。

$$c_h = A_2 \left[ (A_4 h + B_4)^{D_4} - B_1 + B_2 \right]^{D_2} \tag{4-52}$$

式中 $c_h$ ——采场内任意高度尾砂黏聚力，MPa。

将式 (4-48) 代入式 (4-46) 尾砂内摩擦角拟合公式中，即可构建采场内不同高度的尾砂内摩擦角的预测模型。

$$\varphi_h = A_3 \left[ (A_4 h + B_4)^{D_4} - B_1 + B_3 \right]^{D_3} \tag{4-53}$$

式中　　$\varphi_h$ ——采场内任意高度尾砂内摩擦角，（°）。

### 4.5.4　自密实尾砂主动压力分布规律

非胶结尾砂充填体在没有约束条件下将会沿滑动面下滑而发生坍塌，采场内任意高度尾砂微元体受力状态如图4-31所示。最大主应力为单元体上覆尾砂的重量，最小主应力为非胶结尾砂与胶结充填体之间的应力，属于主动压力[21,39]。

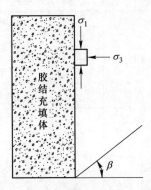

图 4-31　尾砂微元体受力状态示意图

假设尾砂与胶结充填体接触面上的单元体在 $\sigma_1$ 和 $\sigma_3$ 应力条件下处于极限平衡状态，则在正应力和剪应力构成的直角坐标系中，该单元体的强度曲线与应力莫尔圆相切，如图4-32所示。

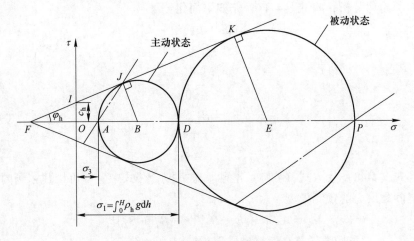

图 4-32　尾砂主动压力分析示意图

根据图4-32，存在以下三角函数关系：

$$\tan\varphi_h = \frac{OI}{OF} = \frac{c_h}{OF} \tag{4-54}$$

根据式 (4-54) 可得:

$$OF = \frac{c_h}{\tan\varphi_h} \tag{4-55}$$

根据图 4-32, 还存在以下三角关系:

$$\sin\varphi_h = \frac{BJ}{BF} = \frac{BJ}{BO + OF} = \frac{(\sigma_1 - \sigma_3)/2}{(\sigma_1 + \sigma_3)/2 + c_h/\tan\varphi_h} \tag{4-56}$$

式中  $\sigma_3$ ——采场内任意高度尾砂主动压力, MPa。

由式 (4-56) 可得:

$$\sigma_3 = \sigma_1 \frac{1 - \sin\varphi_h}{1 + \sin\varphi_h} - 2c_h \frac{\cos\varphi_h}{1 + \sin\varphi_h} \tag{4-57}$$

式 (4-57) 可等价于:

$$\sigma_3 = \sigma_1 \frac{\sin\dfrac{\pi}{2} - \sin\varphi_h}{\sin\dfrac{\pi}{2} + \sin\varphi_h} - 2c_h \frac{\cos\varphi_h}{1 + \sin\varphi_h} \tag{4-58}$$

三角函数中还存在以下关系:

$$\sin A - \sin B = 2\cos\frac{A + B}{2}\sin\frac{A - B}{2} \tag{4-59}$$

$$\sin A + \sin B = 2\sin\frac{A + B}{2}\cos\frac{A - B}{2} \tag{4-60}$$

$$\frac{\cos A}{1 + \sin A} = \frac{\sin\left(\dfrac{\pi}{2} - A\right)}{2\sin\left(\dfrac{\pi}{4} + \dfrac{A}{2}\right)\cos\left(\dfrac{\pi}{4} - \dfrac{A}{2}\right)} \tag{4-61}$$

式中  $A$, $B$ ——仅代表角度符号, (°)。

根据式 (4-59)、式 (4-60) 和式 (4-61) 所示的函数关系, 式 (4-58) 可变换为:

$$\sigma_3 = \sigma_1 \frac{2\cos\left[\left(\dfrac{\pi}{2} + \varphi_h\right)\Big/2\right]\sin\left[\left(\dfrac{\pi}{2} - \varphi_h\right)\Big/2\right]}{2\sin\left[\left(\dfrac{\pi}{2} + \varphi_h\right)\Big/2\right]\cos\left[\left(\dfrac{\pi}{2} - \varphi_h\right)\Big/2\right]} - 2c_h \frac{\sin\left(\dfrac{\pi}{2} - \varphi_h\right)}{2\sin\left(\dfrac{\pi}{4} + \dfrac{\varphi_h}{2}\right)\cos\left(\dfrac{\pi}{4} - \dfrac{\varphi_h}{2}\right)} \tag{4-62}$$

三角函数中还存在以下关系:

$$\sin(A - B) = \sin A\cos B - \cos A\sin B \tag{4-63}$$

利用式（4-63）可将式（4-62）中的 $\sin\left(\dfrac{\pi}{2} - \varphi_h\right)$ 转变为：

$$\sin\left(\frac{\pi}{2} - \varphi_h\right) = \sin\left(\frac{\pi}{4} - \frac{\varphi_h}{2}\right)\cos\left(\frac{\pi}{4} - \frac{\varphi_h}{2}\right) + \sin\left(\frac{\pi}{4} - \frac{\varphi_h}{2}\right)\cos\left(\frac{\pi}{4} - \frac{\varphi_h}{2}\right)$$

$$= 2\sin\left(\frac{\pi}{4} - \frac{\varphi_h}{2}\right)\cos\left(\frac{\pi}{4} - \frac{\varphi_h}{2}\right) \tag{4-64}$$

将式（4-64）代入式（4-62）可得：

$$\sigma_3 = \sigma_1 \frac{\tan\left(\dfrac{\pi}{4} - \dfrac{\varphi_h}{2}\right)}{\tan\left(\dfrac{\pi}{4} + \dfrac{\varphi_h}{2}\right)} - 2c_h \frac{2\sin\left(\dfrac{\pi}{4} - \dfrac{\varphi_h}{2}\right)\cos\left(\dfrac{\pi}{4} - \dfrac{\varphi_h}{2}\right)}{2\sin\left(\dfrac{\pi}{4} + \dfrac{\varphi_h}{2}\right)\cos\left(\dfrac{\pi}{4} - \dfrac{\varphi_h}{2}\right)} \tag{4-65}$$

式（4-65）可简化为：

$$\sigma_3 = \sigma_1 \frac{\tan\left(\dfrac{\pi}{4} - \dfrac{\varphi_h}{2}\right)}{\tan\left(\dfrac{\pi}{4} + \dfrac{\varphi_h}{2}\right)} - 2c_h \frac{\sin\left(\dfrac{\pi}{4} - \dfrac{\varphi_h}{2}\right)}{\cos\left(\dfrac{\pi}{4} - \dfrac{\varphi_h}{2}\right)} \tag{4-66}$$

式（4-66）可简化为：

$$\sigma_3 = \sigma_1 \frac{\tan\left(\dfrac{\pi}{4} - \dfrac{\varphi_h}{2}\right)}{\tan\left(\dfrac{\pi}{4} + \dfrac{\varphi_h}{2}\right)} - 2c_h\tan\left(\frac{\pi}{4} - \frac{\varphi_h}{2}\right) \tag{4-67}$$

三角函数中存在以下关系：

$$\tan(A - B) = \frac{\tan A - \tan B}{1 + \tan A \tan B} \tag{4-68}$$

$$\tan(A + B) = \frac{\tan A + \tan B}{1 - \tan A \tan B} \tag{4-69}$$

利用式（4-68）和式（4-69），可将式（4-67）变换为：

$$\sigma_3 = \sigma_1\left(\frac{\tan\dfrac{\pi}{4} - \tan\dfrac{\varphi_h}{2}}{1 + \tan\dfrac{\pi}{4}\tan\dfrac{\varphi_h}{2}} \times \frac{1 - \tan\dfrac{\pi}{4}\tan\dfrac{\varphi_h}{2}}{\tan\dfrac{\pi}{4} + \tan\dfrac{\varphi_h}{2}}\right) - 2c_h\tan\left(\frac{\pi}{4} - \frac{\varphi_h}{2}\right) \tag{4-70}$$

式（4-70）还可表示为：

$$\sigma_3 = \sigma_1\left(\frac{\tan\dfrac{\pi}{4} - \tan\dfrac{\varphi_h}{2}}{1 + \tan\dfrac{\pi}{4}\tan\dfrac{\varphi_h}{2}} \times \frac{\tan\dfrac{\pi}{4} - \tan\dfrac{\varphi_h}{2}}{1 + \tan\dfrac{\pi}{4}\tan\dfrac{\varphi_h}{2}}\right) - 2c_h\tan\left(\frac{\pi}{4} - \frac{\varphi_h}{2}\right) \tag{4-71}$$

利用式（4-68）还可将式（4-71）变换为：

$$\sigma_3 = \sigma_1 \tan^2\left(\frac{\pi}{4} - \frac{\varphi_h}{2}\right) - 2c_h \tan\left(\frac{\pi}{4} - \frac{\varphi_h}{2}\right) \tag{4-72}$$

考虑尾砂密实特性，最大主应力采用下式表示：

$$\sigma_1 = \int_0^H \rho_h g \mathrm{d}h \tag{4-73}$$

将式（4-73）代入式（4-72），可得自密实尾砂主动压力计算公式：

$$\sigma_3 = \tan^2\left(\frac{\pi}{4} - \frac{\varphi_h}{2}\right) \int_0^H \rho_h g \mathrm{d}h - 2c_h \tan\left(\frac{\pi}{4} - \frac{\varphi_h}{2}\right) \tag{4-74}$$

式中　$\sigma_3$——自密实尾砂任一点的主动压力，MPa；

　　　$\varphi_h$——自密实尾砂任一点的内摩擦角，（°）；

　　　$H$——尾砂充填采场高度，m；

　　　$\rho_h$——自密实尾砂任一点的密度，t/m³；计算 $\rho_h g$（容重）时，需将单位统一为 MN/m³；

　　　$c_h$——自密实尾砂任一点的黏聚力，MPa。

若仅考虑自密实尾砂密度对主动压力的影响，则尾砂主动压力计算公式如下：

$$\sigma_3 = \tan^2\left(\frac{\pi}{4} - \frac{\varphi_w}{2}\right) \int_0^H \rho_h g \mathrm{d}h \tag{4-75}$$

式中　$\varphi_w$——尾砂自然堆积内摩擦角，（°）。

将尾砂视为无黏性不可压缩的散体介质时，可忽略密实条件下尾砂密度与强度参数对主动压力的影响，则自然堆积状态下尾砂主动压力计算公式如下：

$$\sigma_3 = \tan^2\left(\frac{\pi}{4} - \frac{\varphi_w}{2}\right) \rho_w g h \tag{4-76}$$

式中　$\rho_w$——尾砂自然堆积密度，t/m³；计算 $\rho_w g$（容重）时，需将单位统一为 MN/m³。

以大红山铜矿含水率为0的分级尾砂为例，采用式（4-74）、式（4-75）和式（4-76）计算不同状态下尾砂的主动压力。尾砂自然堆积容重为 0.01466 MN/m³，自然堆积状态下内摩擦角为 26.32°，黏聚力为 0.0046 MPa。

自密实条件下，尾砂密度随高度变化的函数关系如下：

$$\rho_{h1} = 1.505 \, (h + 0.61)^{0.053} \tag{4-77}$$

自密实条件下，尾砂黏聚力随高度变化的函数关系如下：

$$c_h = A_2 \left[ (A_4 h + B_4)^{D_4} - B_1 + B_2 \right]^{D_2} \tag{4-78}$$

自密实条件下，尾砂内摩擦角随高度变化的函数关系如下：

$$\varphi_h = A_3 \left[ (A_4 h + B_4)^{D_4} - B_1 + B_3 \right]^{D_3} \tag{4-79}$$

式（4-78）和式（4-79）中相关拟合系数见表 4-14。

**表 4-14   自密实尾砂相关拟合系数**

| 系数符号 | 数值 | 系数符号 | 数值 | 系数符号 | 数值 | 系数符号 | 数值 |
|---|---|---|---|---|---|---|---|
| $A_2$ | 0.0104 | $B_1$ | 0.0085 | $B_4$ | 0.0108 | $D_4$ | 1.0527 |
| $A_3$ | 27.5502 | $B_2$ | 0.0894 | $D_2$ | 0.3519 | | |
| $A_4$ | 0.0177 | $B_3$ | 0.1040 | $D_3$ | 0.0279 | | |

根据表 4-14 系数可得尾砂黏聚力和内摩擦角的表达式：

$$c_h = 0.0104 \left[ (0.0177h + 0.0108)^{1.0527} - 0.0085 + 0.0894 \right]^{0.3519} \quad (4\text{-}80)$$

$$\varphi_h = 27.5502 \left[ (0.0177h + 0.0108)^{1.0527} - 0.0085 + 0.1040 \right]^{0.0279} \quad (4\text{-}81)$$

将密实状态条件下尾砂的密度、黏聚力和内摩擦角代入式（4-74），密实状态条件下尾砂的密度及自然堆积状态下尾砂内摩擦角代入式（4-75），自然堆积状态条件下尾砂的密度及内摩擦角代入式（4-76），这三种计算方法计算结果如图 4-33 所示。

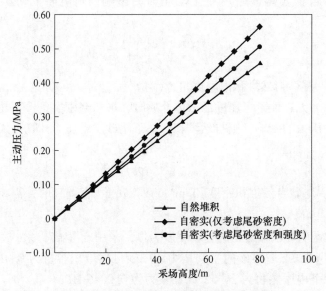

图 4-33   尾砂主动压力计算方法差异比较

由图 4-33 可知：

（1）从尾砂主动压力分布规律看，无论尾砂处于何种状态，主动压力均呈线性分布，即在垂直高度上为三角分布，随充填高度增大而增大。

（2）从主动压力计算结果大小看，自然堆积<自密实（考虑尾砂密度与强

度)<自密实（仅考虑尾砂密度），表明尾砂自密实特性具有增大主动压力的作用。密度决定了尾砂上覆压力的大小，强度力学参数决定了自主流动的能力，即主动压力系数，尾砂密度对主动压力的影响大于强度力学参数。

（3）从科学计算尾砂的主动压力看，只有充分考虑尾砂自密实特性（既要考虑物理参数增长，也要考虑强度参数的增长），才能获得精确的计算结果。仅考虑自然堆积状态，会忽略尾砂密实状态下密度对尾砂主动压力的增强作用与强度力学特性的削弱作用；仅考虑尾砂密实状态下密度的增长，将过分强调尾砂垂直应力；仅考虑尾砂密实状态下强度的增长，将过分弱化尾砂的流动性能。

自密实条件下，尾砂作用于胶结充填体主动压力的合力采用下式计算：

$$F = \int_0^H \sigma_3 L dh = \int_0^H \left[ \tan^2\left( \frac{\pi}{4} - \frac{\varphi_h}{2} \right) \int_0^H \rho_h g dh - 2c_h \tan\left( \frac{\pi}{4} - \frac{\varphi_h}{2} \right) \right] L dh \quad (4\text{-}82)$$

式中　$F$——自密实尾砂作用于胶结充填体主动压力的合力，MN。

## 4.6　强度模型

以空场嗣后充填采矿法中胶结体所需强度为研究内容，通过分析国内外胶结充填体力学作用机理的研究现状，确定以胶结充填体为自立性构筑物的强度设计观点，并兼顾其对采场围岩的支护作用，通过分析空场嗣后充填法的工艺特征及胶结充填体在盘区回采过程中的受力状态变化，确定了胶结充填体失稳的危险力学环境及对应力学环境下胶结充填体的力学作用。岩石力学研究成果及现场调查结果表明，采场顶板岩石冒落达到一定程度后形成拱形稳定下来。通过建立力学模型，推导了顶板冒落高度与采场结构尺寸及围岩稳定性之间的数学关系，用于计算胶结充填体顶部松散岩体重力；以滑移角确定采场围岩片帮范围，通过分析围岩片帮范围的平衡状态，推导了侧帮围岩对胶结充填体两侧的作用力；在研究尾砂自重压密引起的物理力学参数及强度参数变化的基础上，通过分析尾砂与胶结充填体之间的接触关系，建立了尾砂的极限平衡状态方程，推导了尾砂对胶结充填体主动压力计算方法及尾砂主动压力合力的计算方法。在考虑影响胶结充填体稳定性因素及胶结充填体典型破坏形式（剪切引起的垮塌）的基础上，采用岩土力学极限平衡分析方法分析了胶结充填体一侧临空、一侧受尾砂主动压力力学状态下三维楔形体的平衡条件，建立了三维楔形体的平衡状态方程，据此推导出胶结充填体强度模型。

$$\sigma_c = \frac{G + G_1 + F\tan\alpha - 4N_s \sin\alpha\tan\varphi_0}{2kH_a W\sin\alpha + WL\tan\alpha} \times \frac{\cos\varphi}{1 - \sin\varphi} \quad (4\text{-}83)$$

其中：

$$G = \gamma H_a WL$$

$$G_1 = \gamma_1 b_1 WL$$

$$N_s = N = \frac{1}{2}(\gamma_2 H + 2\gamma_1 b_1)\tan^2\left(\frac{\pi}{4} - \frac{\varphi_1}{2}\right)HW$$

$$F = \int_0^H \sigma_3 L\mathrm{d}h = \int_0^H\left[\tan^2\left(\frac{\pi}{4} - \frac{\varphi_h}{2}\right)\int_0^H \rho_h g\mathrm{d}h - 2c_h\tan\left(\frac{\pi}{4} - \frac{\varphi_h}{2}\right)\right]L\mathrm{d}h$$

$$b_1 = \frac{L_1}{2f} = \frac{L + 2H\cot\theta}{2f} = \frac{L/2 + H\cot\theta}{f}$$

$$(4\text{-}84)$$

式中    $\sigma_c$ ——胶结充填体所需抗压强度，MPa；

$G$ ——胶结充填体重力，MN；

$G_1$ ——胶结充填体顶部所受冒落岩石重力，MN；

$F$ ——非胶结尾砂对胶结充填体的主动压力合力，MN；

$H$ ——胶结充填体的高度，m；

$H_a$ ——滑动面以上胶结充填体高度，m，可将式中 $H_a$ 作为 $H$ 处理；

$W$ ——胶结充填体与围岩之间的接触尺寸，m；

$L$ ——胶结充填体与水砂充填体的接触尺寸，m；

$b_1$ ——顶板自然平衡拱高度，m；

$\gamma$ ——胶结充填体容重，MN/m³；

$\gamma_1$ ——胶结充填体顶部松散岩体容重，MN/m³；

$\gamma_2$ ——采场侧帮围岩容重，MN/m³；

$\rho_h g$ ——尾砂容重，MN/m³；

$c_h$ ——尾砂内聚力，MPa；

$\varphi_h$ ——尾砂内摩擦角，(°)；

$\alpha$ ——胶结充填体滑动角，(°)，$\alpha = \dfrac{\pi}{4} + \dfrac{\varphi}{2}$ (其中，$\varphi$ 为胶结充填体的内摩擦角)；

$\theta$ ——侧帮围岩滑动角，(°)，$\theta = \dfrac{\pi}{4} + \dfrac{\varphi_1}{2}$ (其中，$\varphi_1$ 为侧帮围岩的内摩擦角)；

$f$ ——侧帮围岩普氏坚硬性系数；

$\varphi_0$ ——围岩壁与胶结充填体之间的内摩擦角，(°)；

$k$ ——约为 0.6~1.0，$k = \dfrac{c_0}{c}$ (其中，$c_0$ 为围岩壁与胶结充填体之间的内聚力，MPa)。

方程（4-83）和方程（4-84）共同构成空场嗣后充填胶结体强度模型。模型避免了将胶结充填体内摩擦角和内聚力同时作为已知参数对强度求解的弊端，充分考虑了胶结充填体结构尺寸、内摩擦角、顶板压力、围岩对胶结充填体的作用力、自密实尾砂对胶结充填体的主动压力等影响胶结充填体稳定的因素。模型可根据胶结充填体力学环境的变化进行简化。

在自立条件下，胶结充填体受自身重力和剪切阻力的影响，胶结充填体强度模型简化为：

$$\sigma_c = \frac{\gamma H}{2kH\sin\alpha/L + \tan\alpha} \times \frac{\cos\varphi}{1 - \sin\varphi} \tag{4-85}$$

该条件下，胶结充填体与围岩之间的剪切阻力导致充填体内成拱，使胶结充填体自重应力向围岩转移，胶结充填体垂直应力小于自重应力。

式（4-85）还可作如下简化，令 $\frac{\cos\varphi}{1 - \sin\varphi} = \frac{1}{1 - k_1}$ 得：

$$\sigma_c = \frac{\gamma H}{(1 - k_1)(2kH\sin\alpha/L + \tan\alpha)} \tag{4-86}$$

做上述处理后，可将空场嗣后充填胶结体强度模型（其中 $k = \frac{c_0}{c}$）简化成卢平楔体滑动模型。

在式（4-86）的基础上，若令 $k_1 = 0$，$\varphi = 0$，$k = \frac{\sqrt{2}}{2}$，式（4-86）可简化为：

$$\sigma_c = \frac{\gamma H}{H/L + 1} \tag{4-87}$$

式（4-87）为空场嗣后充填胶结体抗压强度模型的最简形式，即 Thomas 强度模型。

在其他参数不变的条件下，胶结充填体所需强度随充填体高度的变化关系如图 4-34 所示。

随着胶结充填体高度的增大，胶结充填自身重力，顶板平衡拱的高度（作用于胶结充填体顶部的松散岩体重力），以及尾砂对胶结充填体的主动压力均随之增大，导致胶结充填体滑移面上的下滑力随之增大。虽然胶结充填体与围岩之间的剪切阻力也随着胶结充填体高度的增大而增大，但其增大的速率小于胶结充填体滑移面上下滑力增大的速率。因此，胶结充填体易沿滑移面发生剪切破坏导致胶结充填体失稳。为保证充填体稳定，需增大胶结充填体强度。

其他参数不变的条件下，胶结充填体所需强度随充填体宽度的变化关系如图 4-35 所示。

当胶结充填体宽度小于 10 m，所需强度变化较大；当胶结充填体宽度大于

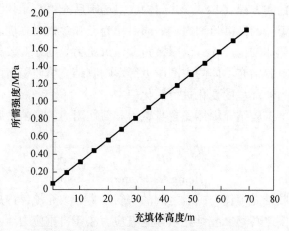

图 4-34　充填体所需强度与高度的变化关系

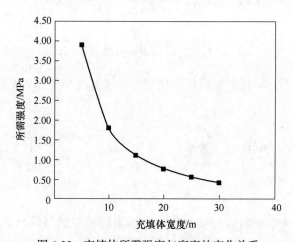

图 4-35　充填体所需强度与宽度的变化关系

10 m，所需强度变化较小，且所需强度随宽度的增大而减小。由于胶结充填体宽度增大，围岩与胶结充填体之间的接触面积也在增大，两者之间的剪切阻力随之增大，削弱了采场顶板平衡拱内松散岩石的重力和尾砂主动压力合力对胶结充填体的影响，使胶结充填体内的应力有所减小，因此胶结充填体所需强度也随之降低。由此可见，增大胶结充填体的宽度，对胶结充填体稳定性是十分有利的。

　　虽然增大胶结充填体宽度对胶结充填体稳定性有利，但是充填体宽度增大必然造成充填量增大。因此，设计胶结充填体的宽度时，在确保稳定的前提下，还需优化充填成本，达到安全、经济双重目标。

　　其他参数保持不变的条件下，胶结充填体所需强度随长度的变化关系如图 4-36 所示。

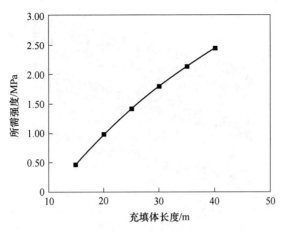

图 4-36　充填体所需强度与长度的变化关系

　　由于胶结充填体长度增大，胶结充填体与尾砂的接触面积随之增大，使尾砂对胶结充填体主动压力合力也随之增大，导致胶结充填体滑移面上的下滑力也增大。其次胶结充填体长度（采场跨度）增大，采场顶板内平衡拱高度增大，顶板内松散岩石与胶结充填体的接触面积也随之增大，使胶结充填体顶部所受松散岩体重力增大，导致胶结充填体滑移面上的下滑力进一步增大。胶结充填体在上述两种作用力增大的条件下极易失稳。因此，为保证胶结充填体稳定性，需增大胶结充填体所需强度。

# 4.7　工程应用

## 4.7.1　工程背景

　　大红山铜矿属海底火山喷发沉积变质矿床，共有三个含铁铜矿体（$I_3$、$I_2$、$I_1$）和四个含铜铁矿体（$I_c$、$I_b$、$I_a$、$I_o$），自上而下分别为 $I_c \rightarrow I_3 \rightarrow I_b \rightarrow I_2 \rightarrow I_a \rightarrow I_1 \rightarrow I_o$，矿体呈层状，倾角为 20°~35°，薄~中厚，矿体及围岩中等稳固，构造及节理裂隙发育，呈缓倾斜-倾斜铜铁多层平行产出，如图 4-37 所示。矿石中主要金属矿物为黄铜矿、磁铁矿，主要脉石矿物为碳酸岩（白云石为主）、黑云母[49-57]。

　　由于矿体呈铜-铁互层现象，品位变化大，夹石多且厚度变化大，采矿中夹石剔除困难。混采容易导致矿石品位太低，效益变差；分采则严重制约生产能力，矿石损失大。

　　大红山铜矿一、二期工程（开采 500 水平以上矿体）采用铜铁分采模式，主体采矿方法为分段空场采矿法，主要开采 $I_3$ 和 $I_2$ 铜矿体，采铜丢铁[58-60]，如

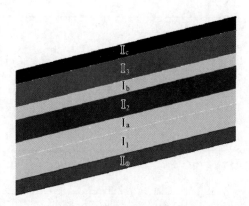

图 4-37　大红山铜矿矿体层间关系

图 4-38 所示。先采 $I_3$ 矿体，充填结束后，再采 $I_2$ 矿体。事实证明，铜铁分采严重制约生产能力，且贫化损失大，实际的矿石回收率仅46%，贫化率高达30%以上，造成矿山资源消耗过快。同时，矿石入选品位总体呈逐年下降趋势，且降幅较大，由1999年入选品位1.061%降到2014年入选品位0.389%（见图4-39），表明大红山铜矿已进入大规模低品位贫矿开采阶段[61]。

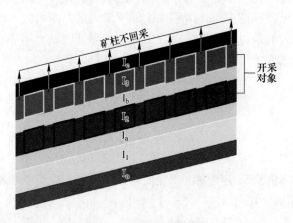

图 4-38　铜铁分采示意图

　　由于开采铜品位的下降，且应用分段空场法的采矿成本不断增加，在既定的矿山生产目标条件下，迫使矿山生产必须走大规模、高效率的道路，以克服由品位降低带来的成本压力。2009年后，大红山铜矿致力于铜铁合采技术开发，合采后矿体开采厚度达35~60 m，垂直厚度达40~70 m，使多层缓倾斜中厚矿体规整为缓倾斜极厚大矿体，为采用大规模、高效率、低成本的开采方式创造了必要条件。基于此试验并成功应用了大直径深孔侧向崩矿空场嗣后充填法[62-64]，如图4-40所示。矿山产量得以稳步提升，采矿成本降低。

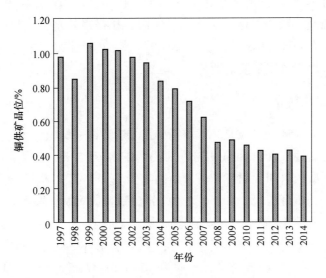

图 4-39 大红山铜矿历年入选矿石品位

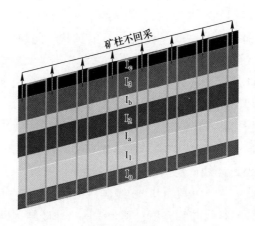

图 4-40 铜铁合采示意图

该法形成了高矿柱、大空场的采场结构，矿房跨度、矿柱尺寸等采场设计参数不合理，矿房与矿柱的宽度比例偏大。矿房跨度达到 35 m，个别矿房达到 40 m 左右，矿柱宽度仅 8~10 m，由于大爆破等原因造成矿柱实际厚度更小，多数矿柱实际厚度在 7 m 以内，使矿房矿柱跨度比超过 5：1。特别在高矿柱情况下，矿柱自身的稳定性难以保证。由于采场参数增大，采场采充循环时间较长，导致矿房顶板冒落，造成贫化和矿房后期出矿困难[65]。从损失角度看，设计 10 m 矿柱不回收就造成一次矿石损失达 20%~22%，每开采 5 年就损失 1 年的矿石量,不尽合理[66]。随着矿山进入中后期,在保证矿山产量及利润的前提下,实现矿产资源高效利用,延长矿山服务年限,显得格外重要。2013 年后,大红山铜矿在铜矿合采理念的基础上,提出了将相邻的多盘区作为一个整体大区进行综合考虑,提出连续回采模式[67-68]。

### 4.7.2  试验区段简介

385 中段 B48-54 线区域是大红山铜矿首个连续回采试验盘区,位于大红山群曼岗河组第三岩性段(Ptdm3)中部,赋存标高 400~500 m,主要含矿岩性为含铜磁铁变钠质凝灰岩和含铜石榴黑云角闪片岩。其中 I$_3$ 矿体的含矿岩性为深灰色含铜磁铁变钠质凝灰岩,自上而下由含铜磁铁变钠质凝灰岩逐渐过渡为含铜石榴黑云角闪片岩;I$_2$ 矿体的含矿岩性为含铜石榴黑云角闪片岩,矿体展布和形态与地层一致。I$_3$ 和 I$_2$ 矿体相互平行,I$_3$ 矿体总体走向为 N61°~84°W,倾向 SW,倾角 10°~15°;I$_2$ 矿体总体走向为 N60°~68°W,倾向 SW,倾角 18°~24°。根据矿体的富集规律,I$_3$ 和 I$_2$ 矿体往深部逐渐变贫变薄,I$_3$ 富矿体自西向东厚度逐渐变小,品位相对降低。中间局部出现了贫矿和表外矿,富矿厚度 1 m;I$_2$ 矿体厚度 1~6 m。I$_2$ 矿体上距 I$_b$ 矿体约 4 m,主要矿物为黄铜矿和磁铁矿,含少量黄铁矿和斑铜矿,黄铜矿呈浸染状、细脉状、团块状、散点状不均匀分布,磁铁矿呈条带状分布[3,49]。

385 中段 B48-54 线区域共分为三段进行回采,如图 4-41 所示。

(1)I 段:I 段 B48-51 线矿房、I 段 B51 线矿柱、I 段 B51-54 线矿房;

(2)II 段:II 段 B48-50 线矿柱、II 段 B50-54 线矿柱;

(3)III 段:III 段 B48-50 线矿房、III 段 B50 线矿柱、III 段 B50-52 线矿房、III 段 52 线矿柱、III 段 52-54 线矿房。

其中 I 段 B51 线矿柱、II 段 B48-50 线矿柱、II 段 B50-54 线矿柱、III 段 B50 线矿柱和 III 段 B52 线矿柱为胶结充填,其余矿房为非胶结尾砂充填。

该区域回采顺序为:II 段 B50-54 线矿柱→II 段 B48-50 线矿柱→III 段 B50 线矿柱、III 段 B52 线矿柱→III 段 B50-52 线矿房→III 段 B48-50 线矿房、B52-54 线矿房→I 段 B51 线矿柱→I 段 B48-51 线矿房→I 段 B51-54 线矿房。

### 4.7.3  充填体强度设计

区域内胶结充填体强度按第 4.6 节中构建的强度模型设计,计算结果如图 4-42 所示。

图 4-41 大红山铜矿 385 中段 B48-54 线区域布置图

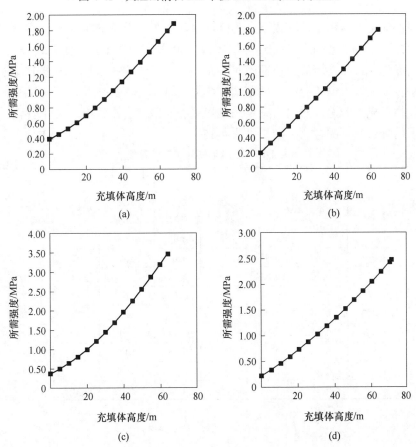

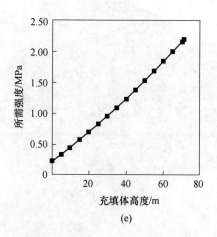

(e)

图 4-42 385 中段 B48-54 线区域胶结矿柱强度设计

(a) Ⅰ段 B50 线矿柱设计强度；(b) Ⅱ段 B48-50 线矿柱设计强度；(c) Ⅱ段 B50-54 线矿柱设计强度；

(d) Ⅲ段 B50 线矿柱设计强度；(e) Ⅲ段 B52 线矿柱设计强度

　　在保证充填体稳定的前提下，为降低水泥用量，节约充填成本，增大区段的回采效益[3]，按强度曲线将胶结充填体设计为分层充填（自下而上划分），分层充填高度为 5 m（胶结矿柱顶部不足 5 m 的按一个分层处理）。根据分层强度设计结果，以大红山铜矿分级尾砂胶结充填强度试验、流态试验、流变试验、管输阻力及物料成本为遴选对象，确定满足强度、高浓度、高流态、易于管输、低成本要求的分层充填配合比，结果见表 4-15。

表 4-15 胶结矿柱分层充填参数

| 名称 | 分层编号 | 强度参数 | | | | 所需配比 | | 变形参数 | |
|---|---|---|---|---|---|---|---|---|---|
| | | 内聚力 /MPa | 抗压强度 /MPa | 内摩擦角 /(°) | 抗拉强度 /MPa | 水泥添加量 /kg·m⁻³ | 质量浓度 /% | 体积模量 /MPa | 剪切模量 /MPa |
| Ⅰ段 B51 线 矿柱 | 一 | 0.09 | 0.45 | 35 | 0.07 | 100 | 72 | 87.32 | 29.36 |
| | 二 | 0.10 | 0.52 | 35 | 0.08 | 110 | 72 | 91.27 | 32.93 |
| | 三 | 0.12 | 0.60 | 35 | 0.09 | 120 | 72 | 94.76 | 36.55 |
| | 四 | 0.14 | 0.70 | 35 | 0.11 | 120 | 72 | 94.76 | 36.55 |
| | 五 | 0.16 | 0.80 | 35 | 0.12 | 130 | 72 | 138.27 | 55.06 |
| | 六 | 0.18 | 0.90 | 35 | 0.14 | 140 | 72 | 179.43 | 73.70 |
| | 七 | 0.20 | 1.02 | 35 | 0.15 | 150 | 72 | 218.44 | 92.48 |
| | 八 | 0.22 | 1.14 | 35 | 0.17 | 160 | 72 | 224.20 | 96.11 |

| 名称 | 分层编号 | 强度参数 | | | | 所需配比 | | 变形参数 | |
|---|---|---|---|---|---|---|---|---|---|
| | | 内聚力/MPa | 抗压强度/MPa | 内摩擦角/(°) | 抗拉强度/MPa | 水泥添加量/kg·m⁻³ | 质量浓度/% | 体积模量/MPa | 剪切模量/MPa |
| I 段 B51 线 矿柱 | 九 | 0.25 | 1.26 | 35 | 0.19 | 170 | 72 | 229.84 | 99.75 |
| | 十 | 0.27 | 1.39 | 35 | 0.21 | 180 | 72 | 235.36 | 103.40 |
| | 十一 | 0.30 | 1.52 | 35 | 0.23 | 180 | 72 | 235.36 | 103.40 |
| | 十二 | 0.33 | 1.65 | 35 | 0.25 | 190 | 72 | 240.12 | 105.93 |
| | 十三 | 0.35 | 1.79 | 35 | 0.27 | 200 | 72 | 244.84 | 108.47 |
| | 十四 | 0.37 | 1.88 | 35 | 0.28 | 210 | 72 | 249.54 | 111.00 |
| II 段 B48-50 线 矿柱 | 一 | 0.07 | 0.33 | 35 | 0.05 | 90 | 72 | 82.81 | 25.84 |
| | 二 | 0.09 | 0.44 | 35 | 0.07 | 100 | 72 | 87.32 | 29.36 |
| | 三 | 0.11 | 0.55 | 35 | 0.08 | 110 | 72 | 91.27 | 32.93 |
| | 四 | 0.13 | 0.67 | 35 | 0.10 | 120 | 72 | 94.76 | 36.55 |
| | 五 | 0.16 | 0.79 | 35 | 0.12 | 130 | 72 | 138.27 | 55.06 |
| | 六 | 0.18 | 0.91 | 35 | 0.14 | 140 | 72 | 179.43 | 73.70 |
| | 七 | 0.20 | 1.03 | 35 | 0.15 | 150 | 72 | 218.44 | 92.48 |
| | 八 | 0.23 | 1.16 | 35 | 0.17 | 160 | 72 | 224.20 | 96.11 |
| | 九 | 0.25 | 1.29 | 35 | 0.19 | 170 | 72 | 229.84 | 99.75 |
| | 十 | 0.28 | 1.42 | 35 | 0.21 | 180 | 72 | 235.36 | 103.40 |
| | 十一 | 0.31 | 1.55 | 35 | 0.23 | 190 | 72 | 240.12 | 105.93 |
| | 十二 | 0.33 | 1.69 | 35 | 0.25 | 200 | 72 | 244.84 | 108.47 |
| | 十三 | 0.35 | 1.80 | 35 | 0.27 | 200 | 72 | 244.84 | 108.47 |
| II 段 B50-54 线 矿柱 | 一 | 0.10 | 0.49 | 35 | 0.07 | 110 | 72 | 91.27 | 32.93 |
| | 二 | 0.13 | 0.63 | 35 | 0.10 | 120 | 72 | 94.76 | 36.55 |
| | 三 | 0.16 | 0.80 | 35 | 0.12 | 130 | 72 | 138.27 | 55.06 |
| | 四 | 0.20 | 0.99 | 35 | 0.15 | 150 | 72 | 218.44 | 92.48 |
| | 五 | 0.24 | 1.21 | 35 | 0.18 | 170 | 72 | 229.84 | 99.75 |
| | 六 | 0.28 | 1.44 | 35 | 0.22 | 180 | 72 | 235.36 | 103.40 |
| | 七 | 0.33 | 1.69 | 35 | 0.25 | 200 | 72 | 244.84 | 108.47 |
| | 八 | 0.39 | 1.96 | 35 | 0.29 | 210 | 72 | 249.54 | 111.00 |
| | 九 | 0.44 | 2.25 | 35 | 0.34 | 220 | 72 | 276.54 | 126.58 |
| | 十 | 0.50 | 2.55 | 35 | 0.38 | 230 | 72 | 302.25 | 142.27 |
| | 十一 | 0.57 | 2.87 | 35 | 0.43 | 240 | 72 | 326.76 | 158.08 |
| | 十二 | 0.63 | 3.20 | 35 | 0.48 | 250 | 72 | 350.00 | 173.81 |
| | 十三 | 0.68 | 3.46 | 35 | 0.52 | 270 | 72 | 393.51 | 205.61 |

| 名称 | 分层编号 | 强度参数 | | | | 所需配比 | | 变形参数 | |
|---|---|---|---|---|---|---|---|---|---|
| | | 内聚力 /MPa | 抗压强度 /MPa | 内摩擦角 /(°) | 抗拉强度 /MPa | 水泥添加量 /kg·m⁻³ | 质量浓度 /% | 体积模量 /MPa | 剪切模量 /MPa |
| Ⅲ段 B50线 矿柱 | 一 | 0.07 | 0.34 | 35 | 0.05 | 90 | 72 | 82.81 | 25.84 |
| | 二 | 0.09 | 0.46 | 35 | 0.07 | 100 | 72 | 87.32 | 29.36 |
| | 三 | 0.12 | 0.59 | 35 | 0.09 | 110 | 72 | 91.27 | 32.93 |
| | 四 | 0.14 | 0.73 | 35 | 0.11 | 120 | 72 | 94.76 | 36.55 |
| | 五 | 0.17 | 0.88 | 35 | 0.13 | 140 | 72 | 179.43 | 73.70 |
| | 六 | 0.20 | 1.03 | 35 | 0.15 | 150 | 72 | 218.44 | 92.48 |
| | 七 | 0.24 | 1.19 | 35 | 0.18 | 160 | 72 | 224.20 | 96.11 |
| | 八 | 0.27 | 1.36 | 35 | 0.20 | 170 | 72 | 229.84 | 99.75 |
| | 九 | 0.30 | 1.53 | 35 | 0.23 | 180 | 72 | 235.36 | 103.40 |
| | 十 | 0.34 | 1.70 | 35 | 0.26 | 200 | 72 | 244.84 | 108.47 |
| | 十一 | 0.37 | 1.88 | 35 | 0.28 | 210 | 72 | 249.54 | 111.00 |
| | 十二 | 0.41 | 2.06 | 35 | 0.31 | 220 | 72 | 276.54 | 126.58 |
| | 十三 | 0.44 | 2.24 | 35 | 0.34 | 220 | 72 | 276.54 | 126.58 |
| | 十四 | 0.49 | 2.47 | 35 | 0.37 | 230 | 72 | 302.25 | 142.27 |
| Ⅲ段 B52线 矿柱 | 一 | 0.07 | 0.33 | 35 | 0.05 | 90 | 72 | 82.81 | 25.84 |
| | 二 | 0.09 | 0.45 | 35 | 0.07 | 100 | 72 | 87.32 | 29.36 |
| | 三 | 0.11 | 0.57 | 35 | 0.08 | 110 | 72 | 91.27 | 32.93 |
| | 四 | 0.14 | 0.69 | 35 | 0.10 | 120 | 72 | 94.76 | 36.55 |
| | 五 | 0.16 | 0.82 | 35 | 0.12 | 130 | 72 | 138.27 | 55.06 |
| | 六 | 0.19 | 0.96 | 35 | 0.14 | 150 | 72 | 218.44 | 92.48 |
| | 七 | 0.22 | 1.10 | 35 | 0.16 | 160 | 72 | 224.20 | 96.11 |
| | 八 | 0.24 | 1.24 | 35 | 0.19 | 170 | 72 | 229.84 | 99.75 |
| | 九 | 0.27 | 1.39 | 35 | 0.21 | 180 | 72 | 235.36 | 103.40 |
| | 十 | 0.30 | 1.54 | 35 | 0.23 | 190 | 72 | 240.12 | 105.93 |
| | 十一 | 0.33 | 1.69 | 35 | 0.25 | 200 | 72 | 244.84 | 108.47 |
| | 十二 | 0.36 | 1.85 | 35 | 0.28 | 210 | 72 | 249.54 | 111.00 |
| | 十三 | 0.40 | 2.00 | 35 | 0.30 | 220 | 72 | 276.54 | 126.58 |
| | 十四 | 0.43 | 2.19 | 35 | 0.33 | 220 | 72 | 276.54 | 126.58 |

### 4.7.4 数值模拟分析

采用 FLAC 3D 建立大红山铜矿 385 中段 B48-54 线区域的物理模型，为方便计算和分析，将整个模型划分成 54 个组别，共计 1580508 个单元，1614860 个节点，有限差分网格模型如图 4-43 所示。

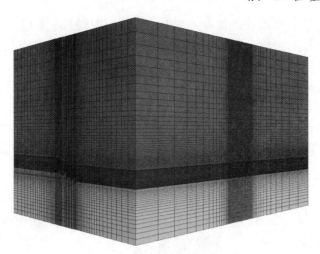

图 4-43 盘区有限差分网格模型

为模拟 385 中段 B48-54 线区段真实的地应力环境，分析开挖过程中区段内矿房、矿柱及围岩的应力和塑性区变化，确定胶结矿柱支撑结构的稳定性，为大红山铜矿连续回采充填体强度设计提供可靠的支撑材料。综合考虑大红山铜矿多年的岩石力学研究结果，确定了表 4-16 所示的岩石力学参数。

表 4-16 岩体力学特性参数

| 名 称 | 弹性模量 /GPa | 泊松比 | 密度 /t·m⁻³ | 内摩擦角 /(°) | 抗拉强度 /MPa | 内聚力 /MPa |
|---|---|---|---|---|---|---|
| 顶板岩石 | 42 | 0.23 | 2.820 | 35 | 3.2 | 5.5 |
| 底板岩石 | 37 | 0.23 | 3.000 | 35 | 3.5 | 5.0 |
| 矿体 | 40 | 0.23 | 3.061 | 35 | 3.0 | 5.5 |
| 尾砂充填体 | 0.4 | 0.40 | 1.790 | 20 | 0 | 0.01 |

385 中段 B48-54 线区域地应力分布规律如下：

$$\sigma_{h(max)} = 1.3\gamma h\cos 11° - 0.8\gamma h\sin 11° \tag{4-88}$$

$$\sigma_{h(min)} = 1.3\gamma h\sin 11° + 0.8\gamma h\sin 11° \tag{4-89}$$

$$\sigma_v = \gamma h \tag{4-90}$$

式中   $\sigma_{h(max)}$ ——最大水平主应力，MPa；

　　　$\sigma_{h(min)}$ ——最小水平主应力；

　　　$\sigma_v$ ——垂直主应力，MPa；

　　　$h$ ——回采区域埋深，m；

　　　$\gamma$ ——岩石容重，MN/m³。

选用莫尔-库仑准则并设置为大变形，将模型四周及底部设置为位移边界条件，顶部设置为自由边界条件，根据岩石力学参数及地应力分布规律对模型进行初始地应力赋值。

按设计回采顺序及设计充填参数对385中段B48-54线区段开挖充填，分析胶结矿柱在区域回采过程中，一侧临空，另一侧受尾砂主动压力作用的塑性区分布（见图4-44），并统计塑性区体积，判断胶结充填体的稳定性。

塑性区主要分布于胶结矿柱顶部和临空面，长度中面垂直方向截图显示，塑性区并未贯穿胶结矿柱，整体性及稳定性较好。

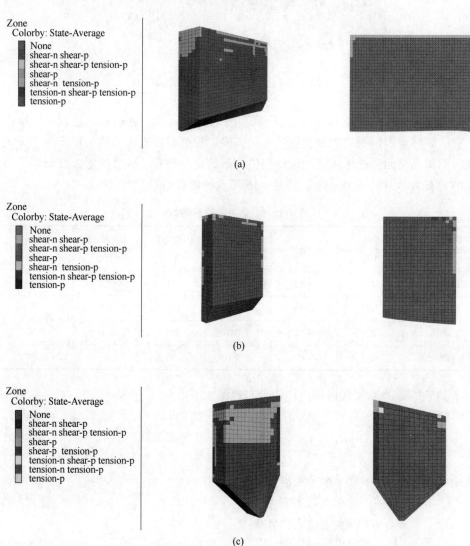

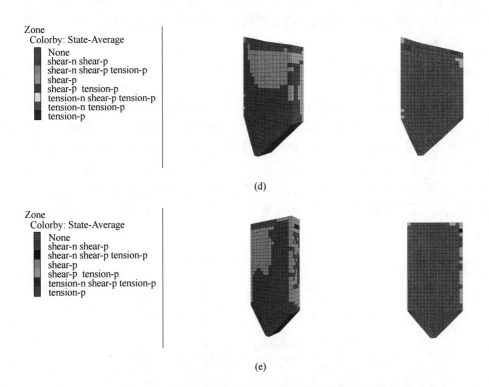

图 4-44　385 中段 B48-54 线区段胶结矿柱塑性区分布
（a）Ⅱ段 B50-54 线胶结矿柱塑性区分布；（b）Ⅱ段 B48-50 线胶结矿柱塑性区分布；
（c）Ⅲ段 B50 线胶结矿柱塑性区分布；（d）Ⅲ段 B52 线胶结矿柱塑性区分布；
（e）Ⅰ段 B51 线胶结矿柱塑性区分布

塑性区体积统计结果显示：

（1）Ⅱ段 B50-54 线胶结矿柱内发生剪切破坏的单元体积为 2007.69 m³，拉伸破坏的单元体积为 813.91 m³，共计 2821.6 m³，占胶结矿柱体积的 3.34%。

（2）Ⅱ段 B48-50 线胶结矿柱内发生剪切破坏单元的体积为 4410.27 m³，拉伸破坏单元的体积为 133.975 m³，共计 4544.245 m³，占胶结矿柱体积的 17.74%。

（3）Ⅲ段 B50 线胶结矿柱内发生剪切破坏单元的体积为 2105.91 m³，拉伸破坏单元的体积为 116.283 m³，共计 2222.193 m³，占胶结矿柱体积的 8.65%。

（4）Ⅲ段 B52 线胶结矿柱内发生剪切破坏单元的体积为 1491.74 m³，拉伸破坏单元的体积为 83.057 m³，共计 1574.797 m³，占胶结矿柱体积的 6.86%。

（5）Ⅰ段 B51 线胶结矿柱内发生剪切破坏单元的体积为 1026.09 m³，拉伸破坏单元的体积为 0 m³，共计 1026.09 m³，占胶结矿柱体积的 5.08%。

就数值模拟分析结果来看，胶结矿柱按设计强度参数及分层充填方式，在区段回采过程中均能保持其自身稳定性，所构成的支撑框架为区段回采提供了安全可靠的作业环境。

### 4.7.5   充填体应力监测

工业试验期间对 385 中段Ⅲ段 B52 线胶结充填体内部垂直应力进行跟踪监测，通过对比胶结充填体内垂直应力实测值和模型计算值来分析模型的合理性[2]。压力盒选用山东科技大学洛赛尔传感器公司生产的 TGH 型压力盒（量程2.0 MPa，精度 0.001 MPa），配套选用该公司生产的 GSJ-2A 型压力盒数据计算存储器。矿柱内共埋置两个压力盒，1 号压力盒安装在Ⅲ段 B52 线矿柱堑沟底部，2 号压力盒安装距底部 35 m 处（充填高度达到 35 m 时放置于充填体上），如图 4-45 所示。

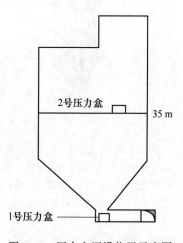

图 4-45   压力盒埋设位置示意图

1 号、2 号压力盒实测垂直应力随时间的变化关系如图 4-46 所示。

由图 4-46 可知，胶结矿柱应力状态随区域逐步回采而变化，其变化规律具有不确定性特征。每次暴露都会造成胶结矿柱体内垂直应力增大，且一侧暴露，另一侧受尾砂侧压力条件下（图 4-46 中 EF（$E_1F_1$）段）的垂直应力达到最大，对胶结矿柱稳定性影响最大。可见，分析一侧暴露，另一侧受尾砂侧压力条件下胶结矿柱的力学环境，建立空场嗣后充填胶结体强度模型，是保证胶结矿柱稳定的关键。工业试验中设计的Ⅲ段 52 线胶结矿柱底部设计强度为 2.19 MPa（安全系数 1.2），其底部垂直应力实测最大值为 1.93 MPa；35 m 处设计强度为 1.10 MPa（安全系数 1.2），实测垂直应力最大值为 0.86 MPa[3]，设计强度均大于实测垂直应力。

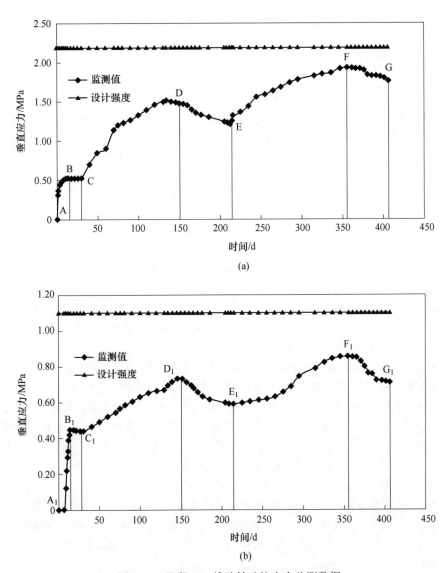

图 4-46　Ⅲ段 B52 线胶结矿柱应力监测数据

（a）1 号压力盒监测数据；（b）2 号压力盒监测数据

# 参 考 文 献

[1] 蔡嗣经. 矿山充填力学基础［M］. 北京：冶金工业出版社，2009.

[2] 王俊. 空场嗣后充填连续开采胶结体强度模型及其应用［D］. 昆明：昆明理工大学，2017.

［3］SMITH J D, DE JONGH C L, MITCHELL R J, et al. Large scale model test to determine backfill strength requirements for pillar recovery at the black mountain mine ［C］∥Mining with Backfill, Proc. of Interna. Symp. , Lulea, Sweden, 1983：413-423.

［4］刘志祥. 深部开采高阶段尾砂充填体力学与非线性优化设计 ［D］. 长沙：中南大学, 2005.

［5］WANG J, QIAO D. Strength model of cementing filling body under lateral pressure ［C］∥Proceedings of 2015 2nd International Conference on Machinery, Materials Engineering, Chemical Engineering and Biotechnology, 2015, 11：838-844.

［6］王俊, 李广涛, 乔登攀, 等. 两步骤空场嗣后充填大体积充填体强度模型的构建方法：中国, CN107918712B ［P］. 2021-05-07.

［7］王俊, 乔登攀, 韩润生, 等. 阶段空场嗣后充填胶结体强度模型及应用 ［J］. 岩土力学, 2019, 40 (3)：1105-1112.

［8］卢平. 胶结充填矿柱中的应力分布 ［J］. 黄金, 1988 (6)：9-14.

［9］赵文. 岩石力学 ［M］. 长沙：中南大学出版社, 2010.

［10］王俊, 乔登攀, 邓涛, 等. 大红山铜矿胶结高矿柱强度设计及工程实践 ［J］. 黄金, 2014, 35 (8)：41-46.

［11］尉阳. 墙后有限土体主动土压力的计算方法研究 ［D］. 西安：西安科技大学, 2020.

［12］刘治国, 罗才松, 王相程, 等. 考虑土拱效应的 RB 模式挡墙主动土压力研究 ［J］. 黑龙江科学, 2019, 10 (20)：14-15.

［13］林庆涛. 空间土拱效应原理的研究与应用 ［D］. 北京：北方工业大学, 2016.

［14］黄建君. 充填法挡墙强度模型研究及应用 ［D］. 昆明：昆明理工大学, 2014.

［15］李苗苗. 库仑土压力的力学机制研究及其工程应用 ［D］. 长沙：长沙理工大学, 2014.

［16］尹光志, 杨作亚, 魏作安, 等. 羊拉铜矿尾矿料的物理力学性质 ［J］. 重庆大学学报 (自然科学版), 2007 (9)：117-122.

［17］曹亮, 刘文白, 李晓昭, 等. 基于数字图像的砂土压缩变形模式的试验研究 ［J］. 岩土力学, 2012, 33 (4)：1018-1024.

［18］赵云哲. 散体道床的非线性力学特性研究 ［J］. 铁道勘测与设计, 2020 (2)：72-76.

［19］AURSUDKIJ B, MCDOWELL G R, COLLOP A C. Cyclic loading of railway ballast under triaxial conditions and in a railway test facility ［J］. Granular Matter, 2009, 11 (6)：391-340.

［20］井国庆, 王子杰, 施晓毅. 多围压下三轴压缩试验与不可破裂颗粒离散元法分析 ［J］. 工程力学, 2015, 32 (10)：82-88.

［21］王俊, 乔登攀, 李广涛, 等. 大空区尾砂充填体自重压密模型与应用 ［J］. 岩土力学, 2016, 37 (S2)：403-409.

［22］张波, 荆森, 张宁, 等. 辊压机煤粉成型力学分析 ［J］. 机械设计与研究, 2019, 35 (4)：187-192.

［23］田园, 车高凤, 张文强. 不同干密度尾矿料压缩特性探究 ［J］. 粉煤灰综合利用, 2020, 34 (2)：72-76.

［24］沈素平，马晓霞，崔自治，等．银川平原粉细砂的压缩性［J］．土工基础，2019，33
　　　（5）：567-570.

［25］张意江，陈生水，傅中志．铁矿尾矿料微观结构与压缩特性试验研究［J］．岩土工程学
　　　报，2020，42（S2）：61-66.

［26］韩流，舒继森，尚涛，等．排土场散体软岩重塑物理力学参数研究［J］．采矿与安全工
　　　程学报，2019，36（4）：820-826.

［27］刘兵，卢毅，刘春，等．砂土压缩过程中微观结构提取技术研究［J］．工程地质学报，
　　　2017，25（4）：968-974.

［28］SIMMS P. 2013 colloquium of the Canadian Geotechnical Society：Geotechnical and
　　　geoenvironmental behaviour of high-density tailings［J］．Canadian Geotechnical Journal，2017，
　　　54（4）：455-468.

［29］HU L，WU H，ZHANG L，et al. Geotechnical properties of mine tailings［J］．Journal of
　　　Materials in Civil Engineering，2016，29（2）：1-10.

［30］CHANG N，HEYMANN G，CLAYTON C. The effect of fabric on the behaviour of gold tailings
　　　［J］．Géotechnique，2011，61（3）：187-197.

［31］FOURIE A，PAPAGEORGIOU G. Defining an appropriate steady state line for Merriespruit gold
　　　tailings［J］．Canadian Geotechnical Journal，2001，38（8）：695-706.

［32］杨凯，吕淑然，张媛媛．尾矿坝中尾砂的强度特性试验研究［J］．金属矿山，2014
　　　（2）：166-170.

［33］张超，杨春和，白世伟．尾矿料的动力特性试验研究［J］．岩土力学，2006（1）：
　　　35-40.

［34］肖枫．细粒尾矿的静/动力学特性及液化研究［D］．绵阳：西南科技大学，2019.

［35］崔明娟，郑俊杰，赖汉江，等．砂土颗粒粗糙度对剪切特性影响细观机理分析［J］．华
　　　中科技大学学报（自然科学版），2015，43（8）：1-6.

［36］宋宏元，周乐，刘龙琼，等．充填挡墙压力变化规律模拟试验研究［J］．黄金，2020，
　　　41（5）：40-45.

［37］李广涛，乔登攀．大空区嗣后尾砂充填挡墙强度模型与应用［J］．有色金属工程，2017，
　　　7（3）：88-92.

［38］肖昕迪，李明广，吴浩．有限宽度土体主动土压力的离散元模拟研究［J］．地下空间与
　　　工程学报，2020，16（1）：288-294.

［39］王俊，乔登攀，李广涛，等．嗣后充填松散尾砂侧压力计算方法［J］．昆明理工大学学
　　　报（自然科学版），2016，41（5）：27-32.

［40］曹帅．胶结充填体结构与动力学特性研究及应用［D］．北京：北京科技大学，2017.

［41］曹帅，杜翠凤，谭玉叶，等．金属矿山阶段嗣后充填胶结充填体矿柱力学模型分析
　　　［J］．岩土力学，2015，36（8）：2370-2376.

［42］杨磊，邱景平，孙晓刚，等．阶段嗣后胶结充填体矿柱强度模型研究与应用［J］．中南
　　　大学学报（自然科学版），2018，49（9）：2316-2322.

［43］刘志祥．深部开采高阶段尾砂充填体力学与非线性优化设计［D］．长沙：中南大
　　　学，2005.

[44] 陈立志. 板式给料机料仓的设计 [J]. 起重运输机械, 2020 (1): 97-101.

[45] 窦国涛, 夏军武, 杨远征, 等. 采动区刚性墙体侧土压力试验研究 [J]. 中国矿业大学学报, 2017, 46 (1): 215-221.

[46] 蔡正银, 代志宇, 徐光明, 等. 颗粒粒径和密实度对砂土 $K_0$ 值影响的离心模型试验研究 [J]. 岩土力学, 2020, 41 (12): 3882-3888.

[47] 喻昭晟, 陈晓斌, 张家生, 等. 粗颗粒土的静止土压力系数非线性分析与计算方法 [J]. 岩土力学, 2020, 41 (6): 1923-1932.

[48] 张建隆. 尾矿砂力学特性的试验研究 [J]. 武汉水利电力大学学报, 1995 (6): 685-689.

[49] 乔登攀. 中等稳固缓倾斜矿体大盘区空场嗣后充填连续开采关键技术研究 [D]. 昆明: 昆明理工大学, 2018.

[50] 金鑫, 余璨. 大红山铜矿床伴生金银矿化富集规律及找矿方向研究 [J]. 现代矿业, 2020, 36 (6): 30-34.

[51] 张达兵, 查寿才, 张武鹏, 等. 云南大红山铜矿 I 号矿带金赋存规律研究 [J]. 矿产与地质, 2019, 33 (5): 851-860.

[52] 沈忠义, 韩艳伟, 王崇军. 云南新平县大红山铜矿床 I 号矿带成矿模式探讨 [J]. 云南地质, 2017, 36 (2): 214-220.

[53] 周仕雄, 杨金富, 薛力鹏, 等. 云南省新平县大红山铜矿床地质特征及成矿模式探讨 [J]. 有色金属 (矿山部分), 2017, 69 (2): 38-44.

[54] 张龙, 付淳. 云南大红山铜矿床矿石矿物特征及成因分析 [J]. 云南地质, 2016, 35 (3): 334-339.

[55] 高小林. 云南大红山铜矿成矿系列与成矿预测 [D]. 昆明: 昆明理工大学, 2011.

[56] 贺宁强, 李俊. 大红山铜铁矿控矿规律及找矿标志 [J]. 科技情报开发与经济, 2009, 19 (30): 137-139, 148.

[57] 秦德先, 燕永锋, 田毓龙, 等. 大红山铜矿床的地质特征及成矿作用演化 [J]. 地质科学, 2000 (2): 129-139.

[58] 王建春. 大红山铁矿 I 号铜矿带分段空场法采场结构参数优化研究 [D]. 昆明: 昆明理工大学, 2010.

[59] 刘让. 大红山铜矿矿柱回采技术研究 [D]. 昆明: 昆明理工大学, 2010.

[60] 陈有燎. 大红山铜矿采矿工艺工程技术研究 [D]. 昆明: 昆明理工大学, 2003.

[61] 李广涛. 大红山缓倾斜多层薄至中厚矿体开采技术研究与应用 [D]. 昆明: 昆明理工大学, 2018.

[62] 胡正祥, 孙宏生. 关于大红山铜矿缓倾斜 Cu、Fe 多层矿体 "合采分出" 采矿工艺的探讨 [J]. 中国金属通报, 2014 (S1): 27-30.

[63] 李广涛, 艾春龙, 卢光远, 等. 大直径深孔侧向崩矿技术在大红山铜矿的应用 [J]. 有色金属 (矿山部分), 2011, 63 (5): 8-10, 22.

[64] 曾庆田, 王李管, 余健, 等. 大红山铜矿缓倾斜中厚多层矿体铜铁合采分出开采工艺 [J]. 有色金属工程, 2014, 4 (4): 57-60.

[65] 黄原明，李在利，李子彬. 大红山铜矿顶板控制技术实践 [J]. 价值工程，2022，41
　　（31）：100-102.

[66] 胡川. 大红山铜矿矿石损失率及贫化率优化实践 [J]. 现代矿业，2019，35（6）：90-
　　92，107.

[67] 廖庆永，严体. 大红山铜矿 285 中段连续开采中胶结矿柱经济分析 [J]. 世界有色金属，
　　2020（2）：49-51.

[68] 严体，廖庆永，李在利. 阶段空场嗣后充填连续采矿法在多层缓倾斜矿体中的应用 [J].
　　中国钼业，2022，46（3）：20-23.

# 5 下向矩形进路式充填体强度模型

## 5.1 基于矩形薄板理论的承载层强度模型

下向水平分层进路式充填采矿法中，根据分层回采方式，空进路两端支座可能出现以下情况：

（1）分层进路采用顺序回采方式时，空进路两端一端是充填体，另一端是矿体[1-2]，模型如图 5-1（a）所示。

（2）分层进路采用间隔回采方式时，回采一步骤进路时，空进路两端均为矿体[1-2]，模型如图 5-1（b）所示；回采二步骤进路时，空进路两端均为充填体[1-2]，模型如图 5-1（c）所示。

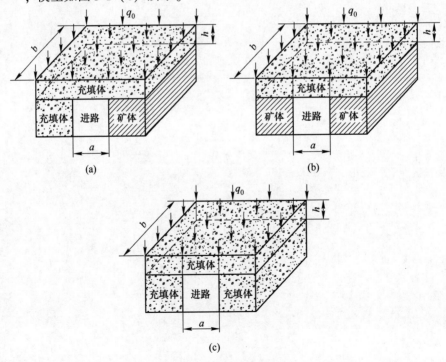

图 5-1　进路两端支座情况

（a）矿体与充填体支座；（b）矿体支座；（c）充填体支座

无论空进路两端为何种支座条件，均可将上一分层的充填体简化为均布荷载作用下，四边为简支的矩形板，采用矩形板的弯曲理论可求得板内的内力分布状态。20 世纪初，基尔霍夫推导了薄板弯曲微分方程并应用于声学。在近代结构中，薄板的广泛使用促进了薄板弯曲理论的发展，莱维研究了对边简支另两边为任意支撑条件的矩形板，这个解具有很大的使用价值，工程师们研究了多种特殊的荷载情况，并积累了最大挠度和最大弯矩的数表。巴泼考维奇在《船舶结构力学》中不仅详尽地叙述了板的古典理论，而且创造性地发展了薄板弯曲和稳定性的计算方法[3]。

薄板弯曲问题归结于求解微分方程并满足板边的支撑条件，薄板弯曲微方程是 4 阶偏微分方程，所以在每条边界上只需两个条件，它们可以用内力、内矩或位移表示。

### 5.1.1  基本概念与假设

由两个相距很近的平面（称为表面）限制的柱形物体称为板。两个表面之间的距离称为厚度，一般地说，厚度是一个变量，远小于表面的尺寸。两个表面相互平行的板称为等厚度板。平分板厚度的平面称为板的中面。一般地，板的厚度等于或小于中面最小尺寸 $a$ 或 $b$ 1/5，这种板称为薄板（见图 5-2），否则称为厚板[4]。

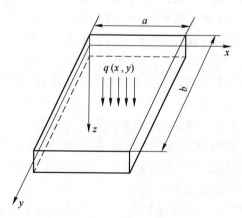

图 5-2    等厚薄板

作用于板上的荷载一般可以分解为平行于中面和垂直于中面的两个部分，前者引起平面应力，可用弹性力学的方法分析，后者引起板的弯曲。

平板在垂直于中面的荷载作用下发生弯曲时，中面变形所形成的曲面称为弹性曲面或挠曲面。中面内各个点在未变形中面垂直方向的位移称为板的挠度。通常，挠曲面是一个不可展开曲面。如果将该曲面展开成平面时，曲面上任意两点之间距离将会发生变化。中面内的线素总有伸长或缩短，产生附加的薄膜应力。当挠度远小于板厚时，薄膜应力也远小于弯曲应力，分析中可以将它略去，这类板称为刚性板。当板的挠度与板厚同一量级时，板内的薄膜应力和弯曲应力也将是同量级。在建立板的平衡方程时必须考虑薄膜应力的作用，这类板称为柔性板。如果板很薄，板的挠度远大于板厚，此时弯曲应力远小于薄膜应力，外荷载主要由薄膜力平衡决定，因此计算中可以忽略弯曲的作用，这类板称为绝对柔性板。

本节仅讨论基于薄板小挠度弯曲理论下承载层的弯曲问题及内力分布，即板的厚度远小于中面的最小尺寸，且挠度又远小于板厚的情况。薄板弯曲的精确理论应是满足弹性力学的全部基本方程，但目前只有少量最简单的问题才能得到严格解。实际上得到广泛应用的还是以某些简化假设为基础的近似理论。1850 年，基尔霍夫除采用弹性力学中材料是均匀、连续、各向同性和线弹性的假设外，还提出了一些补充的假设，建立了薄板小挠度弯曲的近似理论。

（1）变形前垂直于中面的直线，变形后仍为直线，且垂直于变形后的中面，并保持其原长；

（2）与中面平行的各面上的正应力 $\sigma_z$ 与应力 $\sigma_x$、$\sigma_y$ 和 $\tau_{xy}$ 相比属于小量；

（3）薄板中面各点都没有平行于中面的位移。

上述假设（1）即是直法线假设，它是梁弯曲理论中平截面假设的发展。根据这个假设就等于忽略了剪应力 $\tau_{xz}$ 和 $\tau_{yz}$ 所引起的剪切变形。实际上，薄板弯曲时，中面法线所产生的转角远大于剪切变形引起法线的扭曲。因此在研究薄板弯曲时，可以将这种微小的影响略去，同时这一假设还表明可以略去板的横向应变 $\varepsilon_x$，即平板弯曲时沿板厚度方向各点的挠度相等，也就是都与中面的挠度相等。

但应指出，即使是薄板，在边界附近区域、角点邻近及孔径与厚度同量级的小孔边缘周围，由这个假设所得到的计算结果会有显著误差。

按照假设（2），在应力和应变的物理关系中，可将平行于中面各面上的正应力 $\sigma_z$ 与其他正应力相比作为次要因素面予以忽略。但是这个假设在荷载高度集中的区域（如集中力附近）并不适用。

虽然薄板弯曲时它的中面会发生变形，但当挠度远小于板的厚度时，可以近似认为中面内各点都没有平行于中面的位移分量。

假设（3）只在薄板的线性理论中应用，即在薄板的线性（小挠度）理论中不考虑中平面的伸缩变形。

以上 3 个假设都是在薄板、小挠度的前提下提出的。薄和小的精确定义必须对每个问题按照近似理论和精确理论将两者计算结果比较后才能得出。经验表明，只要板的厚度不超过中面最小尺寸的 1/5，最大挠度不大于板厚的 1/5，近似理论的计算结果才完全符合工程计算的精度要求。

## 5.1.2　基本方程

薄板中任一点的应变分量为：

$$\left.\begin{aligned}
\varepsilon_x &= -z\frac{\partial^2 w}{\partial x^2} \\[2mm]
\varepsilon_y &= -z\frac{\partial^2 w}{\partial y^2} \\[2mm]
\gamma_{xy} &= -2z\frac{\partial^2 w}{\partial xy}
\end{aligned}\right\}\tag{5-1}$$

应力分量和应变分量之间的关系为：

$$\left.\begin{aligned}
\varepsilon_x &= \frac{1}{E}(\sigma_x - \mu\sigma_y) \\[2mm]
\varepsilon_y &= \frac{1}{E}(\sigma_y - \mu\sigma_x) \\[2mm]
\gamma_{xy} &= \frac{1}{G}\tau_{xy} = \frac{2(1+\mu)}{E}\tau_{xy}
\end{aligned}\right\}\tag{5-2}$$

其中：

$$G = \frac{E}{2(1+\mu)}\tag{5-3}$$

由式（5-2）可得用应变分量表示的应力分量为：

$$\left.\begin{aligned}
\sigma_x &= \frac{E}{1-\mu^2}(\varepsilon_x + \mu\varepsilon_y) \\[2mm]
\sigma_y &= \frac{E}{1-\mu^2}(\varepsilon_y + \mu\varepsilon_x) \\[2mm]
\tau_{xy} &= \frac{E}{2(1+\mu)}\gamma_{xy}
\end{aligned}\right\}\tag{5-4}$$

将式（5-1）代入式（5-4），应力分量改写为：

$$\left.\begin{aligned}
\sigma_x &= -\frac{Ez}{1-\mu^2}\left(\frac{\partial^2 w}{\partial x^2} + \mu\frac{\partial^2 w}{\partial y^2}\right) \\[2mm]
\sigma_y &= -\frac{Ez}{1-\mu^2}\left(\frac{\partial^2 w}{\partial y^2} + \mu\frac{\partial^2 w}{\partial x^2}\right) \\[2mm]
\tau_{xy} &= \frac{Ez}{1+\mu}\frac{\partial^2 w}{\partial x\partial y}
\end{aligned}\right\}\tag{5-5}$$

对于剪应力 $\tau_{xz}$ 和 $\tau_{yz}$，由于采用了直线法假设，$\gamma_{xz} = \gamma_{yz} = 0$，因此不可能从

广义胡克定律中直接得出，应由薄板微元体的应力平衡微分方程中求得，并不计体力，方程为：

$$\left.\begin{array}{r} \dfrac{\partial \sigma_x}{\partial x} + \dfrac{\partial \tau_{yx}}{\partial y} + \dfrac{\partial \tau_{zx}}{\partial z} = 0 \\[3mm] \dfrac{\partial \tau_{xy}}{\partial x} + \dfrac{\partial \sigma_y}{\partial y} + \dfrac{\partial \tau_{zy}}{\partial z} = 0 \\[3mm] \dfrac{\partial \tau_{xz}}{\partial x} + \dfrac{\partial \tau_{yz}}{\partial y} + \dfrac{\partial \sigma_z}{\partial z} = 0 \end{array}\right\} \tag{5-6}$$

利用剪应力互等定理 $\tau_{xy} = \tau_{yx}$，$\tau_{xz} = \tau_{zx}$，$\tau_{zy} = \tau_{yz}$，由方程组（5-6）第一式和第二式积分后可得：

$$\left.\begin{array}{l} \tau_{xz} = \displaystyle\int_0^{\frac{h}{2}} \left( \dfrac{\partial \sigma_x}{\partial x} + \dfrac{\partial \tau_{xy}}{\partial y} \right) \mathrm{d}z = -\dfrac{E}{2(1-\mu^2)} \left( \dfrac{h^2}{4} - z^2 \right) \dfrac{\partial}{\partial x}\, \nabla^2 w \\[5mm] \tau_{yz} = \displaystyle\int_0^{\frac{h}{2}} \left( \dfrac{\partial \sigma_y}{\partial y} + \dfrac{\partial \tau_{xy}}{\partial x} \right) \mathrm{d}z = -\dfrac{E}{2(1-\mu^2)} \left( \dfrac{h^2}{4} - z^2 \right) \dfrac{\partial}{\partial y}\, \nabla^2 w \end{array}\right\} \tag{5-7}$$

其中：

$$\nabla^2 = \dfrac{\partial^2}{\partial x^2} + \dfrac{\partial^2}{\partial y^2} \tag{5-8}$$

在垂直于 $x$ 轴的截面上，应力分量 $\sigma_x$、$\tau_{xy}$ 和 $\tau_{xz}$ 在单位宽度内合成的内力和内矩分别为：

$$\left.\begin{array}{l} N_x = \displaystyle\int_{-\frac{h}{2}}^{\frac{h}{2}} \sigma_x \mathrm{d}z \\[5mm] N_{xy} = \displaystyle\int_{-\frac{h}{2}}^{\frac{h}{2}} \tau_{xy} \mathrm{d}z \\[5mm] Q_x = \displaystyle\int_{-\frac{h}{2}}^{\frac{h}{2}} \tau_{xz} \mathrm{d}z \\[5mm] M_x = \displaystyle\int_{-\frac{h}{2}}^{\frac{h}{2}} \sigma_x z \mathrm{d}z \\[5mm] M_{xy} = \displaystyle\int_{-\frac{h}{2}}^{\frac{h}{2}} \tau_{xy} z \mathrm{d}z \end{array}\right\} \tag{5-9}$$

同理，在垂直于 $y$ 轴的截面上，单位宽度内合成的内力和内矩分别为：

$$\left.\begin{array}{l} N_y = \displaystyle\int_{-\frac{h}{2}}^{\frac{h}{2}} \sigma_y \mathrm{d}z \\[3mm] N_{yx} = \displaystyle\int_{-\frac{h}{2}}^{\frac{h}{2}} \tau_{yx} \mathrm{d}z \\[3mm] Q_y = \displaystyle\int_{-\frac{h}{2}}^{\frac{h}{2}} \tau_{yz} \mathrm{d}z \\[3mm] M_y = \displaystyle\int_{-\frac{h}{2}}^{\frac{h}{2}} \sigma_y z \mathrm{d}z \\[3mm] M_{yx} = \displaystyle\int_{-\frac{h}{2}}^{\frac{h}{2}} \tau_{yx} z \mathrm{d}z \end{array}\right\} \tag{5-10}$$

由于 $\tau_{xy} = \tau_{yx}$ ，因此：

$$\left.\begin{array}{l} N_{xy} = N_{yx} \\ M_{xy} = M_{yx} \end{array}\right\} \tag{5-11}$$

在小挠度弯曲时，$\sigma_x$、$\sigma_y$ 和 $\tau_{xy}$ 都是 $z$ 的线性函数，沿板厚的积分都等于零，因此：

$$\left.\begin{array}{l} N_x = N_y = 0 \\ N_{xy} = N_{yx} = 0 \end{array}\right\} \tag{5-12}$$

余下的 5 个内力和内矩 $M_x$、$M_y$、$M_{xy}$、$Q_x$ 和 $Q_y$ 不为零，习惯上将 $M_x$ 和 $M_y$ 称为弯矩，$M_{xy}$ 称为扭矩，$Q_x$ 和 $Q_y$ 称为横向剪力。

将式（5-4）代入式（5-9）和式（5-10），得到以挠度表示的内力和内矩为：

$$\left.\begin{array}{l} M_x = -D\left(\dfrac{\partial^2 w}{\partial x^2} + \mu \dfrac{\partial^2 w}{\partial y^2}\right) = D(k_x + \mu k_y) \\[4mm] M_y = -D\left(\dfrac{\partial^2 w}{\partial y^2} + \mu \dfrac{\partial^2 w}{\partial x^2}\right) = D(k_y + \mu k_x) \\[4mm] M_{xy} = M_{yx} = -D(1-\mu)\dfrac{\partial^2 w}{\partial x \partial y} = D(1-\mu)k_{xy} \\[4mm] Q_x = -D\dfrac{\partial}{\partial x} \nabla^2 w \\[4mm] Q_y = -D\dfrac{\partial}{\partial y} \nabla^2 w \end{array}\right\} \tag{5-13}$$

其中平板弯曲刚度 $D$ 为：

$$D = \frac{Eh^3}{12(1-\mu^2)} \tag{5-14}$$

根据式（5-5）、式（5-7）和式（5-13）可得出各应力分量与内力、内矩的关系为：

$$\left.\begin{array}{l} \sigma_x = \dfrac{12M_x z}{h^3} \\[3mm] \sigma_y = \dfrac{12M_y z}{h^3} \\[3mm] \tau_{xy} = \dfrac{12M_{xy} z}{h^3} \\[3mm] \tau_{xz} = \dfrac{6Q_x}{h^3}\left(\dfrac{h^2}{4} - z^2\right) \\[3mm] \tau_{yz} = \dfrac{6Q_y}{h^3}\left(\dfrac{h^2}{4} - z^2\right) \end{array}\right\} \tag{5-15}$$

应力分量 $\sigma_x$、$\sigma_y$ 和 $\tau_{xy}$ 的最大值发生在平板的表面，剪应力 $\tau_{xz}$ 和 $\tau_{yz}$ 的最大值发生在平板的中面，其值为：

$$\left.\begin{array}{l} \sigma_{x(max)} = \pm \dfrac{6M_x}{h^2} \\[3mm] \sigma_{y(max)} = \pm \dfrac{6M_y}{h^2} \\[3mm] \tau_{xy(max)} = \pm \dfrac{6M_{xy}}{h^2} \\[3mm] \tau_{xz(max)} = \dfrac{3Q_x}{2h} \\[3mm] \tau_{yz(max)} = \dfrac{3Q_y}{2h} \end{array}\right\} \tag{5-16}$$

$z$ 轴方向力的平衡条件为：

$$\frac{\partial Q_x}{\partial x} + \frac{\partial Q_y}{\partial y} + q = 0 \tag{5-17}$$

绕 $y$ 轴的力矩平衡条件并略取高阶微量为：

$$\frac{\partial M_x}{\partial x} + \frac{\partial M_{yx}}{\partial y} - Q_x = 0 \tag{5-18}$$

绕 $x$ 轴的力矩平衡条件并略取高阶微量：

$$\frac{\partial M_{xy}}{\partial x} + \frac{\partial M_y}{\partial y} - Q_y = 0 \tag{5-19}$$

从式 (5-18) 和式 (5-19) 中解出 $Q_x$ 和 $Q_y$，并代入式 (5-17)，即得用内矩表示的平衡方程式：

$$\frac{\partial^2 M_x}{\partial x^2} + 2\frac{\partial^2 M_{xy}}{\partial x \partial y} + \frac{\partial^2 M_y}{\partial y^2} = -q \tag{5-20}$$

利用式（5-13）将式（5-20）中的弯矩和扭矩用挠度 $w$ 表示，最后得到弹性曲面的微分方程为：

$$\frac{\partial^4 w}{\partial x^4} + 2\frac{\partial^4 w}{\partial x^2 \partial y^2} + \frac{\partial^4 w}{\partial y^4} = \frac{q}{D} \tag{5-21}$$

引入双重拉普拉斯算子：

$$\nabla^2 \nabla^2 = \frac{\partial^4}{\partial x^4} + 2\frac{\partial^4}{\partial x^2 \partial y^2} + \frac{\partial^4}{\partial y^4} \tag{5-22}$$

式（5-21）便可简写成：

$$\nabla^2 \nabla^2 w = \frac{q}{D} \tag{5-23}$$

图 5-3 为工程中常见矩形板的典型支承形式。

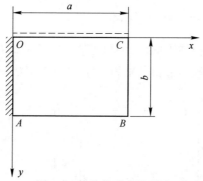

图 5-3　板的典型支承形式

（1）当板边固定在刚性支座上（见图 5-3 中 $OA$ 边），则沿着固定边缘的挠度和转角都应等于零，边界条件为：

$$\left.\begin{array}{l} x = 0 \\ w = 0 \\ \frac{\partial w}{\partial x} = 0 \end{array}\right\} \tag{5-24}$$

（2）当板边简支在刚性支座上（见图 5-3 中 $OC$ 边），则沿着该边的挠度 $w$ 和弯矩 $M_y$ 都应等于零，边界条件为：

$$\left.\begin{array}{l} y = 0 \\ w = 0 \\ M_y = -D\left(\frac{\partial^2 w}{\partial y^2} + \mu \frac{\partial^2 w}{\partial x^2}\right) \end{array}\right\} \tag{5-25}$$

但因在刚性支座上沿 $x$ 轴方向的曲率 $\frac{\partial^2 w}{\partial x^2} = 0$，所以式（5-25）的边界条件可以简化为：

$$
\left.\begin{array}{l}
y = 0 \\
w = 0 \\
\dfrac{\partial^2 w}{\partial y^2} = 0
\end{array}\right\}
\tag{5-26}
$$

（3）当板边自由（如图 5-3 中 $AB$ 边），此时在边界上没有限制挠度和转角的约束，边界条件为：

$$
\left.\begin{array}{l}
y = b \\
M_y = 0 \\
M_{yx} = 0 \\
Q_y = 0
\end{array}\right\}
\tag{5-27}
$$

### 5.1.3　基于双三角级数简支矩形板模型

1820 年，法国力学家纳维向法国科学院提交了一篇双三角级数法求解简支矩形板的论文[3]，矩形板的边长分别为 $a$ 和 $b$，受到横向分布载荷 $q(x, y)$ 的作用（见图 5-4）。

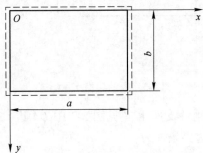

图 5-4　四边简支矩形板

边界条件为：

在 $x = 0$ 和 $x = a$ 处，

$$
w = 0 \,,\ \frac{\partial^2 w}{\partial x^2} = 0
\tag{5-28}
$$

在 $y = 0$ 和 $y = b$ 处，

$$
w = 0 \,,\ \frac{\partial^2 w}{\partial y^2} = 0
\tag{5-29}
$$

纳维取以下的双三角级数作为弯曲微分方程（5-23）的解：

$$
w = \sum_{m=1}^{\infty} \sum_{n=1}^{\infty} A_{mn} \sin \frac{m\pi x}{a} \sin \frac{n\pi y}{b}
\tag{5-30}
$$

式中，$m$ 和 $n$ 都为正整数。

显然式（5-30）已经满足所有的边界条件，因此系数 $A_{mn}$ 应由微分方程确定。将挠度 $w$ 代入式（5-23）中得到：

$$D\pi^4 \sum_{m=1}^{\infty} \sum_{n=1}^{\infty} A_{mn}\left(\frac{m^2}{a^2} + \frac{n^2}{b^2}\right)\sin\frac{m\pi x}{a}\sin\frac{n\pi y}{b} = q(x, y) \tag{5-31}$$

为了确定系数 $A_{mn}$，需将式（5-31）右端的 $q(x, y)$ 也展成双三角级数：

$$q(x, y) = \sum_{m=1}^{\infty} \sum_{n=1}^{\infty} q_{mn}\sin\frac{m\pi x}{a}\sin\frac{n\pi y}{b} \tag{5-32}$$

式中，$q_{mn}$ 为双三角级数的系数。

利用三角函数的正交性，可将 $q_{mn}$ 表示为：

$$q_{mn} = \frac{4}{ab}\int_0^a \int_0^b q(x, y)\sin\frac{m\pi x}{a}\sin\frac{n\pi y}{b}\mathrm{d}x\mathrm{d}y \tag{5-33}$$

将式（5-32）代入式（5-31），比较等式两端级数对应的系数，可得：

$$A_{mn} = \frac{q_{mn}}{D\pi^4\left(\dfrac{m^2}{a^2} + \dfrac{n^2}{b^2}\right)^2} \tag{5-34}$$

将式（5-34）代入式（5-30），即可求得挠度的表达式：

$$w(x, y) = \sum_{m=1}^{\infty} \sum_{n=1}^{\infty} \frac{q_{mn}}{D\pi^4\left(\dfrac{m^2}{a^2} + \dfrac{n^2}{b^2}\right)^2}\sin\frac{m\pi x}{a}\sin\frac{n\pi y}{b} \tag{5-35}$$

若四边简支板受均布荷载作用，此时 $q(x, y) = q_0$，由式（5-33）求出 $q_{mn}$ 代入式（5-34）得：

$$A_{mn} = \frac{16q_0}{D\pi^6 mn\left(\dfrac{m^2}{a^2} + \dfrac{n^2}{b^2}\right)^2} \quad (m = 1, 3, \cdots, \infty, n = 1, 3, \cdots, \infty)$$

$$\tag{5-36}$$

将系数 $A_{mn}$ 代入挠度表达式中，得到板挠度的表达式为：

$$w(x, y) = \frac{16q_0}{D\pi^6}\sum_{m=1,3,\cdots}^{\infty} \sum_{n=1,3,\cdots}^{\infty} \frac{1}{mn\left(\dfrac{m^2}{a^2} + \dfrac{n^2}{b^2}\right)^2}\sin\frac{m\pi x}{a}\sin\frac{n\pi y}{b} \tag{5-37}$$

这个级数收敛很快，只取两项就已得到足够精确的结果，所以对于挠度计算比较合适。

分别取 $n = 1$、3 和 $m = 1$、3 对式（5-37）进行计算。

当 $n = 1$、3 时，式（5-37）为：

$$w(x,y) = \frac{16q_0}{D\pi^6} \sum_{m=1,3}^{\infty} \left[ \frac{1}{m\left(\frac{m^2}{a^2} + \frac{1}{b^2}\right)^2} \sin\frac{m\pi x}{a}\sin\frac{\pi y}{b} + \frac{1}{3m\left(\frac{m^2}{a^2} + \frac{9}{b^2}\right)^2} \sin\frac{m\pi x}{a}\sin\frac{3\pi y}{b} \right]$$

$$(5\text{-}38)$$

当 $m = 1$、3 时，式（5-38）为：

$$w(x,y) = \frac{16q_0}{D\pi^6} \left[ \frac{1}{\left(\frac{1}{a^2} + \frac{1}{b^2}\right)^2} \sin\frac{\pi x}{a}\sin\frac{\pi y}{b} + \frac{1}{3\left(\frac{1}{a^2} + \frac{9}{b^2}\right)^2} \sin\frac{\pi x}{a}\sin\frac{3\pi y}{b} + \right.$$

$$\left. \frac{1}{3\left(\frac{9}{a^2} + \frac{1}{b^2}\right)^2} \sin\frac{3\pi x}{a}\sin\frac{\pi y}{b} + \frac{1}{9\left(\frac{9}{a^2} + \frac{9}{b^2}\right)^2} \sin\frac{3\pi x}{a}\sin\frac{3\pi y}{b} \right] \quad (5\text{-}39)$$

其中：

$$\frac{\partial w}{\partial x} = \frac{16q_0}{D\pi^6} \left[ \frac{\pi}{a\left(\frac{1}{a^2} + \frac{1}{b^2}\right)^2} \cos\frac{\pi x}{a}\sin\frac{\pi y}{b} + \frac{\pi}{3a\left(\frac{1}{a^2} + \frac{9}{b^2}\right)^2} \cos\frac{\pi x}{a}\sin\frac{3\pi y}{b} + \right.$$

$$\left. \frac{\pi}{a\left(\frac{9}{a^2} + \frac{1}{b^2}\right)^2} \cos\frac{3\pi x}{a}\sin\frac{\pi y}{b} + \frac{\pi}{3a\left(\frac{9}{a^2} + \frac{9}{b^2}\right)^2} \cos\frac{3\pi x}{a}\sin\frac{3\pi y}{b} \right]$$

$$\frac{\partial^2 w}{\partial x^2} = \frac{16q_0}{D\pi^6} \left[ \frac{-\pi^2}{a^2\left(\frac{1}{a^2} + \frac{1}{b^2}\right)^2} \sin\frac{\pi x}{a}\sin\frac{\pi y}{b} - \frac{\pi^2}{3a^2\left(\frac{1}{a^2} + \frac{9}{b^2}\right)^2} \sin\frac{\pi x}{a}\sin\frac{3\pi y}{b} - \right.$$

$$\left. \frac{3\pi^2}{a^2\left(\frac{9}{a^2} + \frac{1}{b^2}\right)^2} \sin\frac{3\pi x}{a}\sin\frac{\pi y}{b} - \frac{\pi^2}{a^2\left(\frac{9}{a^2} + \frac{9}{b^2}\right)^2} \sin\frac{3\pi x}{a}\sin\frac{3\pi y}{b} \right]$$

$$\frac{\partial w}{\partial y} = \frac{16q_0}{D\pi^6} \left[ \frac{\pi}{b\left(\frac{1}{a^2} + \frac{1}{b^2}\right)^2} \sin\frac{\pi x}{a}\cos\frac{\pi y}{b} + \frac{\pi}{b\left(\frac{1}{a^2} + \frac{9}{b^2}\right)^2} \sin\frac{\pi x}{a}\cos\frac{3\pi y}{b} + \right.$$

$$\left. \frac{\pi}{3b\left(\frac{9}{a^2} + \frac{1}{b^2}\right)^2} \sin\frac{3\pi x}{a}\cos\frac{\pi y}{b} + \frac{\pi}{3b\left(\frac{9}{a^2} + \frac{9}{b^2}\right)^2} \sin\frac{3\pi x}{a}\cos\frac{3\pi y}{b} \right]$$

$$\frac{\partial^2 w}{\partial y^2} = \frac{16q_0}{D\pi^6} \left[ \frac{-\pi^2}{b^2\left(\frac{1}{a^2} + \frac{1}{b^2}\right)^2} \sin\frac{\pi x}{a}\sin\frac{\pi y}{b} - \frac{3\pi^2}{b^2\left(\frac{1}{a^2} + \frac{9}{b^2}\right)^2} \sin\frac{\pi x}{a}\sin\frac{3\pi y}{b} - \right.$$

$$\left. \frac{\pi^2}{3b^2\left(\frac{9}{a^2} + \frac{1}{b^2}\right)^2} \sin\frac{3\pi x}{a}\sin\frac{\pi y}{b} - \frac{\pi^2}{b^2\left(\frac{9}{a^2} + \frac{9}{b^2}\right)^2} \sin\frac{3\pi x}{a}\sin\frac{3\pi y}{b} \right]$$

将上述 $\dfrac{\partial^2 w}{\partial x^2}$ 和 $\dfrac{\partial^2 w}{\partial y^2}$ 的表达式代入式 (5-13) 第一式得:

$$M_x = \frac{16q_0}{\pi^4}\left[\frac{b^2+\mu a^2}{a^2b^2\left(\dfrac{1}{a^2}+\dfrac{1}{b^2}\right)^2}\sin\frac{\pi x}{a}\sin\frac{\pi y}{b}+\frac{b^2+9\mu a^2}{3a^2b^2\left(\dfrac{1}{a^2}+\dfrac{9}{b^2}\right)^2}\sin\frac{\pi x}{a}\sin\frac{3\pi y}{b}+\right.$$

$$\left.\frac{9b^2+\mu a^2}{3a^2b^2\left(\dfrac{9}{a^2}+\dfrac{1}{b^2}\right)^2}\sin\frac{3\pi x}{a}\sin\frac{\pi y}{b}+\frac{b^2+\mu a^2}{a^2b^2\left(\dfrac{9}{a^2}+\dfrac{9}{b^2}\right)^2}\sin\frac{3\pi x}{a}\sin\frac{3\pi y}{b}\right] \quad (5\text{-}40)$$

将上述 $\dfrac{\partial^2 w}{\partial x^2}$ 和 $\dfrac{\partial^2 w}{\partial y^2}$ 的表达式代入式 (5-13) 第二式得:

$$M_y = \frac{16q_0}{\pi^4}\left[\frac{a^2+\mu b^2}{a^2b^2\left(\dfrac{1}{a^2}+\dfrac{1}{b^2}\right)^2}\sin\frac{\pi x}{a}\sin\frac{\pi y}{b}+\frac{9a^2+\mu b^2}{3a^2b^2\left(\dfrac{1}{a^2}+\dfrac{9}{b^2}\right)^2}\sin\frac{\pi x}{a}\sin\frac{3\pi y}{b}+\right.$$

$$\left.\frac{a^2+9\mu b^2}{3a^2b^2\left(\dfrac{9}{a^2}+\dfrac{1}{b^2}\right)^2}\sin\frac{3\pi x}{a}\sin\frac{\pi y}{b}+\frac{a^2+\mu b^2}{a^2b^2\left(\dfrac{9}{a^2}+\dfrac{9}{b^2}\right)^2}\sin\frac{3\pi x}{a}\sin\frac{3\pi y}{b}\right] \quad (5\text{-}41)$$

当 $x=\dfrac{a}{2}$, $y=\dfrac{b}{2}$ 时, $M_x$ 和 $M_y$ 的最大值为:

$$M_{x(\max)} = \frac{16q_0}{\pi^4}\left[\frac{b^2+\mu a^2}{a^2b^2\left(\dfrac{1}{a^2}+\dfrac{1}{b^2}\right)^2}-\frac{b^2+9\mu a^2}{3a^2b^2\left(\dfrac{1}{a^2}+\dfrac{9}{b^2}\right)^2}-\right.$$

$$\left.\frac{9b^2+\mu a^2}{3a^2b^2\left(\dfrac{9}{a^2}+\dfrac{1}{b^2}\right)^2}+\frac{b^2+\mu a^2}{a^2b^2\left(\dfrac{9}{a^2}+\dfrac{9}{b^2}\right)^2}\right] \quad (5\text{-}42)$$

$$M_{y(\max)} = \frac{16q_0}{\pi^4}\left[\frac{a^2+\mu b^2}{a^2b^2\left(\dfrac{1}{a^2}+\dfrac{1}{b^2}\right)^2}-\frac{9a^2+\mu b^2}{3a^2b^2\left(\dfrac{1}{a^2}+\dfrac{9}{b^2}\right)^2}-\right.$$

$$\left.\frac{a^2+9\mu b^2}{3a^2b^2\left(\dfrac{9}{a^2}+\dfrac{1}{b^2}\right)^2}+\frac{a^2+\mu b^2}{a^2b^2\left(\dfrac{9}{a^2}+\dfrac{9}{b^2}\right)^2}\right] \quad (5\text{-}43)$$

当 $z=\dfrac{h}{2}$ 时, 按式 (5-16) 求 $\sigma_x$ 和 $\sigma_y$ 的最大值为:

$$\sigma_{x(\max)} = \frac{96q_0}{\pi^4 h^2}\left[\frac{b^2+\mu a^2}{a^2b^2\left(\dfrac{1}{a^2}+\dfrac{1}{b^2}\right)^2}-\frac{b^2+9\mu a^2}{3a^2b^2\left(\dfrac{1}{a^2}+\dfrac{9}{b^2}\right)^2}-\right.$$

$$\left. \frac{9b^2 + \mu a^2}{3a^2b^2\left(\dfrac{9}{a^2} + \dfrac{1}{b^2}\right)^2} + \frac{b^2 + \mu a^2}{a^2b^2\left(\dfrac{9}{a^2} + \dfrac{9}{b^2}\right)^2}\right] \tag{5-44}$$

$$\sigma_{y(\max)} = \frac{96q_0}{\pi^4 h^2}\left[\frac{a^2 + \mu b^2}{a^2b^2\left(\dfrac{1}{a^2} + \dfrac{1}{b^2}\right)^2} - \frac{9a^2 + \mu b^2}{3a^2b^2\left(\dfrac{1}{a^2} + \dfrac{9}{b^2}\right)^2} - \right.$$

$$\left. \frac{a^2 + 9\mu b^2}{3a^2b^2\left(\dfrac{9}{a^2} + \dfrac{1}{b^2}\right)^2} + \frac{a^2 + \mu b^2}{a^2b^2\left(\dfrac{9}{a^2} + \dfrac{9}{b^2}\right)^2}\right] \tag{5-45}$$

讨论基于矩形薄板理论的双三角级数解的分析模型可知，在承载层受上覆均布荷载作用下，承载层最大拉应力 $\sigma_{x(\max)}$ 受承载层厚度、进路宽度和进路长度的影响，其影响关系采用式（5-44）进行分析。

### 5.1.3.1 承载层厚度对最大拉应力 $\sigma_{x(\max)}$ 的影响

承载层上覆均布荷载 $q_0 = 0.5$ MPa，进路宽度 $a = 5$ m，进路长度 $b = 20$ m，充填体泊松比 $\mu = 0.21$，承载层厚度 $h$ 分别为 1 m、1.5 m、2.0 m、2.5 m、3 m、3.5 m、4 m、4.5 m 和 5 m。计算结果如图 5-5 所示。

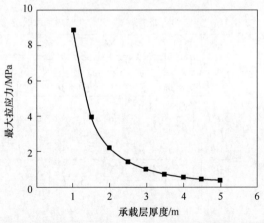

图 5-5  承载层最大拉应力 $\sigma_{x(\max)}$ 与承载层厚度的变化关系

由式（5-44）和图 5-5 所示的计算结果可知，当承载层上覆均布荷载、进路长度、宽度、泊松比不变的条件下，承载层底部最大拉应力随承载层厚度的增大而减小，两者呈幂函数减小特征，拉应力减小速率随承载层高度的增大而减小。表明增大承载层厚度有利于降低承载层内的拉应力，保证承载层的稳定性。

### 5.1.3.2 进路宽度对最大拉应力 $\sigma_{x(\max)}$ 的影响

承载层上覆均布荷载 $q_0 = 0.5$ MPa，承载层厚度 $h = 5.0$ m，进路长度 $b = 20$ m，承载层泊松比 $\mu = 0.21$，进路宽度 $a$ 分别为 5 m、5.5 m、6 m、6.5 m、7 m、7.5 m、8 m、8.5 m、9 m、9.5 m 和 10 m。计算结果如图 5-6 所示。

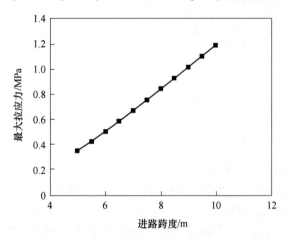

图 5-6  承载层最大拉应力 $\sigma_{x(\max)}$ 与进路宽度的变化关系

由式（5-44）和图 5-6 所示的计算结果可知，当承载层上覆均布荷载、进路长度、承载层厚度、泊松比不变的条件下，承载层底部最大拉应力随进路宽度的增大而增大，两者呈直线增大特征。进路充填时，应尽可能接顶，若接顶效果较差，必然导致承载层底板暴露跨度增大，导致底板拉应力随之增大；而承载层强度设计是根据标准进路宽度而设计，因此可能导致承载层失稳。

### 5.1.3.3  进路长度对最大拉应力 $\sigma_{x(\max)}$ 的影响

承载层上覆均布荷载 $q_0 = 0.5$ MPa，承载层厚度 $h = 5.0$ m，进路宽度 $a = 5$ m，承载层泊松比 $\mu = 0.21$，进路长度 $b$ 分别为 5 m、10 m、15 m、20 m、25 m。计算结果如图 5-7 所示。

由式（5-44）和图 5-7 所示的计算结果可知，当承载层上覆均布荷载、进路宽度、承载层厚度、泊松比不变的条件下，承载层底部最大拉应力随进路长度的增大而增大，两者呈幂函数增大特征，拉应力增大速率随进路长度的增大而减小。表明降低进路长度有利于降低承载层内的拉应力，保证承载层的稳定性。

### 5.1.4  基于单三角级数简支矩形板模型

双三角级数解法虽有某些优点，但双重无穷级数的计算复杂，特别是挠度的

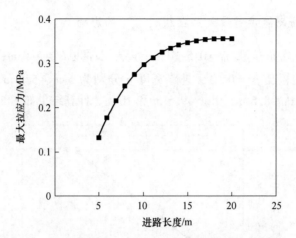

图 5-7　承载层最大拉应力 $\sigma_{x(\max)}$ 与进路长度的变化关系

高阶导数收敛性差，在计算弯矩时不仅烦冗费时，而且不易得到精确的结果。1900 年，由莱维提出的对边简支矩形板的单三角级数解法克服了上述方法的缺点，至今仍在工程上使用[3]。

承受横向载荷 $q(x, y)$ 的矩形板，两对边为简支，另两边为任意支承的示意图如图 5-8 所示。

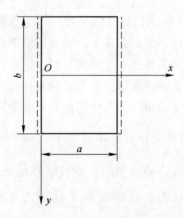

图 5-8　对边简支矩形板

根据图 5-8 所示的矩形板，其边界条件在 $x = 0$ 和 $x = a$ 处为：

$$w = 0, \quad \frac{\partial^2 w}{\partial x^2} = 0 \tag{5-46}$$

莱维取以下的单三角级数作为微分方程（5-23）的解：

$$w = \sum_{m=1}^{\infty} f_m(y) \sin \frac{m\pi x}{a} \tag{5-47}$$

式中 $f_m(y)$ —— $y$ 的任意函数；

　　　　$m$ —— 正整数。

显然式（5-47）已满足边界条件（5-46），因此函数 $f_m(y)$ 应由薄板弯曲的微分方程和 $y = \pm b/2$ 处的边界条件所确定。

将式（5-47）代入式（5-23）得：

$$\sum_{m=1}^{\infty}\left[f_m^{(4)}(y) - 2\left(\frac{m\pi}{a}\right)^2 f_m''(y) + \left(\frac{m\pi}{a}\right)^4 f_m(y)\right]\sin\frac{m\pi x}{a} = \frac{q(x, y)}{D} \quad (5\text{-}48)$$

将式（5-48）右端的 $q(x, y)$ 也展成 $\sin\dfrac{m\pi x}{a}$ 单三角级数，按照傅里叶级数开展法则得到：

$$q(x, y) = \sum_{m=1}^{\infty} q_m(y)\sin\frac{m\pi x}{a} \quad (5\text{-}49)$$

其中：

$$q_m(y) = \frac{2}{a}\int_0^a q(x, y)\sin\frac{m\pi x}{a}dx \quad (5\text{-}50)$$

将式（5-49）代入式（5-48），为使等式对任意 $x$ 值都满足，则要求：

$$f_m^{(4)}(y) - 2\left(\frac{m\pi}{a}\right)^2 f_m''(y) + \left(\frac{m\pi}{a}\right)^4 f_m(y) = \frac{q_m(y)}{D} \quad (5\text{-}51)$$

式（5-51）是一个常系数 4 阶线性微分方程式，它的解是：

$$f_m(y) = f_{1m}(y) + f_{2m}(y) \quad (5\text{-}52)$$

其中，$f_{1m}(y)$ 是方程（5-51）的特解，$f_{2m}(y)$ 是它的齐次解，其形式为：

$$f_{2m}(y) = A_{m1}e^{\frac{m\pi y}{a}} + B_{m1}e^{-\frac{m\pi y}{a}} + C_{m1}\frac{m\pi y}{a}e^{\frac{m\pi y}{a}} + D_{m1}\frac{m\pi y}{a}e^{-\frac{m\pi y}{a}} \quad (5\text{-}53)$$

利用三角恒等式，式（5-53）可改写为：

$$f_{2m}(y) = A_m\cosh\frac{m\pi y}{a} + B_m\sinh\frac{m\pi y}{a} + C_m\frac{m\pi y}{a}\cosh\frac{m\pi y}{a} + D_m\frac{m\pi y}{a}\sinh\frac{m\pi y}{a} \quad (5\text{-}54)$$

将所得结果代入式（5-47），得到平板的挠度表达式为：

$$w = \sum_{m=1}^{\infty}\left[A_{m1}e^{\frac{m\pi y}{a}} + B_{m1}e^{-\frac{m\pi y}{a}} + C_{m1}\frac{m\pi y}{a}e^{\frac{m\pi y}{a}} + D_{m1}\frac{m\pi y}{a}e^{-\frac{m\pi y}{a}} + f_{1m}(y)\right]\sin\frac{m\pi x}{a} \quad (5\text{-}55)$$

或

$$w = \sum_{m=1}^{\infty}\left[A_m\cosh\frac{m\pi y}{a} + B_m\sinh\frac{m\pi y}{a} + C_m\frac{m\pi y}{a}\cosh\frac{m\pi y}{a} + D_m\frac{m\pi y}{a}\sinh\frac{m\pi y}{a} + f_{1m}(y)\right]\sin\frac{m\pi x}{a} \quad (5\text{-}56)$$

式中，$A_{m1}$、$B_{m1}$、$C_{m1}$、$D_{m1}$ 或 $A_m$、$B_m$、$C_m$、$D_m$ 由 $y = \pm b/2$ 处的边界条件确定。

根据图 5-8 所示的矩形板，其边界条件在 $y = \pm b/2$ 处为：

$$w = 0, \quad \frac{\partial^2 w}{\partial y^2} = 0 \tag{5-57}$$

因为 $q(x, y) = q_0$，将其代入式（5-50）积分后得：

$$q_m = \frac{2}{a} \int_0^a q(x, y) \sin \frac{m\pi x}{a} \mathrm{d}x = \frac{2q_0}{m\pi}(1 - \cos m\pi) \tag{5-58}$$

方程式（5-51）的特解为：

$$f_{1m}(y) = \frac{2q_0 a^4}{D(m\pi)^5}(1 - \cos m\pi) \tag{5-59}$$

由图 5-8 分析可知，支撑条件和载荷都关于 $x$ 轴对称，所以挠曲面也应与 $x$ 轴对称。也就是说挠度 $w$ 应该是坐标 $y$ 的偶函数，在式（5-56）中必须有 $B_m = C_m = 0$，于是挠度表达式可简化为：

$$w = \sum_{m=1}^{\infty} \left[ A_m \cosh \frac{m\pi y}{a} + D_m \frac{m\pi y}{a} \sinh \frac{m\pi y}{a} + \frac{2q_0 a^4}{D(m\pi)^5}(1 - \cos m\pi) \right] \sin \frac{m\pi x}{a} \tag{5-60}$$

将式（5-60）代入边界条件（5-57）中，可得到关于常数 $A_m$ 和 $D_m$ 的方程组：

$$A_m \cosh a_m + D_m a_m \sinh a_m = -\frac{2q_0 a^4}{D(m\pi)^5}(1 - \cos m\pi) \tag{5-61}$$

$$A_m \cosh a_m + D_m(2\cosh a_m + a_m \sinh a_m) = 0 \tag{5-62}$$

式中，$a_m = \dfrac{m\pi b}{2a}$，解上述方程组得到：

$$A_m = -\frac{2q_0 a^4}{D(m\pi)^5}(1 - \cos m\pi) \frac{1 + \dfrac{a_m}{2}\tanh a_m}{\cosh a_m} \tag{5-63}$$

$$D_m = -\frac{2q_0 a^4}{D(m\pi)^5}(1 - \cos m\pi) \frac{1}{2\cosh a_m} \tag{5-64}$$

由式（5-63）和式（5-64）看出，当 $m$ 为偶数时，$1 - \cos m\pi = 0$，相应地，$A_m$ 和 $D_m$ 也为零，因此 $m$ 须是奇数。将 $A_m$ 和 $D_m$ 值代入式（5-60），最后得到：

$$w = \frac{4q_0 a^4}{D\pi^5} \sum_{m=1,3,\cdots}^{\infty} \frac{1}{m^5} \left[ 1 - \left( 1 + \frac{a_m}{2}\tanh a_m \right) \frac{\cosh \dfrac{m\pi y}{a}}{\cosh a_m} + \frac{m\pi y}{a} \frac{\sinh \dfrac{m\pi y}{a}}{\cosh a_m} \right] \sin \frac{m\pi x}{a} \tag{5-65}$$

式（5-65）中的级数收敛很快，但它的收敛性可进一步得到改善。式（5-65）中第一项的级数和可以改写成：

$$\frac{4q_0a^4}{D\pi^5} \sum_{m=1,3,\cdots}^{\infty} \frac{1}{m^5}\sin\frac{m\pi x}{a} = \frac{q_0a^4}{24D}\left[\frac{x}{a} - 2\left(\frac{x}{a}\right)^3 + \left(\frac{x}{a}\right)^4\right] \quad (5\text{-}66)$$

因此式（5-65）可变为：

$$w = \frac{q_0a^4}{24D}\left[\frac{x}{a} - 2\left(\frac{x}{a}\right)^3 + \left(\frac{x}{a}\right)^4\right] + \frac{4q_0a^4}{D\pi^5} \times$$

$$\sum_{m=1,3,\cdots}^{\infty} \frac{1}{m^5}\left[\frac{m\pi y}{a}\frac{\sinh\dfrac{m\pi y}{a}}{2\cosh a_m} - \left(1 + \frac{a_m}{2}\tanh a_m\right)\frac{\cosh\dfrac{m\pi y}{a}}{\cosh a_m}\right]\sin\frac{m\pi x}{a} \quad (5\text{-}67)$$

式（5-67）中右端第一项表示沿 $y$ 方向无限长的简支板受均布载荷时产生的柱形弯曲，板的挠度与坐标 $y$ 无关。如将板的弯曲刚度 $D$ 换成梁的弯曲刚度 $EJ$，则它与两端简支在均布载荷作用下的梁的弹性曲线完全相同，因此可以直接选用简支梁的弹性曲线作为挠度的特解。

最大挠度发生在板的中心处，令 $x = a/2$，$y = 0$ 得：

$$w_{\max} = \frac{5}{384}\frac{q_0a^4}{D} - \frac{4q_0a^4}{D\pi^5}\sum_{m=1,3,\cdots}^{\infty}\frac{(-1)^{\frac{m-1}{2}}}{m^5}\frac{2 + a_m\tanh a_m}{2\cosh a_m} = \delta_1\frac{q_0a^4}{D} \quad (5\text{-}68)$$

将式（5-67）代入式（5-13）中，并令 $x = a/2$，$y = 0$，求得板中心处的最大弯矩为：

$$M_{x(\max)} = \frac{q_0a^2}{8} + (1-\mu)q_0a^2\pi^2\sum_{m=1,3,\cdots}^{\infty}(-1)^{\frac{m-1}{2}}m^2 \times$$

$$\left[-\frac{4 + 2a_m\tanh a_m}{(m\pi)^5\cosh a_m} + \frac{4}{(1-\mu)(m\pi)^5}\frac{1}{\cosh a_m}\right]$$

$$= \delta_2 q_0a^2 \quad (5\text{-}69)$$

$$M_{y(\max)} = \frac{\mu q_0a^2}{8} - (1-\mu)q_0a^2\pi^2\sum_{m=1,3,\cdots}^{\infty}(-1)^{\frac{m-1}{2}}m^2 \times$$

$$\left[-\frac{4 + 2a_m\tanh a_m}{(m\pi)^5\cosh a_m} + \frac{4}{(1-\mu)(m\pi)^5}\frac{1}{\cosh a_m}\right]$$

$$= \delta_3 q_0a^2 \quad (5\text{-}70)$$

根据板的弯矩表达式（5-69）和式（5-70），采用式（5-16）可求得板的最大拉应力为：

$$\sigma_{x(\max)} = \frac{6M_{x(\max)}}{h^2} = \frac{6\delta_2 q_0a^2}{h^2} \quad (5\text{-}71)$$

$$\sigma_{y(\max)} = \frac{6M_{y(\max)}}{h^2} = \frac{6\delta_3 q_0 a^2}{h^2} \qquad (5\text{-}72)$$

对于不同边长比 $b/a$ 的系数 $\delta_1$、$\delta_2$ 和 $\delta_3$ 的值见表 5-1。可以发现，随着 $b/a$ 的比值增加，$w_{\max}$、$M_{x(\max)}$ 和 $\sigma_{x(\max)}$ 随之增加，而 $M_{y(\max)}$ 和 $\sigma_{y(\max)}$ 则减小。

**表 5-1 不同边长比 $b/a$ 下系数 $\delta_1$、$\delta_2$ 和 $\delta_3$ 的值**

| $b/a$ | 1.0 | 2.0 | 3.0 | 4.0 | 5.0 |
|---|---|---|---|---|---|
| $\delta_1$ | 0.00406 | 0.01013 | 0.01223 | 0.01282 | 0.01297 |
| $\delta_2$ | 0.0479 | 0.1017 | 0.1189 | 0.1235 | 0.1246 |
| $\delta_3$ | 0.0479 | 0.0464 | 0.0406 | 0.0384 | 0.0375 |

为了以后的应用，导出四边简支矩形板在均布载荷作用下边缘处的转角。由式（5-67）求出在 $y = \pm b/2$ 处的转角为：

$$\left.\frac{\partial w}{\partial y}\right|_{y=\pm\frac{b}{2}} = \mp \frac{q_0 b^2}{D} \frac{b}{a} \sum_{m=1,3,\cdots}^{\infty} \theta_0(a_m) \sin\frac{m\pi x}{a} \qquad (5\text{-}73)$$

其中：

$$\theta_0(a_m) = \frac{\sinh 2a_m - 2a_m}{16a_m^2 \cosh^2 a_m} \qquad (5\text{-}74)$$

讨论基于矩形薄板理论的单三角级数解的分析模型可知，承载层在上覆均布荷载作用下，最大拉应力 $\sigma_{x(\max)}$ 受进路宽度、进路长度及承载层厚度的影响，其影响关系采用式（5-71）进行分析。

在承载层上覆均布荷载 $q_0 = 0.5$ MPa，进路宽度 $a = 5$ m，进路长度 $b = 10$ m 条件下，不同承载层厚度与最大拉应力的变化关系如图 5-9 所示。

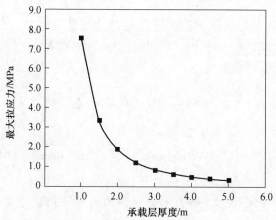

图 5-9 承载层最大拉应力 $\sigma_{x(\max)}$ 与承载层厚度的变化关系

由式（5-71）及图 5-9 分析可知，在承载层上覆均布荷载、进路宽度和进路长度不变的情况下，承载底部最大拉应力随承载层厚度的增大而减小，两者呈幂函数关系，承载底部最大拉应力减小速率随承载层厚度的增大逐渐减小，承载层厚度设计大于进路高度一半时，可有效降低承载层底部的拉应力。

在承载层上覆均布荷载 $q_0 = 0.5$ MPa，进路宽度 $a = 5$ m，承载层厚度 $h = 2.5$ m 条件下，不同进路长度与最大拉应力的变化关系如图 5-10 所示。

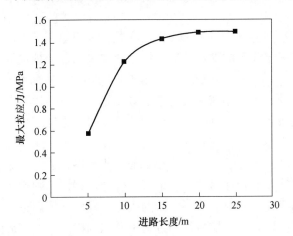

图 5-10    承载层最大拉应力 $\sigma_{x(\max)}$ 与进路长度的变化关系

由式（5-71）及图 5-10 分析可知，在承载层上覆均布荷载、承载层厚度和进路宽度不变的情况下，承载底部最大拉应力随进路长度的增大而增大，两者呈幂函数关系，承载底部最大拉应力增大速率随进路长度的增大逐渐减小。降低进路长度，有利于降低承载底部拉应力。

在承载层上覆均布荷载 $q_0 = 0.5$ MPa，进路长度 $b = 10$ m，承载层厚度 $h = 2.5$ m 条件下，不同进路宽度与最大拉应力的变化关系如图 5-11 所示。

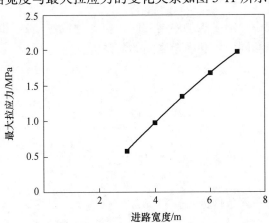

图 5-11    承载层最大拉应力 $\sigma_{x(\max)}$ 与进路宽度的变化关系

由式（5-71）及图 5-11 分析可知，在承载层上覆均布荷载、承载层厚度和进路长度不变的情况下，承载底部最大拉应力随进路宽度的增大而增大，两者呈线性函数关系，降低进路宽度，有利于降低承载底部拉应力。

## 5.2   基于矩形厚板理论的承载层强度模型

工程结构中经常遇到大量关于薄板的问题，常用基尔霍夫导出的近似理论进行计算，且能够得出满意的计算结果。但是，在采用近似理论计算过程中，忽略了剪切变形 $\gamma_{xz}$、$\gamma_{yz}$ 及法向应力 $\sigma_z$ 对薄板变形的影响，从而使所得出的基本方程是一个 4 阶偏微分方程，相应地在边界上必须将 3 个自然边界条件转化为 2 个等效的条件。当板属于薄板条件时，这个理论可以得到足够精确的解答。但是，如果板属于厚板或中厚板时，或者即使是薄板，在集中力作用点附近、薄板边界周围及效控周边区域，边界条件和近似理论却不能得出合适的答案，甚至会出现错误的结论。若严格按照弹性力学方法求解，则会遇到计算困难。为了解决平板弯曲分析中遇到的问题，需要引入一些新的假定，提出新的理论，且这种理论既要能够避免数学上的困难，又能在计算过程中考虑到横向剪切变形的影响[4]。

### 5.2.1   瑞斯纳理论

20 世纪中期，瑞斯纳（E. Reissner）提出了用直线假设代替直法线假设，即变形前垂直于中面的直线变形后仍为直线，考虑了剪切应变 $\gamma_{xz}$、$\gamma_{yz}$ 对板变形的影响，应用广义余能的变分原理，导出确定弹性曲面的 6 阶微分方程组。在每条边上直接应用 3 个边界条件，消除了将 3 个边界条件等效成 2 个所造成的影响[4]。下面为瑞斯纳关于中厚板的基本假设，并由格林导出的中厚板弯曲的微分方程组。

瑞斯纳首先假设，沿平板的厚度方向，应力分量 $\sigma_x$、$\sigma_y$ 和 $\tau_{xy}$ 按照线性规律分布。与薄板理论相同，力和内矩之间的关系为：

$$\left.\begin{array}{c} \sigma_x = \dfrac{12M_x z}{h^3} \\[3mm] \sigma_y = \dfrac{12M_y z}{h^3} \\[3mm] \tau_{xy} = \dfrac{12M_{xy} z}{h^3} \end{array}\right\} \qquad (5\text{-}75)$$

内力和内矩的平衡条件为：

$$
\left.\begin{array}{l}
\dfrac{\partial M_x}{\partial x} + \dfrac{\partial M_{yx}}{\partial y} - Q_x = 0 \\[3mm]
\dfrac{\partial M_{xy}}{\partial x} + \dfrac{\partial M_y}{\partial y} - Q_y = 0 \\[3mm]
\dfrac{\partial Q_x}{\partial x} + \dfrac{\partial Q_y}{\partial y} + q = 0
\end{array}\right\}
\tag{5-76}
$$

应力平衡方程为：

$$
\left.\begin{array}{l}
\dfrac{\partial \sigma_x}{\partial x} + \dfrac{\partial \tau_{yx}}{\partial y} + \dfrac{\partial \tau_{zx}}{\partial z} = 0 \\[3mm]
\dfrac{\partial \tau_{xy}}{\partial x} + \dfrac{\partial \sigma_y}{\partial y} + \dfrac{\partial \tau_{zy}}{\partial z} = 0 \\[3mm]
\dfrac{\partial \tau_{xz}}{\partial x} + \dfrac{\partial \tau_{yz}}{\partial y} + \dfrac{\partial \sigma_z}{\partial z} = 0
\end{array}\right\}
\tag{5-77}
$$

由平衡方程（5-77）的前两式可以得出横向剪切应力沿厚板按抛物线规律分布为：

$$
\left.\begin{array}{l}
\tau_{xz} = \dfrac{3Q_x}{2h}\left[1 - \left(\dfrac{2z}{h}\right)^2\right] \\[4mm]
\tau_{yz} = \dfrac{3Q_y}{2h}\left[1 - \left(\dfrac{2z}{h}\right)^2\right]
\end{array}\right\}
\tag{5-78}
$$

正应力 $\sigma_z$ 沿板厚的分布规律可以从平衡方程（5-77）第 3 个方程式及上、下底面的边界条件求得。

在 $z = -\dfrac{h}{2}$ 处，$\sigma_z = -q$，在 $z = \dfrac{h}{2}$ 处，$\sigma_z = 0$，正应力 $\sigma_z$ 的表达式为：

$$
\sigma_z = -\frac{3q}{4}\left[\frac{2}{3} - \frac{3z}{h} + \frac{1}{3}\left(\frac{2z}{h}\right)^3\right]
\tag{5-79}
$$

其次，瑞斯纳考虑了横向剪切应力 $\tau_{xz}$ 和 $\tau_{yz}$ 对变形的影响，因此，变形前垂直于中面的直法线变形后发生扭曲。法线上各点沿坐标轴 $x$、$y$ 方向的真实位移 $u_0$、$v_0$ 不再按线性规律变化，法线的转角也不再是近似理论中的 $\partial w/\partial x$ 和 $\partial w/\partial y$，他提议用中面法线绕 $y$ 轴和 $-x$ 轴的平均转角 $\varphi_x$ 和 $\varphi_y$ 近似地表示。同时认为板内各点的真实挠度 $w_0$ 不等于中面挠度，为此又引入板的平均挠度 $w_0$、$\varphi_x$、$\varphi_y$ 和 $w$ 可以按照平均变形与相应内力和内矩所作的功等于同一截面上的应力分量在真实位移分量 $u_0$、$v_0$ 和 $w_0$ 上所作的功来定义（见图 5-12）。

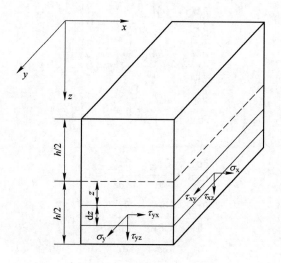

图 5-12  板中的应力分量

$$
\left.
\begin{aligned}
&\int_{-h/2}^{h/2} \sigma_x u_0 \mathrm{d}z = M_x \varphi_x \\
&\int_{-h/2}^{h/2} \sigma_y v_0 \mathrm{d}z = M_y \varphi_y \\
&\int_{-h/2}^{h/2} \tau_{xy} v_0 \mathrm{d}z = M_{xy} \varphi_y \\
&\int_{-h/2}^{h/2} \tau_{yx} u_0 \mathrm{d}z = M_{xy} \varphi_y \\
&\int_{-h/2}^{h/2} \tau_{xz} w_0 \mathrm{d}z = Q_x w \\
&\int_{-h/2}^{h/2} \tau_{yz} w_0 \mathrm{d}z = Q_y w
\end{aligned}
\right\}
\tag{5-80}
$$

将式（5-75）和式（5-78）代入式（5-80），可以得到平均变形和真实位移之间的关系为：

$$
\left.
\begin{aligned}
&\varphi_x = \frac{12}{h^3} \int_{-h/2}^{h/2} u_0 z \mathrm{d}z \\
&\varphi_y = \frac{12}{h^3} \int_{-h/2}^{h/2} v_0 z \mathrm{d}z \\
&w = \frac{3}{2h} \int_{-h/2}^{h/2} w_0 \left[ 1 - \left( \frac{2z}{h} \right)^2 \right] \mathrm{d}z
\end{aligned}
\right\}
\tag{5-81}
$$

引入平均转角 $\varphi_x$ 和 $\varphi_y$ 的概念实际上就认为中面法线变形后仍保持直线。真实位移 $u_0$、$v_0$ 和 $w_0$ 与应变及应变和应力之间的关系为：

$$\left.\begin{array}{l} \dfrac{\partial u_0}{\partial x} = \dfrac{1}{E}\big[\,\sigma_x - \mu(\sigma_y + \sigma_z)\,\big] \\[3mm] \dfrac{\partial v_0}{\partial y} = \dfrac{1}{E}\big[\,\sigma_y - \mu(\sigma_x + \sigma_z)\,\big] \\[3mm] \dfrac{\partial u_0}{\partial y} + \dfrac{\partial v_0}{\partial x} = \dfrac{1}{G}\tau_{xy} \\[3mm] \dfrac{\partial v_0}{\partial z} + \dfrac{\partial w_0}{\partial y} = \dfrac{1}{G}\tau_{yz} \\[3mm] \dfrac{\partial w_0}{\partial x} + \dfrac{\partial u_0}{\partial z} = \dfrac{1}{G}\tau_{zx} \end{array}\right\} \tag{5-82}$$

利用式 (5-82) 中的前三式及式 (5-79)，应力分量可用真实位移表示为：

$$\left.\begin{array}{l} \sigma_x = \dfrac{E}{1-\mu^2}\left(\dfrac{\partial u_0}{\partial x} + \mu\dfrac{\partial v_0}{\partial y}\right) - \dfrac{3q\mu}{4(1-\mu)}\left[\dfrac{2}{3} - \dfrac{2z}{h} + \dfrac{1}{3}\left(\dfrac{2z}{h}\right)^3\right] \\[3mm] \sigma_y = \dfrac{E}{1-\mu^2}\left(\dfrac{\partial v_0}{\partial y} + \mu\dfrac{\partial u_0}{\partial x}\right) - \dfrac{3q\mu}{4(1-\mu)}\left[\dfrac{2}{3} - \dfrac{2z}{h} + \dfrac{1}{3}\left(\dfrac{2z}{h}\right)^3\right] \\[3mm] \tau_{xy} = \dfrac{E}{2(1+\mu)}\left(\dfrac{\partial u_0}{\partial y} + \dfrac{\partial v_0}{\partial x}\right) \end{array}\right\} \tag{5-83}$$

将式 (5-83) 代入式 (5-75)，将各式乘以 $\dfrac{12z\mathrm{d}z}{h^3}$ 并在积分限 $\pm\dfrac{h}{2}$ 内积分，结合式 (5-81) 最后得到内矩为：

$$\left.\begin{array}{l} M_x = D\left[\dfrac{\partial \varphi_x}{\partial x} + \mu\dfrac{\partial \varphi_y}{\partial y} + \dfrac{6\mu(1+\mu)}{5Eh}q\right] \\[3mm] M_y = D\left[\dfrac{\partial \varphi_y}{\partial y} + \mu\dfrac{\partial \varphi_x}{\partial x} + \dfrac{6\mu(1+\mu)}{5Eh}q\right] \\[3mm] M_{xy} = \dfrac{D(1-\mu)}{2}\left(\dfrac{\partial \varphi_x}{\partial y} + \dfrac{\partial \varphi_y}{\partial x}\right) \end{array}\right\} \tag{5-84}$$

同理将式 (5-82) 的最后两式分别代入式 (5-78) 中，各式乘以 $\dfrac{2}{3}\left[1 - \left(\dfrac{2z}{h}\right)^2\right]\dfrac{\mathrm{d}z}{h}$，并在 $z = \pm\dfrac{h}{2}$ 内积分，得到：

$$\left.\begin{array}{l} \varphi_x = -\dfrac{\partial w}{\partial x} + \dfrac{12}{5}\dfrac{1+\mu}{Eh}Q_x \\[3mm] \varphi_y = -\dfrac{\partial w}{\partial y} + \dfrac{12}{5}\dfrac{1+\mu}{Eh}Q_y \end{array}\right\} \tag{5-85}$$

现在，8 个未知量 $M_x$、$M_y$、$M_{xy}$、$Q_x$、$Q_y$、$\varphi_x$、$\varphi_y$ 和 $w$ 由式（5-84）、式（5-85）及平衡方程（5-76）共 8 个方程相联系。

将式（5-84）和式（5-85）代入式（5-76）中，消去各内力因素，得到以 $\varphi_x$、$\varphi_y$ 和 $w$ 表示的 3 个基本微分方程式为：

$$\left.\begin{aligned}
\nabla^2\varphi_x + \frac{1+\mu}{2}\frac{\partial}{\partial y}\left(\frac{\partial\varphi_y}{\partial x} - \frac{\partial\varphi_x}{\partial y}\right) + \frac{6\mu(1+\mu)}{5Eh}\frac{\partial q}{\partial x} &= \frac{5Gh}{6D}\left(\varphi_x + \frac{\partial w}{\partial x}\right) \\
\nabla^2\varphi_y + \frac{1+\mu}{2}\frac{\partial}{\partial x}\left(\frac{\partial\varphi_x}{\partial y} - \frac{\partial\varphi_y}{\partial x}\right) + \frac{6\mu(1+\mu)}{5Eh}\frac{\partial q}{\partial y} &= \frac{5Gh}{6D}\left(\varphi_y + \frac{\partial w}{\partial y}\right) \\
\frac{\partial\varphi_x}{\partial x} + \frac{\partial\varphi_y}{\partial y} + \nabla^2 w &= -\frac{6}{5Gh}q
\end{aligned}\right\} \quad (5\text{-}86)$$

为了便于计算，可以将方程组（5-84）、（5-85）和（5-76）变换成更简单的形式。从方程组（5-84）、（5-85）中消去 $\varphi_x$ 和 $\varphi_y$，并结合方程组（5-76）第三式，内矩可以改写为：

$$\left.\begin{aligned}
M_x &= -D\left(\frac{\partial^2 w}{\partial x^2} + \mu\frac{\partial^2 w}{\partial y^2}\right) + \frac{h^2}{5}\frac{\partial Q_x}{\partial x} - \frac{qh^2}{10}\frac{\mu}{1-\mu} \\
M_y &= -D\left(\frac{\partial^2 w}{\partial y^2} + \mu\frac{\partial^2 w}{\partial x^2}\right) + \frac{h^2}{5}\frac{\partial Q_y}{\partial y} - \frac{qh^2}{10}\frac{\mu}{1-\mu} \\
M_{xy} &= -D(1-\mu)\frac{\partial^2 w}{\partial x\,\partial y} + \frac{h^2}{10}\left(\frac{\partial Q_x}{\partial y} + \frac{\partial Q_y}{\partial x}\right)
\end{aligned}\right\} \quad (5\text{-}87)$$

将这些内矩代入方程组（5-76）第一式和第二式中，并利用方程组（5-76）第三式中内力载荷的关系，得到剪力 $Q_x$ 和 $Q_y$ 为：

$$\left.\begin{aligned}
Q_x - \frac{h^2}{10}\nabla^2 Q_x &= -D\frac{\partial(\nabla^2 w)}{\partial x} - \frac{h^2}{10(1-\mu)}\frac{\partial q}{\partial x} \\
Q_y - \frac{h^2}{10}\nabla^2 Q_y &= -D\frac{\partial(\nabla^2 w)}{\partial y} - \frac{h^2}{10(1-\mu)}\frac{\partial q}{\partial y}
\end{aligned}\right\} \quad (5\text{-}88)$$

在 $h=0$ 的特殊情况下，即板无限薄时，式（5-87）和式（5-88）就和薄板近似理论中的内矩和内力的表达式（见式（5-13））完全相同。

将式（5-88）代入式（5-76）中第三式，得到平板弹性曲面的微分控制方程为：

$$D\,\nabla^2\,\nabla^2 w = q - \frac{h^2}{10}\frac{2-\mu}{1-\mu}\nabla^2 q \quad (5\text{-}89)$$

方程（5-89）的解由两部分组成，即：

$$w = w_1 + w_2 \quad (5\text{-}90)$$

其中 $w_1$ 是方程（5-89）的特解，而 $w_2$ 是齐次方程（5-89）的通解：

$$\nabla^2\,\nabla^2 w = 0 \quad (5\text{-}91)$$

进一步考虑剪力 $Q_x$ 和 $Q_y$，还可以得到一个补充的微分方程式：

$$
\left.
\begin{aligned}
Q_x &= -D\frac{\partial}{\partial x}(\nabla^2 w) + \frac{\partial \psi}{\partial y} \\
Q_y &= -D\frac{\partial}{\partial x}(\nabla^2 w) + \frac{\partial \psi}{\partial x}
\end{aligned}
\right\}
\tag{5-92}
$$

或

$$
\left.
\begin{aligned}
Q_x &= Q'_x - D\frac{\partial}{\partial x}(\nabla^2 w) + \frac{\partial \psi}{\partial y} \\
Q_y &= Q'_y - D\frac{\partial}{\partial y}(\nabla^2 w) - \frac{\partial \psi}{\partial x}
\end{aligned}
\right\}
\tag{5-93}
$$

式（5-93）能够满足式（5-76）第三式，其中 $\psi$ 是新的应力函数。由式（5-88）和式（5-89）可知，$Q'_x$ 和 $Q'_y$ 必须满足以下关系：

$$
\left.
\begin{aligned}
Q'_x - \frac{h^2}{10}\nabla^2 Q'_x &= -D\frac{\partial}{\partial x}(\nabla^2 w_1) - \frac{h^2}{10(1-\mu)}\frac{\partial q}{\partial x} \\
Q'_y - \frac{h^2}{10}\nabla^2 Q'_y &= -D\frac{\partial}{\partial y}(\nabla^2 w_1) - \frac{h^2}{10(1-\mu)}\frac{\partial q}{\partial y}
\end{aligned}
\right\}
\tag{5-94}
$$

将式（5-94）分别对 $x$、$y$ 微分，然后相加得到平衡条件为：

$$
\frac{\partial Q'_x}{\partial x} + \frac{\partial Q'_y}{\partial y} + q = 0
\tag{5-95}
$$

若将式（5-83）代入式（5-88），即可建立确定应力函数 $\psi$ 的微分方程为：

$$
\frac{\partial}{\partial y}\left(\psi - \frac{h^2}{10}\nabla^2\psi\right) = -\frac{\partial}{\partial x}\left(\psi - \frac{h^2}{10}\nabla^2\psi\right)
\tag{5-96}
$$

由此可以推断，$\psi - \frac{h^2}{10}\nabla^2\psi$ 应该等于常数，取常数为零，则有以下关系：

$$
\psi - \frac{h^2}{10}\nabla^2\psi = 0
\tag{5-97}
$$

当 $h \neq 0$ 时，除式（5-89）外，还可得到一个 2 阶的偏微分方程。

式（5-89）和式（5-97）与式（5-86）是等价的，都是依据瑞斯纳假设导出的平板弯曲微分方程式。由于考虑了剪切变形 $\gamma_{xz}$ 和 $\gamma_{yz}$ 对板变形的影响，因此方程的总阶次是 6 阶，每一条边上需要 3 个边界条件。以矩形板为例（见图 5-13），几种典型的边界条件表示如下。

（1）当板边固定在刚性支座上，边界条件为：在 $x = 0$ 处，$w = 0$，$\varphi_x = 0$，$\varphi_y = 0$。

（2）当板边简支在刚性支座上，边界条件为：在 $y = 0$ 处，$w = 0$，$M_y = 0$，$M_{yx} = 0$。

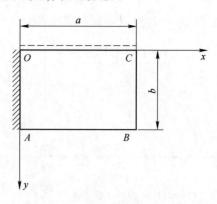

图 5-13  板的典型支承形式

（3）当板边自由时，边界条件为：在 $y = b$ 处，$M_y = 0$，$M_{yx} = 0$，$Q_y = 0$。此时，在板的角点上不再产生集中的反力。

### 5.2.2  符拉索夫理论

自瑞斯纳提出横向剪切变形的平板弯曲理论以后，许多学者相继提出各种精化理论，按照各个理论所作假设的不同大致可分为两类。一类是明特林、亨奇继续沿用直线假设，明确假顶板中各点的面内位移 $u$、$v$ 沿厚度方向按线性变化，同时假设挠度 $w$ 与 $z$ 无关。因此可以表示为：

$$u = z\psi_x(x, y), \ v = z\psi_y(x, y), \ v = \overline{w}(x, y)$$

式中  $\psi_x$，$\psi_y$ —— $x$、$y$ 为常数的两截面的转角。

另一类认为板中面的法线变形后已不再保持直线。克隆假设剪应力 $\tau_{xz}$ 和 $\tau_{yz}$ 因面位移 $u$、$v$ 沿厚度方向按照三角函数或双曲函数变化；符拉索夫和莱文逊假设中面的法线变形后或为抛物线，这个假设比直线假设更为合理而又不增加计算的困难，已被广泛应用于复合材料层压板壳的强度计算和动力分析中[4]。

这个理论的基本假设是变形前垂直于中面的直线，变形后弯曲成抛物线，平板处于广义平面应力状态并且略去横向应变 $\varepsilon_z$ 的影响。与瑞斯纳理论相比，两理论的出发点相同，即考虑横向剪切变形后，中面法线上各点的真实位移已不再按线性规律分布。不同之处是这个理论中忽略了 $\sigma_z$ 的影响。

根据符拉索夫提出的板中面的法线变形后已不再保持直线，中面的法线变形后为抛物线，可将位移函数写为：

$$\left. \begin{array}{l} u = -z\psi_x - \dfrac{4z^3}{3h^2}\dfrac{\tau_{xz}^0}{G} \\[3mm] v = -z\psi_y - \dfrac{4z^3}{3h^2}\dfrac{\tau_{yz}^0}{G} \\[3mm] w = w(x, y) \end{array} \right\}$$  (5-98)

其中：

$$G = \frac{E}{2(1 + \mu)}$$

$$\psi_x = - (\partial u/ \partial z)_{z = 0}$$

$$\psi_y = - (\partial v/ \partial z)_{z = 0}$$

式中　$G$——剪切变形模量；

$\tau_{xz}^0$，$\tau_{yz}^0$——厚板中面的横向剪应力；

$\psi_x$，$\psi_y$——直法线在中面处的转角。

由符拉索夫所做的平板处于广义平面应力状态并且略去横向应变 $\varepsilon_z$ 的影响，忽略 $\sigma_z$ 的影响，可得应力与位移之间的关系为：

$$\left. \begin{aligned}
\sigma_x &= \frac{E}{1 - \mu^2}\left(\frac{\partial u}{\partial x} + \mu \frac{\partial v}{\partial y}\right) \\
\sigma_y &= \frac{E}{1 - \mu^2}\left(\frac{\partial v}{\partial y} + \mu \frac{\partial u}{\partial x}\right) \\
\tau_{xy} &= \frac{E}{2(1 + \mu)}\left(\frac{\partial u}{\partial y} + \frac{\partial v}{\partial x}\right) \\
\tau_{yz} &= \frac{E}{2(1 + \mu)}\left(\frac{\partial v}{\partial z} + \frac{\partial w}{\partial y}\right) \\
\tau_{xz} &= \frac{E}{2(1 + \mu)}\left(\frac{\partial w}{\partial x} + \frac{\partial u}{\partial z}\right)
\end{aligned} \right\} \tag{5-99}$$

将式（5-99）中的最后两式进行简单变形，可得到关于转角 $\psi_x$、$\psi_y$ 的表达式：

$$\left. \begin{aligned}
\psi_x &= \frac{\partial w}{\partial x} - \frac{\tau_{xz}^0}{G} \\
\psi_y &= \frac{\partial w}{\partial y} - \frac{\tau_{yz}^0}{G}
\end{aligned} \right\} \tag{5-100}$$

分别将式（5-98）代入式（5-99）中，得到各应力分量为：

$$\left. \begin{aligned}
\sigma_x &= -\frac{Ez}{1 - \mu^2}\left(\frac{\partial \psi_x}{\partial x} + \mu \frac{\partial \psi_y}{\partial y}\right) - \frac{4z^3}{3h^2}\frac{E}{1 - \mu^2}\frac{1}{G}\left(\frac{\partial \tau_{xz}^0}{\partial x} + \mu \frac{\partial \tau_{yz}^0}{\partial y}\right) \\
\sigma_y &= -\frac{Ez}{1 - \mu^2}\left(\frac{\partial \psi_y}{\partial y} + \mu \frac{\partial \psi_x}{\partial x}\right) - \frac{4z^3}{3h^2}\frac{E}{1 - \mu^2}\frac{1}{G}\left(\frac{\partial \tau_{yz}^0}{\partial y} + \mu \frac{\partial \tau_{xz}^0}{\partial x}\right) \\
\tau_{xy} &= -\frac{Ez}{2(1 + \mu)}\left(\frac{\partial \psi_x}{\partial y} + \frac{\partial \psi_y}{\partial x}\right) - \frac{4z^3}{3h^2}\frac{E}{2(1 + \mu)}\frac{1}{G}\left(\frac{\partial \tau_{xz}^0}{\partial y} + \frac{\partial \tau_{yz}^0}{\partial x}\right) \\
\tau_{yz} &= \left(1 - \frac{4z^2}{h^2}\right)\tau_{yz}^0 \\
\tau_{xz} &= \left(1 - \frac{4z^2}{h^2}\right)\tau_{xz}^0
\end{aligned} \right\} \tag{5-101}$$

板的抗弯刚度为：

$$D = \frac{Eh^3}{12(1 - \mu^2)}$$

结合板的抗弯刚度，可得相应的各内力素分别为：

$$\left.\begin{array}{l} M_x = -D\left(\dfrac{\partial\psi_x}{\partial x} + \mu\dfrac{\partial\psi_y}{\partial y}\right) - \dfrac{D}{5G}\left(\dfrac{\partial\tau_{xz}^0}{\partial x} + \mu\dfrac{\partial\tau_{yz}^0}{\partial y}\right) \\[4mm] M_y = -D\left(\dfrac{\partial\psi_y}{\partial y} + \mu\dfrac{\partial\psi_x}{\partial x}\right) - \dfrac{D}{5G}\left(\dfrac{\partial\tau_{yz}^0}{\partial y} + \mu\dfrac{\partial\tau_{xz}^0}{\partial x}\right) \\[4mm] M_{xy} = -\dfrac{D(1-\mu)}{2}\left(\dfrac{\partial\psi_x}{\partial y} + \dfrac{\partial\psi_y}{\partial x}\right) - \dfrac{D(1-\mu)}{10G}\left(\dfrac{\partial\tau_{xz}^0}{\partial y} + \dfrac{\partial\tau_{yz}^0}{\partial x}\right) \\[4mm] Q_x = \dfrac{2}{3}h\tau_{xz}^0 \\[4mm] Q_y = \dfrac{2}{3}h\tau_{yz}^0 \end{array}\right\} \quad (5\text{-}102)$$

应用拉格朗日虚位移原理导出以各内力素表示的平衡方程（见式（5-76）），并将式（5-102）代入，得到弯曲微分方程组：

$$\left.\begin{array}{l} \nabla^2\psi_x + \dfrac{1+\mu}{2}\dfrac{\partial}{\partial y}\left(\dfrac{\partial\psi_y}{\partial x} - \dfrac{\partial\psi_x}{\partial y}\right) + \dfrac{1}{4}\dfrac{\partial}{\partial x}(\nabla^2 w) = \dfrac{5Gh}{6D}\left(\psi_x - \dfrac{\partial w}{\partial x}\right) \\[4mm] \nabla^2\psi_y + \dfrac{1+\mu}{2}\dfrac{\partial}{\partial x}\left(\dfrac{\partial\psi_x}{\partial y} - \dfrac{\partial\psi_y}{\partial x}\right) + \dfrac{1}{4}\dfrac{\partial}{\partial y}(\nabla^2 w) = \dfrac{5Gh}{6D}\left(\psi_y - \dfrac{\partial w}{\partial y}\right) \\[4mm] \dfrac{\partial\psi_x}{\partial x} + \dfrac{\partial\psi_y}{\partial y} - \nabla^2 w = \dfrac{3}{2Gh}q(x, y) \end{array}\right\} \quad (5\text{-}103)$$

将式（5-100）代入式（5-103）第一和第二个公式，整理后再代入第三个公式，可得：

$$\frac{h^2}{4(1-\mu^2)}\nabla^2\nabla^2 w - \frac{1}{G}\left[\frac{\partial}{\partial x}(\nabla^2\tau_{xz}^0) + \frac{\partial}{\partial y}(\nabla^2\tau_{yz}^0)\right] = \frac{3(1+\mu)}{Eh}q(x, y)$$

$$(5\text{-}104)$$

当不考虑中面的横向剪切变形时，式（5-104）就变为薄板近似理论中的弯曲微分方程。

为了和瑞斯纳理论进行比较，注意到 $\varphi_x$、$\varphi_y$ 的正向与 $\psi_x$、$\psi_y$ 相反，需以 $-\psi_x$、$-\psi_y$ 代替 $\varphi_x$、$\varphi_y$，则方程组（5-86）可改写为：

$$\nabla^2\psi_x + \frac{1+\mu}{2}\frac{\partial}{\partial y}\left(\frac{\partial\psi_y}{\partial x} - \frac{\partial\psi_x}{\partial y}\right) - \frac{6\mu(1+\mu)}{5Eh}\frac{\partial q}{\partial x} = \frac{5Gh}{6D}\left(\psi_x - \frac{\partial w}{\partial x}\right)$$

$$\nabla^2\psi_y + \frac{1+\mu}{2}\frac{\partial}{\partial x}\left(\frac{\partial\psi_x}{\partial y} - \frac{\partial\psi_y}{\partial x}\right) - \frac{6\mu(1+\mu)}{5Eh}\frac{\partial q}{\partial y} = \frac{5Gh}{6D}\left(\psi_y - \frac{\partial w}{\partial y}\right)$$

$$\frac{\partial\psi_x}{\partial x} + \frac{\partial\psi_y}{\partial y} - \nabla^2 w = \frac{6}{5Gh}q(x,\ y)$$

$$\text{(5-105)}$$

比较方程组（5-103）和方程组（5-105）不难看出，符拉索夫理论和瑞斯纳理论之间的差异在于修正项同阶 $\left(\dfrac{h}{a}\right)^2$ 量级的项。应该指出，在所有的平板精化理论中，符拉索夫理论仍是既简单又有较高精度的一种理论。

### 5.2.3　模型的建立与分析

#### 5.2.3.1　模型简化

同样以单跨为分析对象，由于承载层厚度与平面最小尺寸之比大于 1/5，可将其视为厚板，因此力学模型可视为上覆受均布荷载作用的四边简支弹性矩形厚板，力学模型如图 5-14 所示，承载层厚度即为矩形平板垂直厚度 $h$，进路宽度即为矩形平板宽度 $a$，进路长度即为矩形平板长度为 $b$，充填体的弹性模量为 $E$、泊松比为 $\mu$、上覆均布荷载为 $q_0$。

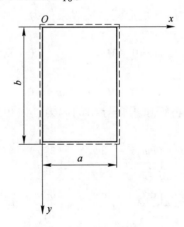

图 5-14　四周简支边界

对于矩形板而言，常见的边界条件有三种，分别为固支、简支和自由。

**A　固支**

如果板的边缘为固支，则沿着该边缘挠度一定为零，除此之外，转角 $\psi_x = 0$ 和 $\psi_y = 0$，边界条件可以写为：

在 $x = 0$ 和 $x = a$ 处，

$$w = 0, \ \psi_x = 0, \ \psi_y = 0$$

在 $y = 0$ 和 $y = b$ 处，

$$w = 0, \ \psi_y = 0, \ \psi_x = 0$$

B  简支

如果板的边缘为简支，则沿着该边缘挠度为零，除此之外，弯矩 $M_x$ 和转角 $\psi_y$ 同样为零，边界条件可以写为：

在 $x = 0$ 和 $x = a$ 处，

$$w = 0, \ M_x = 0, \ \psi_y = 0$$

在 $y = 0$ 和 $y = b$ 处，

$$w = 0, \ M_y = 0, \ \psi_x = 0$$

C  自由

如果板的边缘完全自由，则沿着该边缘既没有弯矩和扭矩，也没有横向剪力，所以边界条件可以写为：

在 $x = 0$ 和 $x = a$ 处，

$$Q_x = 0, \ M_x = 0, \ M_{xy} = 0$$

在 $y = 0$ 和 $y = b$ 处，

$$Q_y = 0, \ M_y = 0, \ M_{xy} = 0$$

### 5.2.3.2  内力分析

如图 5-14 所示的四边简支矩形板，边界条件为：

在 $x = 0$ 和 $x = a$ 处，

$$w = 0, \ M_x = 0, \ \psi_y = 0 \tag{5-106}$$

在 $y = 0$ 和 $y = b$ 处，

$$w = 0, \ M_y = 0, \ \psi_x = 0 \tag{5-107}$$

利用式（5-100），可将符拉索夫导出的内力、内矩表达式（见式（5-102））并改写成：

$$
\left.
\begin{aligned}
M_x &= -\frac{D}{5}\left[4\left(\frac{\partial \psi_x}{\partial x} + \mu\frac{\partial \psi_y}{\partial y}\right) + \left(\frac{\partial^2 w}{\partial x^2} + \mu\frac{\partial^2 w}{\partial y^2}\right)\right] \\
M_y &= -\frac{D}{5}\left[4\left(\frac{\partial \psi_y}{\partial y} + \mu\frac{\partial \psi_x}{\partial x}\right) + \left(\frac{\partial^2 w}{\partial y^2} + \mu\frac{\partial^2 w}{\partial x^2}\right)\right] \\
M_{xy} &= -\frac{D(1-\mu)}{5}\left[2\left(\frac{\partial \psi_x}{\partial y} + \frac{\partial \psi_y}{\partial x}\right) + \frac{\partial^2 w}{\partial x\,\partial y}\right] \\
Q_x &= \frac{2}{3}Gh\left(\frac{\partial w}{\partial x} - \psi_x\right) \\
Q_y &= \frac{2}{3}Gh\left(\frac{\partial w}{\partial y} - \psi_y\right)
\end{aligned}
\right\} \tag{5-108}
$$

同时微分方程组（5-103）也改写成：

$$
\left.
\begin{aligned}
&\frac{2D}{5}\left[(1-\mu)\nabla^2\psi_x + (1+\mu)\frac{\partial\phi}{\partial x} + \frac{1}{2}\frac{\partial}{\partial x}(\nabla^2 w)\right] + \frac{2}{3}Gh\left(\frac{\partial w}{\partial x} - \psi_x\right) = 0 \\
&\frac{2D}{5}\left[(1-\mu)\nabla^2\psi_y + (1+\mu)\frac{\partial\phi}{\partial y} + \frac{1}{2}\frac{\partial}{\partial y}(\nabla^2 w)\right] + \frac{2}{3}Gh\left(\frac{\partial w}{\partial y} - \psi_y\right) = 0 \\
&\qquad\qquad\qquad \frac{2}{3}Gh(\nabla^2 w - \phi) + q(x,\ y) = 0
\end{aligned}
\right\}
$$

$$(5\text{-}109)$$

其中，$\varphi = \dfrac{\psi_x}{\partial x} + \dfrac{\psi_y}{\partial y}$。

设挠度和转角的位移函数分别为：

$$
\left.
\begin{aligned}
w &= \sum_{m=1}^{\infty}\sum_{n=1}^{\infty} A_{mn}\sin\frac{m\pi x}{a}\sin\frac{n\pi y}{b} \\
\psi_x &= \sum_{m=1}^{\infty}\sum_{n=1}^{\infty} B_{mn}\cos\frac{m\pi x}{a}\sin\frac{n\pi y}{b} \\
\psi_y &= \sum_{m=1}^{\infty}\sum_{n=1}^{\infty} C_{mn}\sin\frac{m\pi x}{a}\cos\frac{n\pi y}{b}
\end{aligned}
\right\}
$$

$$(5\text{-}110)$$

当板的边界条件已全部满足，将荷载展开成双三角级数为：

$$
q(x,\ y) = \sum_{m=1}^{\infty}\sum_{n=1}^{\infty} q_{mn}\sin\frac{m\pi x}{a}\sin\frac{n\pi y}{b}
\tag{5-111}
$$

式中 $q_{mn}$ ——双三角级函数的系数。

利用三角函数的正交性可得：

$$
q_{mn} = \frac{4}{ab}\int_0^a\int_0^b q(x,\ y)\sin\frac{m\pi x}{a}\sin\frac{n\pi y}{b}\,\mathrm{d}x\mathrm{d}y
\tag{5-112}
$$

若承载层受均布荷载作用，则：

$$
q(x,\ y) = q_0
\tag{5-113}
$$

将式（5-113）代入式（5-112）得：

$$
q_{mn} = \frac{16q_0}{\pi^2 mn}
\tag{5-114}
$$

将式（5-110）和式（5-111）代入微分方程组（5-108），得到包含 $A_{mn}$、$B_{mn}$ 和 $C_{mn}$ 的 3 个联立方程式，求解后得到：

$$A_{mn} = \left\{1 + \frac{6D\pi^2}{5Gh}\left[\left(\frac{m}{a}\right)^2 + \left(\frac{n}{b}\right)^2\right]\right\} \frac{q_{mn}}{D\pi^4\left[(m/a)^2 + (n/b)^2\right]^2}$$

$$B_{mn} = \left\{1 - \frac{3D\pi^2}{10Gh}\left[\left(\frac{m}{a}\right)^2 + \left(\frac{n}{b}\right)^2\right]\right\} \frac{mq_{mn}}{aD\pi^3\left[(m/a)^2 + (n/b)^2\right]^2}$$

$$C_{mn} = \left\{1 - \frac{3D\pi^2}{10Gh}\left[\left(\frac{m}{a}\right)^2 + \left(\frac{n}{b}\right)^2\right]\right\} \frac{nq_{mn}}{bD\pi^3\left[(m/a)^2 + (n/b)^2\right]^2}$$

$$(5-115)$$

在薄板近似理论中，对于周边简支的矩形板，由双三角级数解得 $A_{mn} = \frac{q_{mn}}{D\pi^4\left[(m/a)^2 + (n/b)^2\right]^2}$，与式 (5-115) 第一项比较可知，考虑横向剪切变形的影响，相当于在近似理论的 $A_{mn}$ 上乘以一修正项所组成的因子，随着 $m$、$n$ 数值的增大，修正项的影响迅速增大。对于变化缓慢的均布载荷而言，当 $m$、$n$ 的值依次增大时，由于 $q_{mn}$ 急剧减小，虽然修正项的影响在增加，但对挠度的影响并不大。

将式 (5-114) 和式 (5-115) 中的系数分别代入式 (5-110) 挠度函数和转角函数可得：

$$w = \frac{16q_0}{D\pi^6} \sum_{m=1}^{\infty} \sum_{n=1}^{\infty} \left\{1 + \frac{6D\pi^2}{5Gh}\left[\left(\frac{m}{a}\right)^2 + \left(\frac{n}{b}\right)^2\right]\right\} \times$$

$$\frac{1}{mn\left[(m/a)^2 + (n/b)^2\right]^2} \sin\frac{m\pi x}{a} \sin\frac{n\pi y}{b}$$

$$\psi_x = \frac{16q_0}{D\pi^5} \sum_{m=1}^{\infty} \sum_{n=1}^{\infty} \left\{1 - \frac{3D\pi^2}{10Gh}\left[\left(\frac{m}{a}\right)^2 + \left(\frac{n}{b}\right)^2\right]\right\} \times$$

$$\frac{1}{an\left[(m/a)^2 + (n/b)^2\right]^2} \cos\frac{m\pi x}{a} \sin\frac{n\pi y}{b}$$

$$\psi_y = \frac{16q_0}{D\pi^5} \sum_{m=1}^{\infty} \sum_{n=1}^{\infty} \left\{1 - \frac{3D\pi^2}{10Gh}\left[\left(\frac{m}{a}\right)^2 + \left(\frac{n}{b}\right)^2\right]\right\} \times$$

$$\frac{1}{bm\left[(m/a)^2 + (n/b)^2\right]^2} \sin\frac{m\pi x}{a} \cos\frac{n\pi y}{b}$$

$$(5-116)$$

将 $n = 1, 3$，$m = 1、3$ 分别代入式 (5-116) 挠度函数中可得：

$$w = \frac{16q_0}{D\pi^6}\left\{\left\{1 + \frac{6D\pi^2}{5Gh}\left[\left(\frac{1}{a}\right)^2 + \left(\frac{1}{b}\right)^2\right]\right\} \frac{1}{\left[(1/a)^2 + (1/b)^2\right]^2} \sin\frac{\pi x}{a} \sin\frac{\pi y}{b} + \right.$$

$$\left\{1 + \frac{6D\pi^2}{5Gh}\left[\left(\frac{1}{a}\right)^2 + \left(\frac{3}{b}\right)^2\right]\right\} \frac{1}{3\left[(1/a)^2 + (3/b)^2\right]^2} \sin\frac{\pi x}{a} \sin\frac{3\pi y}{b} +$$

$$\left\{1 + \frac{6D\pi^2}{5Gh}\left[\left(\frac{3}{a}\right)^2 + \left(\frac{1}{b}\right)^2\right]\right\} \frac{1}{3\left[(3/a)^2 + (1/b)^2\right]^2}\sin\frac{3\pi x}{a}\sin\frac{\pi y}{b} +$$

$$\left\{1 + \frac{6D\pi^2}{5Gh}\left[\left(\frac{3}{a}\right)^2 + \left(\frac{3}{b}\right)^2\right]\right\} \frac{1}{9\left[(3/a)^2 + (3/b)^2\right]^2}\sin\frac{3\pi x}{a}\sin\frac{3\pi y}{b}\right\}$$

$$(5\text{-}117)$$

将 $n = 1$、3，$m = 1$、3 分别代入式（5-116）转角函数可得：

$$\psi_x = \frac{16q_0}{D\pi^5}\left\{\left\{1 - \frac{3D\pi^2}{10Gh}\left[\left(\frac{1}{a}\right)^2 + \left(\frac{1}{b}\right)^2\right]\right\} \frac{1}{a\left[(1/a)^2 + (1/b)^2\right]^2}\cos\frac{\pi x}{a}\sin\frac{\pi y}{b} +\right.$$

$$\left\{1 - \frac{3D\pi^2}{10Gh}\left[\left(\frac{1}{a}\right)^2 + \left(\frac{3}{b}\right)^2\right]\right\} \frac{1}{3a\left[(1/a)^2 + (3/b)^2\right]^2}\cos\frac{\pi x}{a}\sin\frac{3\pi y}{b} +$$

$$\left\{1 - \frac{3D\pi^2}{10Gh}\left[\left(\frac{3}{a}\right)^2 + \left(\frac{1}{b}\right)^2\right]\right\} \frac{1}{a\left[(3/a)^2 + (1/b)^2\right]^2}\cos\frac{3\pi x}{a}\sin\frac{\pi y}{b} +$$

$$\left.\left\{1 - \frac{3D\pi^2}{10Gh}\left[\left(\frac{3}{a}\right)^2 + \left(\frac{3}{b}\right)^2\right]\right\} \frac{1}{3a\left[(3/a)^2 + (3/b)^2\right]^2}\cos\frac{3\pi x}{a}\sin\frac{3\pi y}{b}\right\}$$

$$(5\text{-}118)$$

$$\psi_y = \frac{16q_0}{D\pi^5}\left\{\left\{1 - \frac{3D\pi^2}{10Gh}\left[\left(\frac{1}{a}\right)^2 + \left(\frac{1}{b}\right)^2\right]\right\} \frac{1}{b\left[(1/a)^2 + (1/b)^2\right]^2}\sin\frac{\pi x}{a}\cos\frac{\pi y}{b} +\right.$$

$$\left\{1 - \frac{3D\pi^2}{10Gh}\left[\left(\frac{1}{a}\right)^2 + \left(\frac{3}{b}\right)^2\right]\right\} \frac{1}{b\left[(1/a)^2 + (3/b)^2\right]^2}\sin\frac{\pi x}{a}\cos\frac{3\pi y}{b} +$$

$$\left\{1 - \frac{3D\pi^2}{10Gh}\left[\left(\frac{3}{a}\right)^2 + \left(\frac{1}{b}\right)^2\right]\right\} \frac{1}{3b\left[(3/a)^2 + (1/b)^2\right]^2}\sin\frac{3\pi x}{a}\cos\frac{\pi y}{b} +$$

$$\left.\left\{1 - \frac{3D\pi^2}{10Gh}\left[\left(\frac{3}{a}\right)^2 + \left(\frac{3}{b}\right)^2\right]\right\} \frac{1}{3b\left[(3/a)^2 + (3/b)^2\right]^2}\sin\frac{3\pi x}{a}\cos\frac{3\pi y}{b}\right\}$$

$$(5\text{-}119)$$

由式（5-108）第一式可知，求解板的弯矩需要代入 $\dfrac{\partial^2 w}{\partial x^2}$、$\dfrac{\partial^2 w}{\partial y^2}$、$\dfrac{\partial \psi_x}{\partial x}$ 和 $\dfrac{\partial \psi_y}{\partial y}$ 这四项。

根据上述计算结果分别采用挠度函数 $w$ 对 $x$ 和 $y$ 求二阶偏导，采用 $\psi_x$ 对 $x$ 求偏导，采用转角函数 $\psi_y$ 对 $y$ 求偏导，计算结果如下：

$$\frac{\partial w}{\partial x} = \frac{16q_0}{D\pi^6}\left\{\left\{1 + \frac{6D\pi^2}{5Gh}\left[\left(\frac{1}{a}\right)^2 + \left(\frac{1}{b}\right)^2\right]\right\} \frac{\pi}{a\left[(1/a)^2 + (1/b)^2\right]^2}\cos\frac{\pi x}{a}\sin\frac{\pi y}{b} +\right.$$

$$\left\{1 + \frac{6D\pi^2}{5Gh}\left[\left(\frac{1}{a}\right)^2 + \left(\frac{3}{b}\right)^2\right]\right\} \frac{\pi}{3a\left[(1/a)^2 + (3/b)^2\right]^2}\cos\frac{\pi x}{a}\sin\frac{3\pi y}{b} +$$

$$\left\{1 + \frac{6D\pi^2}{5Gh}\left[\left(\frac{3}{a}\right)^2 + \left(\frac{1}{b}\right)^2\right]\right\} \frac{\pi}{a\left[(3/a)^2 + (1/b)^2\right]^2}\cos\frac{3\pi x}{a}\sin\frac{\pi y}{b} +$$

$$\left\{1 + \frac{6D\pi^2}{5Gh}\left[\left(\frac{3}{a}\right)^2 + \left(\frac{3}{b}\right)^2\right]\right\} \frac{\pi}{3a\left[(3/a)^2 + (3/b)^2\right]^2}\cos\frac{3\pi x}{a}\sin\frac{3\pi y}{b}\right\}$$

$$\frac{\partial^2 w}{\partial x^2} = -\frac{16q_0}{D\pi^6}\left\{\left\{1 + \frac{6D\pi^2}{5Gh}\left[\left(\frac{1}{a}\right)^2 + \left(\frac{1}{b}\right)^2\right]\right\} \frac{\pi^2}{a^2\left[(1/a)^2 + (1/b)^2\right]^2}\sin\frac{\pi x}{a}\sin\frac{\pi y}{b} + \right.$$

$$\left\{1 + \frac{6D\pi^2}{5Gh}\left[\left(\frac{1}{a}\right)^2 + \left(\frac{3}{b}\right)^2\right]\right\} \frac{\pi^2}{3a^2\left[(1/a)^2 + (3/b)^2\right]^2}\sin\frac{\pi x}{a}\sin\frac{3\pi y}{b} + $$

$$\left\{1 + \frac{6D\pi^2}{5Gh}\left[\left(\frac{3}{a}\right)^2 + \left(\frac{1}{b}\right)^2\right]\right\} \frac{3\pi^2}{a^2\left[(3/a)^2 + (1/b)^2\right]^2}\sin\frac{3\pi x}{a}\sin\frac{\pi y}{b} + $$

$$\left.\left\{1 + \frac{6D\pi^2}{5Gh}\left[\left(\frac{3}{a}\right)^2 + \left(\frac{3}{b}\right)^2\right]\right\} \frac{\pi^2}{a^2\left[(3/a)^2 + (3/b)^2\right]^2}\sin\frac{3\pi x}{a}\sin\frac{3\pi y}{b}\right\}$$

$$\tag{5-120}$$

$$\frac{\partial w}{\partial y} = \frac{16q_0}{D\pi^6}\left\{\left\{1 + \frac{6D\pi^2}{5Gh}\left[\left(\frac{1}{a}\right)^2 + \left(\frac{1}{b}\right)^2\right]\right\} \frac{\pi}{b\left[(1/a)^2 + (1/b)^2\right]^2}\sin\frac{\pi x}{a}\cos\frac{\pi y}{b} + \right.$$

$$\left\{1 + \frac{6D\pi^2}{5Gh}\left[\left(\frac{1}{a}\right)^2 + \left(\frac{3}{b}\right)^2\right]\right\} \frac{\pi}{b\left[(1/a)^2 + (3/b)^2\right]^2}\sin\frac{\pi x}{a}\cos\frac{3\pi y}{b} + $$

$$\left\{1 + \frac{6D\pi^2}{5Gh}\left[\left(\frac{3}{a}\right)^2 + \left(\frac{1}{b}\right)^2\right]\right\} \frac{\pi}{3b\left[(3/a)^2 + (1/b)^2\right]^2}\sin\frac{3\pi x}{a}\cos\frac{\pi y}{b} + $$

$$\left.\left\{1 + \frac{6D\pi^2}{5Gh}\left[\left(\frac{3}{a}\right)^2 + \left(\frac{3}{b}\right)^2\right]\right\} \frac{\pi}{3b\left[(3/a)^2 + (3/b)^2\right]^2}\sin\frac{3\pi x}{a}\cos\frac{3\pi y}{b}\right\}$$

$$\frac{\partial^2 w}{\partial y^2} = -\frac{16q_0}{D\pi^6}\left\{\left\{1 + \frac{6D\pi^2}{5Gh}\left[\left(\frac{1}{a}\right)^2 + \left(\frac{1}{b}\right)^2\right]\right\} \frac{\pi^2}{b^2\left[(1/a)^2 + (1/b)^2\right]^2}\sin\frac{\pi x}{a}\sin\frac{\pi y}{b} + \right.$$

$$\left\{1 + \frac{6D\pi^2}{5Gh}\left[\left(\frac{1}{a}\right)^2 + \left(\frac{3}{b}\right)^2\right]\right\} \frac{3\pi^2}{b^2\left[(1/a)^2 + (3/b)^2\right]^2}\sin\frac{\pi x}{a}\sin\frac{3\pi y}{b} + $$

$$\left\{1 + \frac{6D\pi^2}{5Gh}\left[\left(\frac{3}{a}\right)^2 + \left(\frac{1}{b}\right)^2\right]\right\} \frac{\pi^2}{3b^2\left[(3/a)^2 + (1/b)^2\right]^2}\sin\frac{3\pi x}{a}\sin\frac{\pi y}{b} + $$

$$\left.\left\{1 + \frac{6D\pi^2}{5Gh}\left[\left(\frac{3}{a}\right)^2 + \left(\frac{3}{b}\right)^2\right]\right\} \frac{\pi^2}{b^2\left[(3/a)^2 + (3/b)^2\right]^2}\sin\frac{3\pi x}{a}\sin\frac{3\pi y}{b}\right\}$$

$$\tag{5-121}$$

$$\frac{\partial \psi_x}{\partial x} = -\frac{16q_0}{D\pi^5}\left\{\left\{1 - \frac{3D\pi^2}{10Gh}\left[\left(\frac{1}{a}\right)^2 + \left(\frac{1}{b}\right)^2\right]\right\} \frac{\pi}{a^2\left[(1/a)^2 + (1/b)^2\right]^2}\sin\frac{\pi x}{a}\sin\frac{\pi y}{b} + \right.$$

$$\left\{1 - \frac{3D\pi^2}{10Gh}\left[\left(\frac{1}{a}\right)^2 + \left(\frac{3}{b}\right)^2\right]\right\} \frac{\pi}{3a^2\left[(1/a)^2 + (3/b)^2\right]^2}\sin\frac{\pi x}{a}\sin\frac{3\pi y}{b} + $$

$$\left\{1 - \frac{3D\pi^2}{10Gh}\left[\left(\frac{3}{a}\right)^2 + \left(\frac{1}{b}\right)^2\right]\right\} \frac{3\pi}{a^2\left[(3/a)^2 + (1/b)^2\right]^2}\sin\frac{3\pi x}{a}\sin\frac{\pi y}{b} + $$

$$\left\{1 - \frac{3D\pi^2}{10Gh}\left[\left(\frac{3}{a}\right)^2 + \left(\frac{3}{b}\right)^2\right]\right\}\frac{\pi}{a^2\left[(3/a)^2 + (3/b)^2\right]^2}\sin\frac{3\pi x}{a}\sin\frac{3\pi y}{b}\right\}$$

$$(5\text{-}122)$$

$$\frac{\partial\psi_y}{\partial y} = -\frac{16q_0}{D\pi^5}\left\{\left\{1 - \frac{3D\pi^2}{10Gh}\left[\left(\frac{1}{a}\right)^2 + \left(\frac{1}{b}\right)^2\right]\right\}\frac{\pi}{b^2\left[(1/a)^2 + (1/b)^2\right]^2}\sin\frac{\pi x}{a}\sin\frac{\pi y}{b} + \right.$$

$$\left\{1 - \frac{3D\pi^2}{10Gh}\left[\left(\frac{1}{a}\right)^2 + \left(\frac{3}{b}\right)^2\right]\right\}\frac{3\pi}{b^2\left[(1/a)^2 + (3/b)^2\right]^2}\sin\frac{\pi x}{a}\sin\frac{3\pi y}{b} + $$

$$\left\{1 - \frac{3D\pi^2}{10Gh}\left[\left(\frac{3}{a}\right)^2 + \left(\frac{1}{b}\right)^2\right]\right\}\frac{\pi}{3b^2\left[(3/a)^2 + (1/b)^2\right]^2}\sin\frac{3\pi x}{a}\sin\frac{\pi y}{b} + $$

$$\left.\left\{1 - \frac{3D\pi^2}{10Gh}\left[\left(\frac{3}{a}\right)^2 + \left(\frac{3}{b}\right)^2\right]\right\}\frac{\pi}{b^2\left[(3/a)^2 + (3/b)^2\right]^2}\sin\frac{3\pi x}{a}\sin\frac{3\pi y}{b}\right\}$$

$$(5\text{-}123)$$

根据板弯矩的分布规律可知，板的最大弯矩出现在板的中心处，因此将 $x = \dfrac{a}{2}$，$y = \dfrac{b}{2}$ 代入上述所求的偏导中得到：

$$\frac{\partial^2 w}{\partial x^2}\bigg|_{x=\frac{a}{2},\, y=\frac{b}{2}} = -\frac{16q_0}{D\pi^6}\left\{\left\{1 + \frac{6D\pi^2}{5Gh}\left[\left(\frac{1}{a}\right)^2 + \left(\frac{1}{b}\right)^2\right]\right\}\frac{\pi^2}{a^2\left[(1/a)^2 + (1/b)^2\right]^2} - \right.$$

$$\left\{1 + \frac{6D\pi^2}{5Gh}\left[\left(\frac{1}{a}\right)^2 + \left(\frac{3}{b}\right)^2\right]\right\}\frac{\pi^2}{3a^2\left[(1/a)^2 + (3/b)^2\right]^2} - $$

$$\left\{1 + \frac{6D\pi^2}{5Gh}\left[\left(\frac{3}{a}\right)^2 + \left(\frac{1}{b}\right)^2\right]\right\}\frac{3\pi^2}{a^2\left[(3/a)^2 + (1/b)^2\right]^2} + $$

$$\left.\left\{1 + \frac{6D\pi^2}{5Gh}\left[\left(\frac{3}{a}\right)^2 + \left(\frac{3}{b}\right)^2\right]\right\}\frac{\pi^2}{a^2\left[(3/a)^2 + (3/b)^2\right]^2}\right\} \quad (5\text{-}124)$$

$$\frac{\partial^2 w}{\partial y^2}\bigg|_{x=\frac{a}{2},\, y=\frac{b}{2}} = -\frac{16q_0}{D\pi^6}\left\{\left\{1 + \frac{6D\pi^2}{5Gh}\left[\left(\frac{1}{a}\right)^2 + \left(\frac{1}{b}\right)^2\right]\right\}\frac{\pi^2}{b^2\left[(1/a)^2 + (1/b)^2\right]^2} - \right.$$

$$\left\{1 + \frac{6D\pi^2}{5Gh}\left[\left(\frac{1}{a}\right)^2 + \left(\frac{3}{b}\right)^2\right]\right\}\frac{3\pi^2}{b^2\left[(1/a)^2 + (3/b)^2\right]^2} - $$

$$\left\{1 + \frac{6D\pi^2}{5Gh}\left[\left(\frac{3}{a}\right)^2 + \left(\frac{1}{b}\right)^2\right]\right\}\frac{\pi^2}{3b^2\left[(3/a)^2 + (1/b)^2\right]^2} + $$

$$\left.\left\{1 + \frac{6D\pi^2}{5Gh}\left[\left(\frac{3}{a}\right)^2 + \left(\frac{3}{b}\right)^2\right]\right\}\frac{\pi^2}{b^2\left[(3/a)^2 + (3/b)^2\right]^2}\right\} \quad (5\text{-}125)$$

$$\frac{\partial \psi_x}{\partial x}\bigg|_{x=\frac{a}{2},\ y=\frac{b}{2}} = -\frac{16q_0}{D\pi^5}\Bigg\{\Bigg\{1-\frac{3D\pi^2}{10Gh}\bigg[\Big(\frac{1}{a}\Big)^2+\Big(\frac{1}{b}\Big)^2\bigg]\Bigg\}\frac{\pi}{a^2\,[\,(1/a)^2+(1/b)^2\,]^2} -$$

$$\Bigg\{1-\frac{3D\pi^2}{10Gh}\bigg[\Big(\frac{1}{a}\Big)^2+\Big(\frac{3}{b}\Big)^2\bigg]\Bigg\}\frac{\pi}{3a^2\,[\,(1/a)^2+(3/b)^2\,]^2} -$$

$$\Bigg\{1-\frac{3D\pi^2}{10Gh}\bigg[\Big(\frac{3}{a}\Big)^2+\Big(\frac{1}{b}\Big)^2\bigg]\Bigg\}\frac{3\pi}{a^2\,[\,(3/a)^2+(1/b)^2\,]^2} +$$

$$\Bigg\{1-\frac{3D\pi^2}{10Gh}\bigg[\Big(\frac{3}{a}\Big)^2+\Big(\frac{3}{b}\Big)^2\bigg]\Bigg\}\frac{\pi}{a^2\,[\,(3/a)^2+(3/b)^2\,]^2}\Bigg\} \quad (5\text{-}126)$$

$$\frac{\partial \psi_y}{\partial y}\bigg|_{x=\frac{a}{2},\ y=\frac{b}{2}} = -\frac{16q_0}{D\pi^5}\Bigg\{\Bigg\{1-\frac{3D\pi^2}{10Gh}\bigg[\Big(\frac{1}{a}\Big)^2+\Big(\frac{1}{b}\Big)^2\bigg]\Bigg\}\frac{\pi}{b^2\,[\,(1/a)^2+(1/b)^2\,]^2} -$$

$$\Bigg\{1-\frac{3D\pi^2}{10Gh}\bigg[\Big(\frac{1}{a}\Big)^2+\Big(\frac{3}{b}\Big)^2\bigg]\Bigg\}\frac{3\pi}{b^2\,[\,(1/a)^2+(3/b)^2\,]^2} -$$

$$\Bigg\{1-\frac{3D\pi^2}{10Gh}\bigg[\Big(\frac{3}{a}\Big)^2+\Big(\frac{1}{b}\Big)^2\bigg]\Bigg\}\frac{\pi}{3b^2\,[\,(3/a)^2+(1/b)^2\,]^2} +$$

$$\Bigg\{1-\frac{3D\pi^2}{10Gh}\bigg[\Big(\frac{3}{a}\Big)^2+\Big(\frac{3}{b}\Big)^2\bigg]\Bigg\}\frac{\pi}{b^2\,[\,(3/a)^2+(3/b)^2\,]^2}\Bigg\} \quad (5\text{-}127)$$

板的最大弯矩计算见式（5-128）：

$$M_{x(\max)}\big|_{x=\frac{a}{2},\ y=\frac{b}{2}} = -\frac{D}{5}\bigg[4\Big(\frac{\partial \psi_x}{\partial x}+\mu\frac{\partial \psi_y}{\partial y}\Big)+\Big(\frac{\partial^2 w}{\partial x^2}+\mu\frac{\partial^2 w}{\partial y^2}\Big)\bigg] \quad (5\text{-}128)$$

其中

$$4\Big(\frac{\partial \psi_x}{\partial x}+\mu\frac{\partial \psi_y}{\partial y}\Big)\bigg|$$

$$= -4\frac{16q_0}{D\pi^5}\Bigg\{\Bigg\{1-\frac{3D\pi^2}{10Gh}\bigg[\Big(\frac{1}{a}\Big)^2+\Big(\frac{1}{b}\Big)^2\bigg]\Bigg\}\frac{b^2\pi+\mu a^2\pi}{a^2b^2\,[\,(1/a)^2+(1/b)^2\,]^2} -$$

$$\Bigg\{1-\frac{3D\pi^2}{10Gh}\bigg[\Big(\frac{1}{a}\Big)^2+\Big(\frac{3}{b}\Big)^2\bigg]\Bigg\}\frac{b^2\pi+9\mu a^2\pi}{3a^2b^2\,[\,(1/a)^2+(3/b)^2\,]^2} -$$

$$\Bigg\{1-\frac{3D\pi^2}{10Gh}\bigg[\Big(\frac{3}{a}\Big)^2+\Big(\frac{1}{b}\Big)^2\bigg]\Bigg\}\frac{9b^2\pi+\mu a^2\pi}{3a^2b^2\,[\,(3/a)^2+(1/b)^2\,]^2} +$$

$$\Bigg\{1-\frac{3D\pi^2}{10Gh}\bigg[\Big(\frac{3}{a}\Big)^2+\Big(\frac{3}{b}\Big)^2\bigg]\Bigg\}\frac{b^2\pi+\mu a^2\pi}{a^2b^2\,[\,(3/a)^2+(3/b)^2\,]^2}\Bigg\} \quad (5\text{-}129)$$

$$\Big(\frac{\partial^2 w}{\partial x^2}+\mu\frac{\partial^2 w}{\partial y^2}\Big)\bigg|_{x=\frac{a}{2},\ y=\frac{b}{2}}$$

$$
= -\frac{16q_0}{D\pi^6}\left\{\left\{1 + \frac{6D\pi^2}{5Gh}\left[\left(\frac{1}{a}\right)^2 + \left(\frac{1}{b}\right)^2\right]\right\}\frac{b^2\pi^2 + \mu a^2\pi^2}{a^2b^2\left[(1/a)^2 + (1/b)^2\right]^2} - \right.
$$

$$
\left\{1 + \frac{6D\pi^2}{5Gh}\left[\left(\frac{1}{a}\right)^2 + \left(\frac{3}{b}\right)^2\right]\right\}\frac{b^2\pi^2 + 9\mu a^2\pi^2}{3a^2b^2\left[(1/a)^2 + (3/b)^2\right]^2} -
$$

$$
\left\{1 + \frac{6D\pi^2}{5Gh}\left[\left(\frac{3}{a}\right)^2 + \left(\frac{1}{b}\right)^2\right]\right\}\frac{9b^2\pi^2 + \mu a^2\pi^2}{3a^2b^2\left[(3/a)^2 + (1/b)^2\right]^2} +
$$

$$
\left.\left\{1 + \frac{6D\pi^2}{5Gh}\left[\left(\frac{3}{a}\right)^2 + \left(\frac{3}{b}\right)^2\right]\right\}\frac{b^2\pi^2 + \mu a^2\pi^2}{a^2b^2\left[(3/a)^2 + (3/b)^2\right]^2}\right\} \tag{5-130}
$$

将式 (5-129) 和式 (5-130) 代入式 (5-128) 得:

$$
M_{x(\max)}\Big|_{x=\frac{a}{2},\ y=\frac{b}{2}} = -\frac{D}{5}\left[4\left(\frac{\partial\psi_x}{\partial x} + \mu\frac{\partial\psi_y}{\partial y}\right) + \left(\frac{\partial^2 w}{\partial x^2} + \mu\frac{\partial^2 w}{\partial y^2}\right)\right] \tag{5-131}
$$

$$
M_{x(\max)} = \frac{16q_0}{5\pi^6}\left\{4\left\{\left\{1 - \frac{3D\pi^2}{10Gh}\left[\left(\frac{1}{a}\right)^2 + \left(\frac{1}{b}\right)^2\right]\right\}\frac{b^2\pi^2 + \mu a^2\pi^2}{a^2b^2\left[(1/a)^2 + (1/b)^2\right]^2} - \right.\right.
$$

$$
\left\{1 - \frac{3D\pi^2}{10Gh}\left[\left(\frac{1}{a}\right)^2 + \left(\frac{3}{b}\right)^2\right]\right\}\frac{b^2\pi^2 + 9\mu a^2\pi^2}{3a^2b^2\left[(1/a)^2 + (3/b)^2\right]^2} -
$$

$$
\left\{1 - \frac{3D\pi^2}{10Gh}\left[\left(\frac{3}{a}\right)^2 + \left(\frac{1}{b}\right)^2\right]\right\}\frac{9b^2\pi^2 + \mu a^2\pi^2}{3a^2b^2\left[(3/a)^2 + (1/b)^2\right]^2} +
$$

$$
\left.\left\{1 - \frac{3D\pi^2}{10Gh}\left[\left(\frac{3}{a}\right)^2 + \left(\frac{3}{b}\right)^2\right]\right\}\frac{b^2\pi^2 + \mu a^2\pi^2}{a^2b^2\left[(3/a)^2 + (3/b)^2\right]^2}\right\} +
$$

$$
\left\{\left\{1 + \frac{6D\pi^2}{5Gh}\left[\left(\frac{1}{a}\right)^2 + \left(\frac{1}{b}\right)^2\right]\right\}\frac{b^2\pi^2 + \mu a^2\pi^2}{a^2b^2\left[(1/a)^2 + (1/b)^2\right]^2} - \right.
$$

$$
\left\{1 + \frac{6D\pi^2}{5Gh}\left[\left(\frac{1}{a}\right)^2 + \left(\frac{3}{b}\right)^2\right]\right\}\frac{b^2\pi^2 + 9\mu a^2\pi^2}{3a^2b^2\left[(1/a)^2 + (3/b)^2\right]^2} -
$$

$$
\left\{1 + \frac{6D\pi^2}{5Gh}\left[\left(\frac{3}{a}\right)^2 + \left(\frac{1}{b}\right)^2\right]\right\}\frac{9b^2\pi^2 + \mu a^2\pi^2}{3a^2b^2\left[(3/a)^2 + (1/b)^2\right]^2} +
$$

$$
\left.\left.\left\{1 + \frac{6D\pi^2}{5Gh}\left[\left(\frac{3}{a}\right)^2 + \left(\frac{3}{b}\right)^2\right]\right\}\frac{b^2\pi^2 + \mu a^2\pi^2}{a^2b^2\left[(3/a)^2 + (3/b)^2\right]^2}\right\}\right\} \tag{5-132}
$$

式 (5-132) 经化简得:

$$
M_{x(\max)} = \frac{16q_0}{\pi^4}\left\{\frac{b^2 + \mu a^2}{a^2b^2\left[(1/a)^2 + (1/b)^2\right]^2} - \frac{b^2 + 9\mu a^2}{3a^2b^2\left[(1/a)^2 + (3/b)^2\right]^2} - \right.
$$

$$
\left.\frac{9b^2 + \mu a^2}{3a^2b^2\left[(3/a)^2 + (1/b)^2\right]^2} + \frac{b^2 + \mu a^2}{a^2b^2\left[(3/a)^2 + (3/b)^2\right]^2}\right\} \tag{5-133}
$$

最大拉应力按式 (5-134) 计算:

$$
\sigma_{x(\max)} = \frac{6M_{x(\max)}}{h^2} \tag{5-134}
$$

经计算得：

$$\sigma_{x(max)} = \frac{96q_0}{\pi^4 h^2}\left\{\frac{b^2+\mu a^2}{a^2 b^2\left[(1/a)^2+(1/b)^2\right]^2} - \frac{b^2+9\mu a^2}{3a^2 b^2\left[(1/a)^2+(3/b)^2\right]^2} - \frac{9b^2+\mu a^2}{3a^2 b^2\left[(3/a)^2+(1/b)^2\right]^2} + \frac{b^2+\mu a^2}{a^2 b^2\left[(3/a)^2+(3/b)^2\right]^2}\right\} \tag{5-135}$$

同理可求得：

$$M_{y(max)} = \frac{16q_0}{D\pi^6}\left\{4\left\{\left\{1-\frac{3D\pi^2}{10Gh}\left[\left(\frac{1}{a}\right)^2+\left(\frac{1}{b}\right)^2\right]\right\}\frac{a^2\pi^2+\mu b^2\pi^2}{a^2 b^2\left[(1/a)^2+(1/b)^2\right]^2} - \right.\right.$$

$$\left\{1-\frac{3D\pi^2}{10Gh}\left[\left(\frac{1}{a}\right)^2+\left(\frac{3}{b}\right)^2\right]\right\}\frac{9a^2\pi^2+\mu b^2\pi^2}{3a^2 b^2\left[(1/a)^2+(3/b)^2\right]^2} - $$

$$\left\{1-\frac{3D\pi^2}{10Gh}\left[\left(\frac{3}{a}\right)^2+\left(\frac{1}{b}\right)^2\right]\right\}\frac{a^2\pi^2+9\mu b^2\pi^2}{3a^2 b^2\left[(3/a)^2+(1/b)^2\right]^2} + $$

$$\left\{1-\frac{3D\pi^2}{10Gh}\left[\left(\frac{3}{a}\right)^2+\left(\frac{3}{b}\right)^2\right]\right\}\frac{a^2\pi^2+\mu b^2\pi^2}{a^2 b^2\left[(3/a)^2+(3/b)^2\right]^2}\right\} + $$

$$\left\{\left\{1+\frac{6D\pi^2}{5Gh}\left[\left(\frac{1}{a}\right)^2+\left(\frac{1}{b}\right)^2\right]\right\}\frac{a^2\pi^2+\mu b^2\pi^2}{a^2 b^2\left[(1/a)^2+(1/b)^2\right]^2} - \right.$$

$$\left\{1+\frac{6D\pi^2}{5Gh}\left[\left(\frac{1}{a}\right)^2+\left(\frac{3}{b}\right)^2\right]\right\}\frac{9a^2\pi^2+\mu b^2\pi^2}{3a^2 b^2\left[(1/a)^2+(3/b)^2\right]^2} - $$

$$\left\{1+\frac{6D\pi^2}{5Gh}\left[\left(\frac{3}{a}\right)^2+\left(\frac{1}{b}\right)^2\right]\right\}\frac{a^2\pi^2+9\mu b^2\pi^2}{3a^2 b^2\left[(3/a)^2+(1/b)^2\right]^2} + $$

$$\left.\left.\left\{1+\frac{6D\pi^2}{5Gh}\left[\left(\frac{3}{a}\right)^2+\left(\frac{3}{b}\right)^2\right]\right\}\frac{a^2\pi^2+\mu b^2\pi^2}{a^2 b^2\left[(3/a)^2+(3/b)^2\right]^2}\right\}\right\} \tag{5-136}$$

式（5-136）经化简得：

$$M_{y(max)} = \frac{16q_0}{\pi^4}\left\{\frac{a^2+\mu b^2}{a^2 b^2\left[(1/a)^2+(1/b)^2\right]^2} - \frac{9a^2+\mu b^2}{3a^2 b^2\left[(1/a)^2+(3/b)^2\right]^2} - \frac{a^2+9\mu b^2}{3a^2 b^2\left[(3/a)^2+(1/b)^2\right]^2} + \frac{a^2+\mu b^2}{a^2 b^2\left[(3/a)^2+(3/b)^2\right]^2}\right\} \tag{5-137}$$

最大拉应力按式（5-138）计算：

$$\sigma_{y(max)} = \frac{6M_{y(max)}}{h^2} \tag{5-138}$$

经计算得：

$$\sigma_{y(max)} = \frac{96q_0}{\pi^6 h^2}\left\{\frac{a^2\pi^2+\mu b^2\pi^2}{a^2 b^2\left[(1/a)^2+(1/b)^2\right]^2} - \frac{9a^2\pi^2+\mu b^2\pi^2}{3a^2 b^2\left[(1/a)^2+(3/b)^2\right]^2} - \frac{a^2\pi^2+9\mu b^2\pi^2}{3a^2 b^2\left[(3/a)^2+(1/b)^2\right]^2} + \frac{a^2\pi^2+\mu b^2\pi^2}{a^2 b^2\left[(3/a)^2+(3/b)^2\right]^2}\right\} \tag{5-139}$$

3

式（5-135）和式（5-139）即为上向水平分层矩形进路承载底板最大拉应力计算公式，其中 $\sigma_{x(max)}$ 为进路跨度方向最大拉应力，$\sigma_{y(max)}$ 为进路长度方向最大拉应力，两者存在以下关系：

$$\sigma_{x(max)} > \sigma_{y(max)} \tag{5-140}$$

因此，设计承载层强度时，主要考虑进路跨度方向最大拉应力 $\sigma_{x(max)}$，其强度设计模型如下[5-6]：

$$\sigma_t = f\sigma_{x(max)} \tag{5-141}$$

式中　$\sigma_t$——承载层设计强度，MPa；

　　　$f$——安全系数，建议取 1.5。

对于变化缓慢的均布载荷而言，当 $m$ 和 $n$ 的值依次增大时，由于 $q_{mn}$ 急剧地减小，虽然修正项的影响在增加，但对挠度的影响并不大。

假设承载层上方的均布荷载变化缓慢或基本不变化，取 $m = n = 1$，代入式（5-114）和式（5-115）中，再分别代入式（5-110）挠度函数和转角函数可得：

$$\left.\begin{aligned}
w &= \frac{16q_0}{D\pi^6}\left\{1 + \frac{6D\pi^2}{5Gh}\left[\left(\frac{1}{a}\right)^2 + \left(\frac{n}{b}\right)^2\right]\right\}\frac{1}{\left[(1/a)^2 + (1/b)^2\right]^2}\sin\frac{\pi x}{a}\sin\frac{\pi y}{b}\\
\psi_x &= \frac{16q_0}{D\pi^5}\left\{1 - \frac{3D\pi^2}{10Gh}\left[\left(\frac{1}{a}\right)^2 + \left(\frac{1}{b}\right)^2\right]\right\}\frac{1}{a\left[(1/a)^2 + (1/b)^2\right]^2}\cos\frac{\pi x}{a}\sin\frac{\pi y}{b}\\
\psi_y &= \frac{16q_0}{D\pi^5}\left\{1 - \frac{3D\pi^2}{10Gh}\left[\left(\frac{1}{a}\right)^2 + \left(\frac{1}{b}\right)^2\right]\right\}\frac{1}{b\left[(1/a)^2 + (1/b)^2\right]^2}\sin\frac{\pi x}{a}\cos\frac{\pi y}{b}
\end{aligned}\right\} \tag{5-142}$$

$$\left.\begin{aligned}
\frac{\partial w}{\partial x} &= \frac{16q_0}{D\pi^6}\left\{1 + \frac{6D\pi^2}{5Gh}\left[\left(\frac{1}{a}\right)^2 + \left(\frac{1}{b}\right)^2\right]\right\}\frac{\pi}{a\left[(1/a)^2 + (1/b)^2\right]^2}\cos\frac{\pi x}{a}\sin\frac{\pi y}{b}\\
\frac{\partial^2 w}{\partial x^2} &= -\frac{16q_0}{D\pi^6}\left\{1 + \frac{6D\pi^2}{5Gh}\left[\left(\frac{1}{a}\right)^2 + \left(\frac{1}{b}\right)^2\right]\right\}\frac{\pi^2}{a^2\left[(1/a)^2 + (1/b)^2\right]^2}\sin\frac{\pi x}{a}\sin\frac{\pi y}{b}\\
\frac{\partial w}{\partial y} &= \frac{16q_0}{D\pi^6}\left\{1 + \frac{6D\pi^2}{5Gh}\left[\left(\frac{1}{a}\right)^2 + \left(\frac{1}{b}\right)^2\right]\right\}\frac{\pi}{b\left[(1/a)^2 + (1/b)^2\right]^2}\sin\frac{\pi x}{a}\cos\frac{\pi y}{b}\\
\frac{\partial^2 w}{\partial y^2} &= -\frac{16q_0}{D\pi^6}\left\{1 + \frac{6D\pi^2}{5Gh}\left[\left(\frac{1}{a}\right)^2 + \left(\frac{1}{b}\right)^2\right]\right\}\frac{\pi^2}{b^2\left[(1/a)^2 + (1/b)^2\right]^2}\sin\frac{\pi x}{a}\sin\frac{\pi y}{b}\\
\frac{\partial\psi_x}{\partial x} &= -\frac{16q_0}{D\pi^5}\left\{1 - \frac{3D\pi^2}{10Gh}\left[\left(\frac{1}{a}\right)^2 + \left(\frac{1}{b}\right)^2\right]\right\}\frac{\pi}{a^2\left[(1/a)^2 + (1/b)^2\right]^2}\sin\frac{\pi x}{a}\sin\frac{\pi y}{b}\\
\frac{\partial\psi_y}{\partial y} &= -\frac{16q_0}{D\pi^5}\left\{1 - \frac{3D\pi^2}{10Gh}\left[\left(\frac{1}{a}\right)^2 + \left(\frac{1}{b}\right)^2\right]\right\}\frac{\pi}{b^2\left[(1/a)^2 + (1/b)^2\right]^2}\sin\frac{\pi x}{a}\sin\frac{\pi y}{b}
\end{aligned}\right\} \tag{5-143}$$

根据板弯矩的分布规律可知，板的最大弯矩出现在板的中心处，因此将 $x = \dfrac{a}{2}$，$y = \dfrac{b}{2}$ 代入上述所求的偏导中得到：

$$
\left.\begin{array}{l}
\left.\dfrac{\partial^2 w}{\partial x^2}\right|_{x=\frac{a}{2},\ y=\frac{b}{2}} = -\dfrac{16q_0}{D\pi^6}\left\{1 + \dfrac{6D\pi^2}{5Gh}\left[\left(\dfrac{1}{a}\right)^2 + \left(\dfrac{n}{b}\right)^2\right]\right\}\dfrac{\pi^2}{a^2\left[(1/a)^2 + (1/b)^2\right]^2} \\[4mm]
\left.\dfrac{\partial^2 w}{\partial y^2}\right|_{x=\frac{a}{2},\ y=\frac{b}{2}} = -\dfrac{16q_0}{D\pi^6}\left\{1 + \dfrac{6D\pi^2}{5Gh}\left[\left(\dfrac{1}{a}\right)^2 + \left(\dfrac{n}{b}\right)^2\right]\right\}\dfrac{\pi^2}{b^2\left[(1/a)^2 + (1/b)^2\right]^2} \\[4mm]
\left.\dfrac{\partial \psi_x}{\partial x}\right|_{x=\frac{a}{2},\ y=\frac{b}{2}} = -\dfrac{16q_0}{D\pi^5}\left\{1 - \dfrac{3D\pi^2}{10Gh}\left[\left(\dfrac{1}{a}\right)^2 + \left(\dfrac{1}{b}\right)^2\right]\right\}\dfrac{\pi}{a^2\left[(1/a)^2 + (1/b)^2\right]^2} \\[4mm]
\left.\dfrac{\partial \psi_y}{\partial y}\right|_{x=\frac{a}{2},\ y=\frac{b}{2}} = -\dfrac{16q_0}{D\pi^5}\left\{1 - \dfrac{3D\pi^2}{10Gh}\left[\left(\dfrac{1}{a}\right)^2 + \left(\dfrac{1}{b}\right)^2\right]\right\}\dfrac{\pi}{b^2\left[(1/a)^2 + (1/b)^2\right]^2}
\end{array}\right\}
$$

$$(5\text{-}144)$$

板的最大弯矩按式（5-145）和式（5-146）计算：

$$
\left.M_{x(\max)}\right|_{x=\frac{a}{2},\ y=\frac{b}{2}} = -\dfrac{D}{5}\left[4\left(\dfrac{\partial \psi_x}{\partial x} + \mu\dfrac{\partial \psi_y}{\partial y}\right) + \left(\dfrac{\partial^2 w}{\partial x^2} + \mu\dfrac{\partial^2 w}{\partial y^2}\right)\right] \qquad (5\text{-}145)
$$

$$
\left.M_{y(\max)}\right|_{x=\frac{a}{2},\ y=\frac{b}{2}} = -\dfrac{D}{5}\left[4\left(\dfrac{\partial \psi_y}{\partial y} + \mu\dfrac{\partial \psi_x}{\partial x}\right) + \left(\dfrac{\partial^2 w}{\partial y^2} + \mu\dfrac{\partial^2 w}{\partial x^2}\right)\right] \qquad (5\text{-}146)
$$

联立式（5-144）~式（5-146）可得：

$$
\left.M_{x(\max)}\right|_{x=\frac{a}{2},\ y=\frac{b}{2}} = \dfrac{16q_0}{\pi^4}\dfrac{b^2 + \mu a^2}{a^2 b^2\left[(1/a)^2 + (1/b)^2\right]^2} \qquad (5\text{-}147)
$$

$$
\left.M_{y(\max)}\right|_{x=\frac{a}{2},\ y=\frac{b}{2}} = \dfrac{16q_0}{\pi^4}\dfrac{a^2 + \mu b^2}{a^2 b^2\left[(1/a)^2 + (1/b)^2\right]^2} \qquad (5\text{-}148)
$$

进路上方承载层最大拉应力按式（5-134）和式（5-138）计算可得：

$$
\sigma_{x(\max)} = \dfrac{96q_0}{\pi^4 h^2}\dfrac{b^2 + \mu a^2}{a^2 b^2\left[(1/a)^2 + (1/b)^2\right]^2} \qquad (5\text{-}149)
$$

$$
\sigma_{y(\max)} = \dfrac{96q_0}{\pi^4 h^2}\dfrac{a^2 + \mu b^2}{a^2 b^2\left[(1/a)^2 + (1/b)^2\right]^2} \qquad (5\text{-}150)
$$

### 5.2.4 进路结构尺寸及承载层厚度对承载层应力的影响

基于厚板理论的承载层应力分析模型可知，承载层受上覆均布荷载作用下，承载层最大拉应力（$\sigma_{x(\max)}$）受承载层厚度、进路宽度和进路长度影响，其影响关系采用式（5-135）和式（5-149）进行分析。式（5-135）为厚板精确解，式（5-149）为厚板简化解，相同条件下，对两者计算结果进行比较分析，确定两种计算结果差异。

#### 5.2.4.1 承载层厚度对最大拉应力的影响

在承载层上覆均布荷载 $q_0 = 0.5$ MPa，进路宽度 $a = 5$ m，进路长度 $b = 20$ m，充填体泊松比 $\mu = 0.21$ 条件下，不同承载层厚度对最大拉应力的影响如图 5-15 所示。

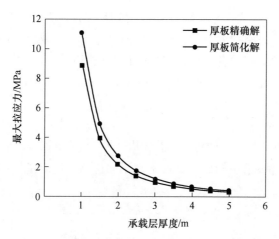

图 5-15 承载层最大拉应力与承载层厚度的变化关系

由式（5-135）和式（5-149）及图 5-15 所示的计算结果可知，在承载层上覆均布荷载、进路长度、宽度和泊松比不变的条件下，承载层底部最大拉应力随承载层厚度的增大而减小，两者呈幂函数减小特征，拉应力减小速率随承载层高度的增大而减小。表明增大承载层厚度有利于降低承载层内的拉应力，保证承载层的稳定性。

#### 5.2.4.2 进路宽度对最大拉应力的影响

在承载层上覆均布荷载 $q_0 = 0.5$ MPa，承载层厚度 $h = 5.0$ m，进路长度 $b = 10$ m，承载层泊松比 $\mu = 0.21$ 条件下，不同进路宽度对承载层最大拉应力的影响如图 5-16 所示。

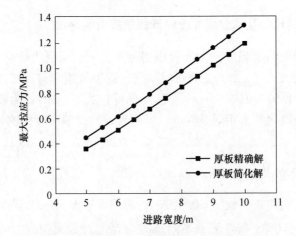

图 5-16 承载层最大拉应力与进路宽度的变化关系

由式（5-135）和式（5-149）及图 5-16 所示的计算结果可知，在承载上覆均布荷载、厚度、进路长度、泊松比不变的条件下，承载层底部最大拉应力随进路宽度的增大而增大，两者呈线性增大特征。进路充填时应尽可能接顶，以防止承载层跨度增大，导致拉应力增大引起失稳。

### 5.2.4.3 进路长度对最大拉应力的影响

在承载层上覆均布荷载 $q_0 = 0.5$ MPa，承载层厚度 $h = 5.0$ m，进路宽度 $a = 5$ m，承载层泊松比 $\mu = 0.21$ 条件下，不同进路长度对承载层最大拉应力的影响如图 5-17 所示。

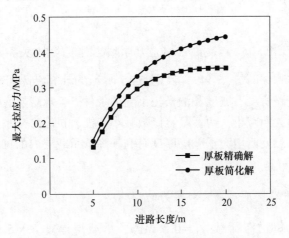

图 5-17 承载层最大拉应力与进路长度的变化关系

由式（5-135）和式（5-149）及图 5-17 所示的计算结果可知，在承载层上覆均布荷载、厚度、进路宽度、泊松比不变的条件下，承载层底部最大拉应力随与进路长度的增大而增大，两者呈幂函数增大特征，拉应力增大速率随进路长度的增大而减小。表明降低进路长度有利于降低承载层内的拉应力，保证承载层的稳定性。

相较于精确解求解板的应力，简化解法相对简单，实际应用更为方便，但是两者计算结果具有一定差距。由图 5-15~图 5-17 可知，相同条件下，厚板简化解的计算结果比精确解大，其根本原因在于两种解法的计算公式相差三项。

如图 5-15 所示结果，相同条件下，厚板简化解计算结果均比厚板精确解大，差值比例均为 24.77%，如图 5-18 所示。

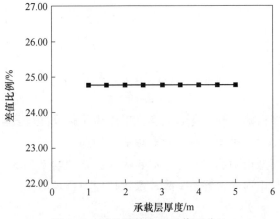

图 5-18　两种计算方法差值百分比
（受承载层厚度影响）

如图 5-16 所示结果，相同条件下，厚板简化解计算结果均比厚板精确解大，差值比例随承载层跨度的增大而减小，如图 5-19 所示。

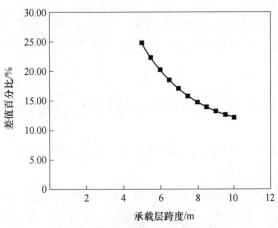

图 5-19　两种计算方法差值百分比
（受承载层宽度影响）

如图 5-17 所示结果，相同条件下，厚板简化解计算结果均比厚板精确解大，差值比例随进路长度的增大先减小后增大，如图 5-20 所示。

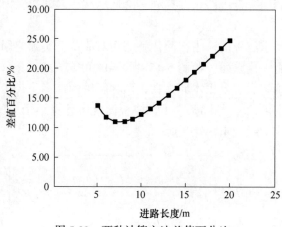

图 5-20    两种计算方法差值百分比

（受进路长度影响）

对于厚板模型精确解和简化解而言，采用简化解设计承载层强度必然满足稳定的要求，但强度设计过大必然导致充填成本增加。

本书中厚板模型精确解仅对 $m$、$n$ 取两项，分别取 1 和 3，其计算结果与基于双三角级数简支矩形薄板解答一致，最大拉应力公式均为：

$$\sigma_{x(max)}$$

$$= \frac{96q_0}{\pi^4 h^2}\left[\frac{b^2+\mu a^2}{a^2 b^2\left(\dfrac{1}{a^2}+\dfrac{1}{b^2}\right)^2} - \frac{b^2+9\mu a^2}{3a^2 b^2\left(\dfrac{1}{a^2}+\dfrac{9}{b^2}\right)^2} - \frac{9b^2+\mu a^2}{3a^2 b^2\left(\dfrac{9}{a^2}+\dfrac{1}{b^2}\right)^2} + \frac{b^2+\mu a^2}{a^2 b^2\left(\dfrac{9}{a^2}+\dfrac{9}{b^2}\right)^2}\right]$$

$$(5\text{-}151)$$

由式（5-151）可知，$m$、$n$ 项数决定了计算结果的精度，$m$、$n$ 项数取值越多，计算精度越高，计算越烦琐，不利于工程设计人员应用，$m$、$n$ 取两项已基本满足工程应用要求。

## 5.3    基于块体滑移接顶层强度模型

接顶层充填体在两侧进路采空的条件下，两侧无侧限约束，其受力状态表现为单轴压缩，如图 5-21 所示。

根据第 3.4 节中连续梁分析结果可知，在均布荷载 $q_0$ 作用下，假顶支座处产生剪应力集中现象，且随着支座数量的减少剪应力集中现象更加明显。由此可知，接顶层的典型破坏形式是由剪应力集中引起的剪切破坏，但目前还没有针对

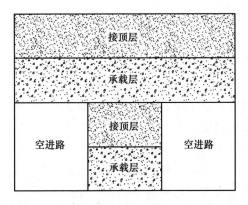

图 5-21　下向进路接顶层充填体结构及受力状态

接顶层充填体强度设计的方法，为解决这一弊端，提出采用块体滑移理论对关键块体稳定性进行分析。接顶层关键块体滑移如图 5-22 所示。

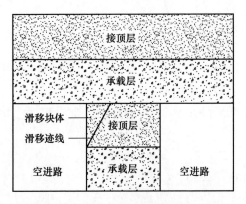

图 5-22　接顶层关键块体滑移示意图

滑移块体受力示意图如图 5-23 所示。滑移块体主要受上覆均布荷载 $q_0$、自重 $G$、滑移面下部对块体的支撑力 $F$ 和滑移面上抗滑阻力 $\tau$。

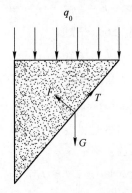

图 5-23　滑移块体力学模型

由图 5-23 可知，滑移矿体沿滑移面的下滑力为：

$$(q_0 + G)\sin\alpha = F_1 \tag{5-152}$$

滑移面以下充填体对滑移面以上的支撑力为：

$$(q_0 + G)\cos\alpha = F \tag{5-153}$$

式中　$q_0$——接顶层充填体上覆均布荷载，MPa；

　　　$G$——滑移块体自重应力，MPa；

　　　$F_1$——滑移块体下滑力，MPa；

　　　$F$——垂直于滑移面的荷载，MPa；

　　　$\alpha$——滑移面与水平面的夹角，(°)。

滑移块体自重采用式 (5-154) 计算：

$$G = \gamma h \tag{5-154}$$

式中　$\gamma$——接顶层充填体重度，MN/m$^3$；

　　　$h$——接顶层高度，m。

块体滑移角采用式 (5-155) 计算：

$$\alpha = \frac{\pi}{4} + \frac{\varphi}{2} \tag{5-155}$$

式中　$\varphi$——接顶层充填体的内摩擦角，(°)。

假设充填体强度准则满足莫尔-库仑准则，则滑移面上抗滑阻力为充填体的抗剪强度：

$$\tau = \sigma\tan\varphi + c \tag{5-156}$$

式中　$\varphi$——充填体内摩擦角，(°)；

　　　$\sigma$——滑移面上正应力，MPa；

　　　$c$——充填体内聚力，MPa。

接顶层上覆均布荷载与块体自重应力决定了作用于滑移面的正应力，与滑移面下部充填体对上部充填体的支撑力为一对平衡力，则：

$$\sigma = F = (q_0 + G)\cos\alpha \tag{5-157}$$

将式 (5-157) 代入式 (5-156) 得到：

$$\tau = (q_0 + G)\cos\alpha\tan\varphi + c \tag{5-158}$$

块体保持稳定的前提条件为抗剪强度不得小于下滑力，即：

$$(q_0 + G)\cos\alpha\tan\varphi + c \geqslant (q_0 + G)\sin\alpha \tag{5-159}$$

由于接顶层服务相邻进路回采时，受爆破振动及充填不均匀的影响，因此需考虑一定的振动系数及安全系数：

$$(q_0 + G)\cos\alpha\tan\varphi + c \geqslant f_1 f_2 (q_0 + G)\sin\alpha \tag{5-160}$$

式中　$f_1$——爆破振动系数；

$f_2$——安全系数。

式（5-160）为接顶层是否发生滑移的判定条件，该式无法直接求得接顶层所需强度。具体应用为：首先测定或计算出接顶层上覆均布荷载及滑移块体自重应力，开展充填体抗剪强度试验，确定不同配比充填体的内摩擦角及内聚力，然后将所有参数代入式（5-160），确定满足式（5-160）的充填体配比，最后根据流态、管输及成本等，优选出最佳的充填体配比。

# 5.4 工 程 应 用

## 5.4.1 工程背景

大屯锡矿是云锡公司的主力矿山之一，年产锡矿 100 万吨以上，属大型矿山。目前矿山共三个生产区域，分别为高峰山基地（开采标高 1360~1540 m）、大箐基地（开采标高 1360~1480 m）与大马芦基地（开采标高 1480~1820 m）。矿体赋存条件复杂，矿体形态、倾角及厚度变化大，矿体呈似层状、透镜状产出，矿体分枝复合、尖灭再现现象明显，具有典型的"大矿群、小矿体"特征。此外，大屯矿深部岩石力学条件复杂，矿石围岩松散破碎现象明显。目前，矿山开采深度已超过 1000 m，为深井开采矿山，面临着高井深、高应力、高水患等开采难题。

近年来，大屯矿区在 1360~1540 m 标高区间试验并应用成功了下向水平分层进路式充填采矿法。分层式进路充填法工艺特征为分段采准、分层回采，具有典型的分层式、单步骤、小开挖、连续化等特点，对矿体适应性较强，可实现对矿体的有效开采，同时，由于实现对矿体边界的精确控制，加之采场暴露面积小，使矿石损失贫化小。下向水平分层进路充填法可及时对采空区进行充填，为下一分层提供安全可靠的作业环境，对保护地表环境也具有重要意义。

为了满足矿山充填，大屯锡矿于 2017 年在井下 1360 中段建设了混凝土制备系统，服务于下向进路生产区域充填。该法虽然在大屯锡矿得到推广应用，但在服务生产过程中存在以下问题，进路充填体设计强度 15 MPa，与国内采用进路式充填采矿法的矿山相比，强度设计明显偏大，如金川公司、会泽铅锌矿设计充填体强度仅为 5 MPa 左右。强度设计过高，必然导致充填体物料成本过大。究其原因，主要是对充填体的力学作用与强度设计研究不足导致[5]。

## 5.4.2 充填体强度设计

大屯锡矿 3-1 矿体产于高峰山花岗岩突起之间的凹槽中，为矽卡岩、锡石硫化物型矿体，沿花岗岩与 T2g15 地层接触带分布，矿体形态受接触带形态的控制，矿石中等稳固。矿体顶板围岩为灰白色细晶大理岩，底板为白色中~细粒花岗岩，接触带花岗岩风化松散，矿体埋深 800 m，锡平均品位 0.92%，矿体走向长度为 40 m，厚度为 32 m，延伸深度为 36 m，平均倾角为 45°。设计采用下向水平分层进路式充填采矿法进行回采，分段高度为 12 m，共划分为 3 个分段，分层高度为 4 m，每分段 3 个分层，分层内划分进路，进路结构尺寸为 4 m×4 m，相邻分层进路交错垂直布置。

为测定充填体上覆荷载，提供充填体强度设计的基础参数，在大屯锡矿 1-2 矿体下向进路充填采场中布设了两个监测点，监测周期 3 个月，每 3 天采集一次数据，各监测点采集数据如图 5-24 所示。

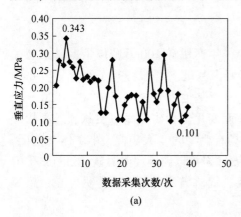
(a)

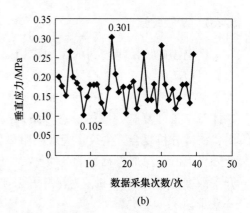
(b)

图 5-24  充填体应力垂直应力监测数据
(a) 监测点 1 测量数据；(b) 监测点 2 测量数据

由图 5-24 可知，监测周期内监测点 1 垂直应力监测结果为 0.101 ~ 0.343 MPa，监测点 2 垂直应力监测结果为 0.105~0.301 MPa，最大值为 0.343 MPa，考虑局部有增大的情况，确定充填体上覆应力为 0.35 MPa。

充填假顶强度设计基础参数见表 5-2。

表 5-2  大屯锡矿假顶强度设计基础参数

| 进路长度 /m | 进路宽度 /m | 进路高度 /m | 假顶上覆荷载 / MPa | 假顶泊松比 |
|---|---|---|---|---|
| 20 | 4 | 4 | 0.35 | 0.21 |

根据表 5-2 所示的基础参数，利用式（5-135）计算大屯锡矿充填假顶最大拉应力，计算结果如下。

$$\sigma_{x(max)} = 0.2321 \text{ MPa} \approx 0.23 \text{ MPa}$$

利用式（5-141）计算假顶抗拉强度，安全系数取 1.5：

$$\sigma_t = 1.5 \times 0.23 = 0.345 \text{ MPa}$$

### 5.4.3 数值模拟分析

根据矿体产状、规模、进路布置方式及进路结构尺寸构建采场物理模型，如图 5-25 所示。

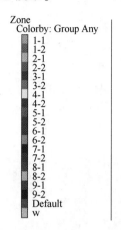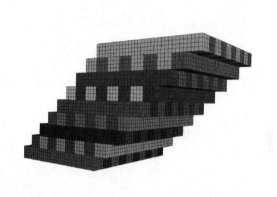

图 5-25 采场物理模型

矿岩物理力学参数及充填体强度参数见表 5-3。

地应力分布计算公式为：

$$\sigma_v = \gamma h$$
$$\sigma_{h(\max)} = 1.15\gamma h$$
$$\sigma_{h(\min)} = 0.8\gamma h$$

式中　$\sigma_v$——垂直应力，MPa；

$\sigma_{h(\max)}$——最大水平主应力，MPa；

$\sigma_{h(\min)}$——最小水平主应力，MPa；

$\gamma$——矿岩密度，$kg/m^3$；

$h$——矿体埋藏深度，m。

表 5-3　矿岩物理力学参数

| 属　性 | 花岗岩 | 大理岩 | 硫化矿 | 膏体废石：尾砂 = 8 : 2，水泥添加量为 210 $kg/m^3$，浓度为 85% |
|---|---|---|---|---|
| 密度/$kg \cdot m^{-3}$ | 2580 | 2723 | 4194 | 2267 |
| 弹性模量/GPa | 3.60 | 9.08 | 7.58 | 0.75 |
| 泊松比 | 0.11 | 0.25 | 0.16 | 0.21 |
| 内摩擦角/(°) | 30.11 | 37.69 | 32.71 | 38.3 |

| 属　　性 | 花岗岩 | 大理岩 | 硫化矿 | 膏体废石：尾砂=8：2，<br>水泥添加量为 210 kg/m³，浓度为 85% |
|---|---|---|---|---|
| 内聚力/MPa | 0.1853 | 0.3219 | 0.2864 | 0.36 |
| 抗拉强度/MPa | 0.22 | 0.32 | 0.50 | 0.35 |

矿体自上而下回采，分层内一期进路和二期进路相间布置，先采一期进路，后采二期进路。模型经地应力赋值后，按照设计回采顺序进行开挖充填，进路充填按表 5-3 所示的充填体强度参数赋值。顶板应力分布如图 5-26 所示（以开挖第 9 分层 2 期进路顶板为例，顶板为 8 分层充填体），顶板塑性区分布如图 5-27 所示（以开挖第 9 分层 2 期进路顶板为例，顶板为 8 分层充填体）。

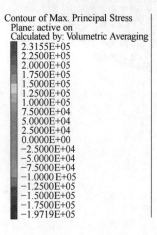
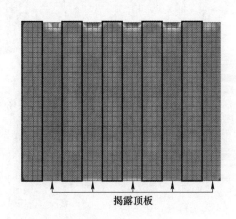

图 5-26　第 9 分层顶板最小主应力

由顶板最小主应力分布状态可知，进路回采导致顶板揭露，其最小主应力表现为拉应力，分布于 0.10 ~ 0.23 MPa，最大值出现在进路端部，其值为 0.23 MPa，与模型计算的顶板最大拉应力 0.23 MPa 一致，小于顶板充填体设计强度 0.345 MPa。未揭露的顶板（与充填体接触或与矿体接触）最小主应力为压应力。由于揭露顶板拉应力小于设计充填体强度，因此顶板未出现塑性区，顶板整体性及稳定性满足安全生产的要求。

### 5.4.4　应用效果

大屯锡矿针对矿石品位高、矿岩破碎的矿体，均采用下向水平分层矩形进路式充填采矿法进行回采，进路结构尺寸宽为 4 m、高为 4 m，为保障充填假顶稳定，进路均采用 C15 混凝土进行充填，原充填配比及单价见表 5-4。

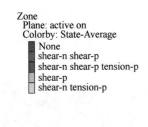

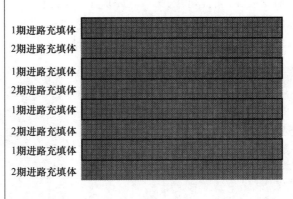

图 5-27 第 9 分层顶板塑性区

表 5-4 原充填配比及单价

| 水泥添加量/kg·m⁻³ | 骨料添加量/kg·m⁻³ | 水添加量/kg·m⁻³ | 材料成本/元·m⁻³ |
|---|---|---|---|
| 270 | 2040 | 180 | 159.90 |

矿山年充填量 $2\times10^5$ m³，年充填成本 3198 万元。根据下向水平分层进路式充填体强度设计及应用现状分析可知，矿山设计的充填假顶强度过大，虽然保证了作业安全，但充填成本严重偏高。因此有必要对充填体强度进行优化。

针对大屯锡矿 3-1 矿体开采，根据理论计算结果及数值模拟分析结果，确定下向矩形进路充填体抗拉强度设计为 0.345 MPa。为最大限度降低充填成本，利用大屯锡矿固体废料（废石、铜渣尾砂）开展充填体强度、流变和流态试验，并进行管输阻力分析。分别以抗拉强度、高浓度、高流态、管输阻力和成本为遴选标准，选择满足强度要求、不离析、采场内可自流平、易于管输、成本最低的充填配比。推荐充填配比见表 5-5。

表 5-5 推荐充填配比

| 参 数 | 数据 | 参 数 | 数据 |
|---|---|---|---|
| 废石：铜渣 | 8：2 | 黏度/Pa·s | 0.133 |
| 浓度/% | 85 | 塌落度/mm | 270 |
| 水泥添加量/kg·m⁻³ | 210 | 扩展度/mm | 600 |
| 废石添加量/kg·m⁻³ | 1374 | 是否离析 | 否 |
| 铜渣尾砂添加量/kg·m⁻³ | 343 | 抗压强度/MPa | 4.12 |
| 水添加量/kg·m⁻³ | 340 | 抗拉强度/MPa | 0.35 |
| 成本/元·m⁻³ | 127.60 | 沿程阻力损失/Pa·m⁻¹ | 6315.74 |
| 屈服应力/Pa | 31.92 | | |

根据表 5-5 推荐的配比指导完成了 3-1 矿体 $1.1 \times 10^5 \ m^3$ 充填任务，充填假顶服务矿体回采过程中，未出现严重破坏引发安全事故，为井下采矿作业提供了安全可靠的作业环境，现场采场充填和充填假顶如图 5-28 和图 5-29 所示。

(a)                                    (b)

图 5-28   采场充填

(a)                         (b)

图 5-29   充填假顶

与矿山原充填配比相比，推荐的废石+铜渣尾砂膏体配比成本可节约 32.30 元/$m^3$，工业试验期间，共节约充填成本 355.30 万元。目前该强度设计方法已在大屯锡矿推广应用。

## 参 考 文 献

[1] 张涛. 毛坪铅锌矿下向水平分层充填体强度模型与应用 [D]. 昆明：昆明理工大学, 2017.

[2] 韩斌. 金川二矿区充填体可靠度分析与 1 号矿体回采地压控制优化研究 [D]. 长沙：中南大学, 2004.

[3] 何福保, 沈亚鹏. 板壳理论 [M]. 西安：西安交通大学出版社, 1993.

[4] 张福范. 弹性薄板 [M]. 北京：科学出版社, 1984.

［5］王俊，乔登攀，李广涛，等．一种下向水平分层进路式充填体强度设计模型的构建方法：中国，CN113326548B［P］．2022-07-05.

［6］王俊，乔登攀，李广涛，等．基于厚板理论下向进路充填假顶强度模型及应用［J］．煤炭学报，2023，48（S1）：28-36.

# 6 上向面层充填体强度与厚度模型

目前国内外应用上向水平分层充填采矿法和上向水平分层点柱式充填采矿法回采的矿山，在分层采场进行充填时，为了降低充填成本，底部一定高度内采用非胶结充填，同时需构筑继续上采的工作平台，以满足无轨设备运行的条件，在非胶结充填体之上进行胶结充填，充填厚度一般为 0.5~0.6 m。充填时采场顶部预留一定的空间不进行充填，作为继续上采的回采空间[1-2]。分层采场充填体构成如图 6-1 所示。

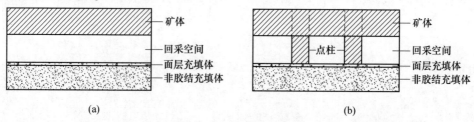

图 6-1　上向水平分层（点柱式）充填采矿法充填体构成示意图
(a) 普通式；(b) 点柱式

上向水平分层进路式充填采矿法中，同一分层内多采用非相邻的多条进路同时回采的方式，如图 6-2 所示。一期进路采用胶结充填，进路充填体由两部分构成，顶部为 0.5~0.6 m 的胶结充填体，其强度需满足无轨设备的运行的要求；底部为胶结充填，其强度需满足相邻进路回采时保持自立不垮塌的要求。二期进路充填时，顶部 0.5~0.6 m 需进行胶结充填以满足无轨设备运行的要求，为节约充填成本，底部进行非胶结充填[3]。

图 6-2　上向水平分层进路式充填采矿法充填体构成示意图
(a) 一期进路回采；(b) 二期进路回采

对于上向水平分层（点柱式）充填采矿法和上向水平分层进路式充填采矿

法中均存在胶结层置于非胶结充填体之上的情况，下部非胶结充填体的关键是脱水，如果脱水效果不好则胶结层置于泥化尾砂之上，在铲运机反复碾压的情况下，底基层泥化尾砂泌水沉缩，产生较大的塑性变形，胶结层抗变形能力降低，极易碎裂而冒浆，丧失其力学功能。脱水完全的底基层尾砂充填体，其抗变形能力增强，塑性变形减小，胶结层表现出疲劳特性，变形分为两部分，一部分是可恢复的弹性变形，当荷载解除后这部分变形能够随着时间恢复；另一部分是不可恢复的变形，随着荷载的重复施加和时间的推移逐渐累加，当到达一定程度极限后，就会引起充填体褶皱变形和裂缝，从而导致胶结层结构的破坏[4-5]。

底基层非胶结充填体的力学性能主要表现为抗压、不抗拉、弱抗剪，其力学作用主要为上部胶结层提供一个压实的平台，同时也为四周围岩提供被动抗压支护。因此，在上向水平分层充填采矿法中，仅要求底基层非胶结充填体脱水致密即可。

胶结层作为上向水平分层充填采矿法继续上采的工作平台，要求其具有足够的承载能力和抗变形能力，提高使用性能，满足无轨设备行车的条件。挠曲变形是导致面层充填体产生结构损伤的主要原因，受分层采充循环频繁的影响，面层充填体养护时间短，导致其刚度小，加之无轨设备载重大，使抗变形能力变弱。由于短时间内无法提高充填体的抗弯强度，抵抗挠曲变形的影响，因此只能通过设计合理的面层结构厚度予以实现。所以深入研究无轨荷载作用下面层充填体应力与变形响应关系，构建保障面层充填体结构性承载能力和抗变形能力的强度与厚度模型是满足无轨设备行车的关键。

# 6.1　主要无轨设备

上向水平分层充填采场中运行的大型无轨设备主要有铲运机、凿岩台车、撬锚台车、喷浆台车及锚杆台车等。其中铲运机由于铲装矿石，并且以运动工作为主，法向荷载和切向荷载最大，对面层充填体整体性及稳定性影响最严重。铲运机示意图如图6-3所示。

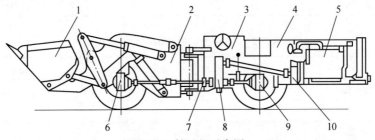

图6-3　铲运机示意图

1—铲斗；2—前车架；3—司机室；4—后车室；5—柴油机；6—前驱动桥；
7—传动轴；8—变速箱；9—后驱动桥；10—液力变矩器

随着地下无轨自行设备大型化和智能化的发展，铲运机得到了越来越广泛的应用。工业发达的国家 85% 以上的矿山都采用无轨设备，既有大型机（斗容 10~15 m³、装运能力 20 t 以上），也有微型铲运机（斗容仅为 0.38 m³、机宽 0.85 m）；既有柴油、电动铲运机，也有距控、遥控铲运机。

国外铲运机制造公司有很多，如芬兰的 Tamrock 公司、瑞典的 Atlas 公司、德国的 Schopf 公司和美国的 Elphinstone 公司等。其中 Tamrock 和 Atlas 两家公司生产的铲运机品牌多、规格全，基本上代表了国际铲运机的先进水平[5]，具体见表 6-1 和表 6-2。

表 6-1    Tamrock 公司部分铲运机

| 型　号 | 斗容/m³ | 额定载重/kg | 功率/kW |
| --- | --- | --- | --- |
| Microscoop100/E | 0.5/0.54 | 1000 | 30 |
| EJC65/E | 1.2 | 2948 | 51、37 |
| Toro151D/E | 1.3~1.75、1.5 | 3500 | 52、55 |
| EJC115/E | 2.3 | 5200 | 101.6、75 |
| EJC145/E | 2.7 | 6579 | 141、94 |
| Toro301D/HL | 2.3~3.3 | 6200 | 102 |
| Toro0006 | 2.7~3.3 | 6700 | 131 |
| EJC210 | 4.6 | 9625 | 166 |
| Toro400D/E | 3.8~4.6、4.3~4.6 | 9600 | 158、110 |
| Toro0007 | 4.0~5.4 | 10000 | 186 |
| EJC245 | 4.6 | 11100 | 205 |
| Toro1250/E | 4.6~7.0 | 12500 | 224、160 |
| Toro1400/E | 4.6~7.0 | 14000 | 243、160 |
| Toro0010 | 6.5~8.4 | 16100 | 261 |
| Toro0011 | 8.0~10.7 | 21000 | 354 |
| Toro2500E | 10.0 | 25000 | 390 |

表 6-2    Atlas 公司生产的部分铲运机

| 型　号 | 斗容/m³ | 额定载重/kg | 功率/kW |
| --- | --- | --- | --- |
| (E)HST-05 | 0.39 | 680 | (22) 27 |
| (E)HST-1A | 0.76 | 1361 | (30) 40 |
| (E)ST-2D | 1.9 | 3629 | (56) 61 |
| ST-2G | 2.6 | 5000 | 102 |
| (E)ST-3.5 | 3.1 | 6000 | (74.6) 102 |

| 型 号 | 斗容/m³ | 额定载重/kg | 功率/kW |
|---|---|---|---|
| ST-700 | 3.6 | 6500 | 138 |
| (E)ST-6C | 4.6 | 9525 | (130.5) 172 |
| ST-1010 | 5.6 | 10000 | 187 |
| ST-7.5Z | 6.1 | 12247 | 213 |
| (E)ST-8B | 6.5 | 13600 | (149.2) 207 |
| ST-8C | 6.9 | 14500 | 261 |
| ST-1800 | 9.7 | 17500 | 317 |

# 6.2 建模方法选择

路基路面工程中研究路面强度采用弹性力学分析作为理论依据，通过弹性力学分析与计算得到路面与路基中的应力分布和沉陷变形情况。上向分层充填体的作用机理和路面的相似性决定了其强度模型也可采用弹性力学方法进行详细的研究[4-8]。

弹性力学用于研究弹性体由于受外力作用或温度改变等而发生的应力、变形和位移。解决弹性力学问题首先要根据问题分析与简化，得到相应的弹性力学模型，即建立已知量和未知量之间，以及未知量和未知量之间的关系，然后根据已知的边界条件、弹性常数及受力状态来求解相应的应力分量、形变分量和位移分量。

弹性力学求解未知量的方法如下：

(1) 在弹性体区域内部，考虑静力学、几何学和物理学三方面条件，分别建立三套方程，平衡微分方程、几何方程和物理方程；

(2) 在弹性体的边界上建立边界条件；在给定面力的边界上，根据边界上的约束条件，建立位移边界条件；

(3) 求解弹性力学问题，即在边界条件下根据平衡微分方程、几何方程和物理方程求解应力分量、形变分量和位移分量。

在导出方程时，为了简化计算，通常做出若干基本假定，略去一些影响很小的次要因素，使方程能够顺利得以求解。弹性力学中有几个基本假定，包括物体的连续性、完全弹性、均匀性、各向同性和小变形性，凡是符合前四个假定的物体就称为理想弹性体[9]。

无轨设备荷载通过轮胎传递给充填体，轮载分为法向荷载和切向荷载。这个力学模型属于轴对称问题，即如果弹性体的几何形状、约束情况及所受的外力均对称于某一轴，则所有的应力、变形和位移也就对称于这一轴。

本书研究的是充填体作为理想弹性体的小变形问题，弹性层状体系模型的基本假设为：

（1）各层材料均质，各向同性的线弹性体服从胡克定律，以弹性模量 $E$ 和泊松比 $\mu$ 表征其弹性性质；

（2）各层在水平方向无限大，法向方向下部为均质半无限空间体；

（3）应力和位移分量在各层水平无限远和无限深处为零；

（4）假设层间的接触面完全结合，紧密连接，各项位移和应力完全连续；

（5）作用在胶结层结构表面的荷载轴对称；

（6）体力忽略不计。

## 6.3  胶结层力学模型

轮胎对胶结层的作用研究是分析结构破坏的一个重要课题。如果装载量、车辆结构和轮胎类型一定，那么轮胎胎压与路面的接触形状、接触压力、路面中的应力分布都有直接关系。无轨设备的轮胎与充填体表面相接触，内胎压力与设备载重大小决定了轮胎与地面接触压力分布情况及与地面接触面积。研究表明：当胎压较大或轮载较小时，轮胎中部的应力分布较为均匀，应力集中度与胎压大致相等，轮胎与地面接触面积呈圆形或近似圆形[10]。因此为简化模型，可以将其接触面作为圆形来考虑，如图 6-4 所示。

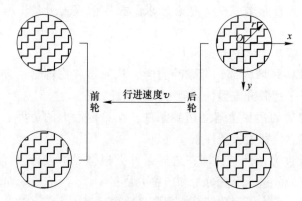

图 6-4  无轨设备轮胎与充填体接触面形状示意图

无轨设备满载条件下，设备及矿石重量通过轮胎作用于面层充填体，无轨设备运行靠轮胎与面层充填体之间的摩擦力，因此面层充填体稳定性主要受无轨设备满载条件下的法向荷载和切向荷载影响。当无轨设备轮胎与面层充填体为面接触，则法向荷载和切向荷载均为均布荷载，视面层充填体为半空间体，则力学模型为半空间体在边界上受法向均布荷载 $q_v$ 和半空间体在边界上受切向均布荷载 $q_h$[11-12]，如图 6-5 和图 6-6 所示。

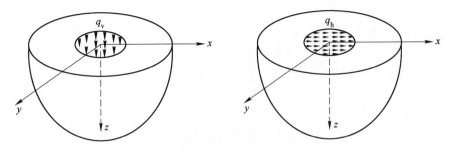

图 6-5 半空间体在边界上受法向均布荷载　图 6-6 半空间体在边界上受切向均布荷载

为简化分析，先将面层所受均布荷载简化为集中力，则力学模型可简化为半空间体在边界上受法向集中力 $p_v$ 及半空间体在边界上受切向集中力 $p_h$[9]，如图 6-7 和图 6-8 所示。

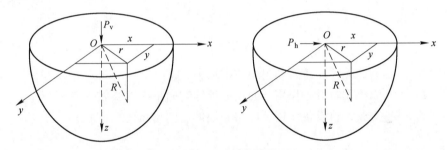

图 6-7 半空间体在边界上受法向集中力　图 6-8 半空间体在边界上受切向集中力

满载无轨设备通过轮胎作用于胶结层法向集中力按式（6-1）计算，法向均布荷载按式（6-3）计算。

$$P_v = \frac{\lambda(M_1 + M_2)g}{2(1 + \lambda)} \tag{6-1}$$

其中：

$$\lambda = \frac{p_1}{p_2} \quad 或 \quad \frac{p_2}{p_1} \quad (\lambda \geqslant 1) \tag{6-2}$$

$$q_v = \frac{P_v}{S} \tag{6-3}$$

其中：

$$S = \min\left\{\frac{P_v}{p_1}, \ \frac{P_v}{p_2}\right\} \tag{6-4}$$

$$a = \sqrt{\frac{S}{\pi}} \tag{6-5}$$

式中　　$P_v$ ——等效集中力，MN；

　　　　$M_1$ ——无轨设备自重，kg；

　　　　$M_2$ ——无轨设备额定载重，kg；

　　　　$\lambda$ ——无轨设备轴载比；

　　　　$p_1$ ——无轨设备前轮额定胎压，MPa；

　　　　$p_2$ ——无轨设备后轮额定胎压，MPa；

　　　　$q_v$ ——满载无轨设备作用于面层充填体的法向均布荷载，MPa；

　　　　$S$ ——满载无轨设备轮胎与面层充填体的接触面积，$m^2$；

　　　　$a$ ——满载无轨设备轮胎与面层充填体接触面半径坐标，m。

满载无轨设备通过轮胎作用于胶结层切向集中力按式（6-6）计算，法向均布荷载按式（6-7）计算。

$$P_h = \frac{\lambda F g}{2(1 + \lambda)} \tag{6-6}$$

$$q_h = \frac{P_h}{S} \tag{6-7}$$

式中　　$F$ ——满载无轨设备启动阻力或铲取力，kg；

　　　　$P_h$ ——满载无轨设备作用于面层充填体切向集中力，MN；

　　　　$q_h$ ——满载无轨设备作用于面层充填体切向均布荷载，MPa。

# 6.4　胶结层充填体位移与应力分布

### 6.4.1　法向荷载作用下胶结层位移与应力

为简化研究过程，先将均布荷载等效为一集中力 $P_v$，借助弹性力学中半空间体在边界上受法向集中力这一模型得到解答[9]，然后再将解答中的集中力用均布荷载在轮胎与胶结层之间接触面上的积分形式进行替换，即可得到轮胎均布荷载作用于面层充填体的解答[11-12]。研究过程中充填体体力不计，力学模型如图6-7所示。这是一个轴对称问题，而对称轴就是力 $P_v$ 的作用线。因此把 $z$ 轴放在力 $P_v$ 的作用线上，坐标原点为力 $P_v$ 的作用点 $O$，平面圆的半径为 $r$，$r$ 轴正方向 $\theta = 0°$，逆时针为转角 $\theta$ 的正方向。

应力边界条件要求为：

$$\left. \begin{array}{l} (\sigma_z)_{z=0,\ r \neq 0} = 0 \\ (\tau_{zr})_{z=0,\ r \neq 0} = 0 \end{array} \right\} \tag{6-8}$$

另外，在 $O$ 点附近的一小部分边界上有一组面力作用，它的分布不明确，但已知它等效于集中力 $P_v$。由应力边界条件转换而来的平衡条件为：

$$\int_0^\infty (2\pi r \mathrm{d}r)\sigma_z + P_v = 0 \tag{6-9}$$

与集中力距离不同的地方，应力分量相差很大，体积应变也不会是常量，应利用拉甫位移函数 $\xi(r, z)$，而不能利用位移势函数求解。

拉甫位移分量为：

$$\left. \begin{aligned} u_r &= -\frac{1}{2G}\frac{\partial^2 \xi}{\partial r \partial z} \\ w &= \frac{1}{2G}\left[ 2(1-\mu)\nabla^2 \right] \end{aligned} \right\} \tag{6-10}$$

其中：

$$\nabla^2 = \frac{\partial^2}{\partial r^2} + \frac{1}{r}\frac{\partial}{\partial r} + \frac{\partial^2}{\partial z^2} \tag{6-11}$$

若不计体力，则轴对称情况下按位移求解的平衡微分方程为：

$$\left. \begin{aligned} \frac{E}{2(1+\mu)}\left( \frac{1}{1-2\mu}\frac{\partial e}{\partial r} + \nabla^2 u_r - \frac{u_r}{r^2} \right) + K_r &= 0 \\ \frac{E}{2(1+\mu)}\left( \frac{1}{1-2\mu}\frac{\partial e}{\partial z} + \nabla^2 w \right) + Z &= 0 \end{aligned} \right\} \tag{6-12}$$

式（6-12）可转化为：

$$\left. \begin{aligned} \frac{1}{1-2\mu}\frac{\partial e}{\partial r} + \nabla^2 u_r - \frac{u_r}{r^2} &= 0 \\ \frac{1}{1-2\mu}\frac{\partial e}{\partial z} + \nabla^2 w &= 0 \end{aligned} \right\} \tag{6-13}$$

将式（6-10）代入式（6-13）可得位移函数 $\xi$ 应满足的条件为 $\nabla^4\xi = 0$，即 $\xi$ 应当是重调和函数。将式（6-13）代入轴对称问题中按照位移求解的弹性方程得：

$$\left. \begin{aligned} \sigma_r &= \frac{E}{1+\mu}\left( \frac{\mu}{1-2\mu}e + \frac{\partial u_r}{\partial r} \right) \\ \sigma_\theta &= \frac{E}{1+\mu}\left( \frac{\mu}{1-2\mu}e + \frac{u_r}{r} \right) \\ \sigma_z &= \frac{E}{1+\mu}\left( \frac{\mu}{1-2\mu}e + \frac{\partial w}{\partial z} \right) \\ \tau_{zr} &= \frac{E}{2(1+\mu)}\left( \frac{\partial u_r}{\partial r} + \frac{\partial w}{\partial z} \right) \end{aligned} \right\} \tag{6-14}$$

而 $\frac{1}{2G} = \frac{1+\mu}{E}$，因此可得到应力分量的表达式为：

$$\sigma_r = \frac{\partial}{\partial z}\left(\mu \nabla^2 - \frac{\partial^2}{\partial r^2}\right)\xi$$

$$\sigma_\theta = \frac{\partial}{\partial z}\left(\mu \nabla^2 - \frac{1}{r}\frac{\partial}{\partial r}\right)\xi$$

$$\sigma_z = \frac{\partial}{\partial z}\left[(2-\mu)\nabla^2 - \frac{\partial^2}{\partial z^2}\right]\xi$$

$$\tau_{zr} = \frac{\partial}{\partial r}\left[(1-\mu)\nabla^2 - \frac{\partial^2}{\partial z^2}\right]\xi$$

(6-15)

按照因次分析，从式（6-15）可以看出，$\xi$ 的表达式应为 $P_v$ 乘以这些长度坐标的正一次幂，应力分量的表达式应为 $P_v$ 乘以 $r$、$z$、$R$ 等长度坐标的负二次幂。那么，假设 $\xi$ 正比于一次幂的重调和函数 $R$，则：

$$\xi = A_1 R = A_1 \sqrt{r^2 + z^2} \tag{6-16}$$

式中 $A_1$——任意常数。

将式（6-16）代入式（6-10）和式（6-15），得到位移分量和应力分量的表达式为：

$$u_r = \frac{A_1 rz}{2GR^3} \quad w = \frac{A_1}{2G}\left(\frac{3-4\mu}{R} + \frac{z^2}{R^3}\right)$$

$$\sigma_r = A_1\left[\frac{(1-2\mu)z}{R^3} - \frac{3r^2 z}{R^5}\right] \quad \sigma_\theta = \frac{A_1(1-2\mu)z}{R^3}$$

$$\sigma_z = -A_1\left[\frac{(1-2\mu)z}{R^3} + \frac{3r^3}{R^5}\right] \quad \tau_{zr} = -A_1\left[\frac{(1-2\mu)r}{R^3} + \frac{3r^2 z}{R^5}\right]$$

(6-17)

经验证可知式（6-17）满足式（6-8）中的边界条件第一项，但不满足边界条件第二项。为了完全满足边界条件，再取一个轴对称位移势函数 $\varphi = A_2 \ln(R+z)$，代入位移势函数位移分量式（6-18）和应力分量式（6-19），从而可以得出相应的位移分量和应力分量，见式（6-20）。

$$\mu_r = \frac{1}{2G}\frac{\partial \varphi}{\partial r} \quad w = \frac{1}{2G}\frac{\partial \varphi}{\partial z} \tag{6-18}$$

$$\sigma_r = \frac{\partial^2 \varphi}{\partial r^2} \quad \sigma_\theta = \frac{1}{r}\frac{\partial^2 \varphi}{\partial z^2} \quad \sigma_z = \frac{\partial^2 \varphi}{\partial z^2}$$

$$\tau_{zr} = \tau_{rz} = \frac{\partial^2 \varphi}{\partial r \partial z}$$

(6-19)

$$
\left.\begin{array}{c}
u_{\mathrm{r}} = \dfrac{A_2 r}{2GR(R+z)} \quad w = \dfrac{A_2}{2GR} \\[3mm]
\sigma_{\mathrm{r}} = A_2\left[\dfrac{z}{R^3} - \dfrac{1}{R(R+z)}\right] \quad \sigma_{\theta} = \dfrac{A_2}{R(R+z)} \\[3mm]
\sigma_{\mathrm{z}} = -\dfrac{A_2 z}{R^3} \quad \tau_{\mathrm{zr}} = -\dfrac{A_2 r}{R^3}
\end{array}\right\}
\tag{6-20}
$$

将式（6-17）和式（6-20）相叠加，不但满足边界条件式（6-8）中的第一项，也应满足第二项：

$$
\tau_{\mathrm{zr}} = -A_1\left[\dfrac{(1-2\mu)r}{R^3} + \dfrac{3r^2 z}{R^5}\right] - \dfrac{A_2 r}{R^3} = 0
$$

其中 $z = 0$，因此：

$$
-\dfrac{A_1(1-2\mu)}{r^2} - \dfrac{A_2}{r^2} = 0
$$

$$
(1-2\mu)A_1 + A_2 = 0
\tag{6-21}
$$

将叠加后的 $\sigma_{\mathrm{z}}$ 代入平衡条件式（6-9）还需要满足：

$$
4\pi(1-\mu)A_1 + 2\pi A_2 = P_{\mathrm{v}}
\tag{6-22}
$$

联立式（6-21）和式（6-22）可得：

$$
A_1 = \dfrac{P_{\mathrm{v}}}{2\pi} \quad A_2 = -\dfrac{(1-2\mu)P_{\mathrm{v}}}{2\pi}
$$

将所求得的 $A_1$ 和 $A_2$ 代入式（6-17）和式（6-20）进行叠加即可得到 Boussinesq 解答：

$$
u_{\mathrm{r}} = \dfrac{(1+\mu)P_{\mathrm{v}}}{2\pi ER}\left[\dfrac{rz}{R^2} - \dfrac{(1-2\mu)r}{R+z}\right]
\tag{6-23}
$$

$$
w = \dfrac{(1+\mu)P_{\mathrm{v}}}{2\pi ER}\left[\dfrac{z^2}{R^2} + 2(1-\mu)\right]
\tag{6-24}
$$

$$
\sigma_{\mathrm{r}} = \dfrac{P_{\mathrm{v}}}{2\pi R^2}\left[\dfrac{(1-2\mu)R}{R+z} - \dfrac{3r^2 z}{R^3}\right]
\tag{6-25}
$$

$$
\sigma_{\theta} = \dfrac{(1-2\mu)P_{\mathrm{v}}}{2\pi R^2}\left[\dfrac{z}{R} - \dfrac{R}{R+z}\right]
\tag{6-26}
$$

$$
\sigma_{\mathrm{z}} = -\dfrac{3}{2}\dfrac{P_{\mathrm{v}}z^3}{\pi R^5}
\tag{6-27}
$$

$$
\tau_{\mathrm{zr}} = \tau_{\mathrm{rz}} = -\dfrac{3}{2}\dfrac{P_{\mathrm{v}}rz^2}{\pi R^5}
\tag{6-28}
$$

其中：

$$r = \sqrt{x^2 + y^2} \tag{6-29}$$

$$R = \sqrt{r^2 + z^2} \tag{6-30}$$

设无轨设备与充填体接触面形状为圆形，采用如图 6-9 所示的坐标系，采用均布荷载替代应力和位移分量中的集中荷载。

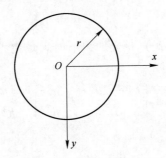

图 6-9  轮胎与充填体接触面积的坐标系

集中荷载与均布荷载存在如下关系：

$$\mathrm{d}p_v = 2\pi r q_v \mathrm{d}r \tag{6-31}$$

将式（6-30）和式（6-31）代入式（6-24）并在圆面积上积分，即可求得法向均布荷载作用下充填体垂直位移的表达式，令圆的半径 $r = a$ 可得：

$$w_1 = \int_0^a \frac{(1+\mu)q_v}{E}\left[\frac{rz^2}{(r^2+z^2)^{\frac{3}{2}}} + \frac{2(1-\mu)r}{(r^2+z^2)^{\frac{1}{2}}}\right]\mathrm{d}r \tag{6-32}$$

式中 $\dfrac{r}{(r^2+z^2)^{\frac{3}{2}}}$ 的原函数为：

$$-\frac{1}{(r^2+z^2)^{\frac{1}{2}}} \tag{6-33}$$

式中 $\dfrac{r}{(r^2+z^2)^{\frac{1}{2}}}$ 的原函数为：

$$(r^2+z^2)^{\frac{1}{2}} \tag{6-34}$$

则式（6-32）经积分可得：

$$w_1 = \frac{(1+\mu)q_v}{E}\left[2(1-\mu)(a^2+z^2)^{\frac{1}{2}} - \frac{z^2}{(a^2+z^2)^{\frac{1}{2}}} - z(1-2\mu)\right] \tag{6-35}$$

将式（6-30）和式（6-31）代入式（6-27）并在圆面积上积分，即可求得法向均布荷载作用下充填体垂直应力的表达式，令圆的半径 $r = a$ 可得：

$$\sigma_{z1} = -3q_v z^3 \int_0^a \frac{r}{(r^2+z^2)^{\frac{5}{2}}}\mathrm{d}r \tag{6-36}$$

式中 $-\dfrac{3r}{(r^2+z^2)^{\frac{5}{2}}}$ 的原函数为：

$$\frac{1}{(r^2+z^2)^{\frac{3}{2}}} \tag{6-37}$$

则式（6-36）经积分可得：

$$\sigma_{z1} = q_v\left[\frac{z^3}{(a^2+z^2)^{\frac{3}{2}}} - 1\right] \tag{6-38}$$

### 6.4.2 切向荷载作用下胶结层位移与应力

为简化研究过程，先将切向均布荷载（$q_h$）等效为一集中力（$P_h$），借助弹性力学中半空间体在边界上受切向集中力这一模型[9]，将解答中的集中力用均布荷载在轮胎与面层之间接触面上的积分形式进行替换，即可得到轮胎施加于胶结层切向均布荷载条件下的解答[11-12]。

力学模型为：设有半空间体，体力不计，在其边界面上受有切向集中力 $P_h$，如图 6-8 所示。以力 $P_h$ 的作用点为坐标原点 $O$，作用线为 $x$ 轴，$z$ 轴指向半空间体内部，应力边界条件要求为：

$$(\sigma_z,\ \tau_{zx},\ \tau_{zy})_{z=0,\ r\neq0} = 0 \tag{6-39}$$

由应力边界条件可以转化得到下面的平衡条件：

$$\left.\begin{array}{ll}
\displaystyle\int_{-\infty}^{\infty}\int_{-\infty}^{\infty}\tau_{zx}\mathrm{d}x\mathrm{d}y + P_h = 0, & \displaystyle\int_{-\infty}^{\infty}\int_{-\infty}^{\infty}(y\sigma_z - z\tau_{zy})\mathrm{d}x\mathrm{d}y = 0 \\[3mm]
\displaystyle\int_{-\infty}^{\infty}\int_{-\infty}^{\infty}\tau_{zy}\mathrm{d}x\mathrm{d}y = 0, & \displaystyle\int_{-\infty}^{\infty}\int_{-\infty}^{\infty}(x\sigma_z - z\tau_{zx})\mathrm{d}x\mathrm{d}y = 0 \\[3mm]
\displaystyle\int_{-\infty}^{\infty}\int_{-\infty}^{\infty}\sigma_z\mathrm{d}x\mathrm{d}y = 0, & \displaystyle\int_{-\infty}^{\infty}\int_{-\infty}^{\infty}(y\tau_{zx} - x\tau_{zy})\mathrm{d}x\mathrm{d}y = 0
\end{array}\right\} \tag{6-40}$$

其中，左边三式依次表示 $\sum F_x = 0$，$\sum F_y = 0$，$\sum F_z = 0$，右边的三式依次表示 $\sum M_x = 0$，$\sum M_y = 0$，$\sum M_z = 0$。

此时需要引入伽辽金位移函数求解一般的非轴对称空间问题。伽辽金位移函数是将拉甫位移函数进行改进推广，引用了三个位移函数：

$$\left.\begin{array}{l}
u = \dfrac{1}{2G}\left[2(1-\mu)\nabla^2\xi - \dfrac{\partial}{\partial x}\left(\dfrac{\partial\xi}{\partial x} + \dfrac{\partial\eta}{\partial y} + \dfrac{\partial\zeta}{\partial z}\right)\right] \\[4mm]
v = \dfrac{1}{2G}\left[2(1-\mu)\nabla^2\eta - \dfrac{\partial}{\partial y}\left(\dfrac{\partial\xi}{\partial x} + \dfrac{\partial\eta}{\partial y} + \dfrac{\partial\zeta}{\partial z}\right)\right] \\[4mm]
w = \dfrac{1}{2G}\left[2(1-\mu)\nabla^2\zeta - \dfrac{\partial}{\partial z}\left(\dfrac{\partial\xi}{\partial x} + \dfrac{\partial\eta}{\partial y} + \dfrac{\partial\zeta}{\partial z}\right)\right]
\end{array}\right\} \tag{6-41}$$

其中

$$\nabla^2 = \frac{\partial^2}{\partial x^2} + \frac{\partial^2}{\partial y^2} + \frac{\partial^2}{\partial z^2} \tag{6-42}$$

因此按位移求解的平衡微分方程为：

$$\left.\begin{array}{l} \dfrac{E}{2(1+\mu)}\left(\dfrac{1}{1-2\mu}\dfrac{\partial e}{\partial x} + \nabla^2 u\right) + X = 0 \\[3mm] \dfrac{E}{2(1+\mu)}\left(\dfrac{1}{1-2\mu}\dfrac{\partial e}{\partial y} + \nabla^2 v\right) + Y = 0 \\[3mm] \dfrac{E}{2(1+\mu)}\left(\dfrac{1}{1-2\mu}\dfrac{\partial e}{\partial z} + \nabla^2 w\right) + Z = 0 \end{array}\right\} \tag{6-43}$$

由于该力学模型不计体力，故上式可简化为：

$$\left.\begin{array}{l} \dfrac{1}{1-2\mu}\dfrac{\partial e}{\partial x} + \nabla^2 u = 0 \\[3mm] \dfrac{1}{1-2\mu}\dfrac{\partial e}{\partial y} + \nabla^2 v = 0 \\[3mm] \dfrac{1}{1-2\mu}\dfrac{\partial e}{\partial z} + \nabla^2 w = 0 \end{array}\right\} \tag{6-44}$$

将式（6-41）代入不计体力时的平衡微分方程式（6-44），可见式（6-41）中的三个位移函数所应该满足的条件是：

$$\nabla^4 \xi = 0 \quad \nabla^4 \eta = 0 \quad \nabla^4 \zeta = 0 \tag{6-45}$$

即三个位移函数都应是重调和函数。将式（6-41）代入空间弹性方程得：

$$\left.\begin{array}{l} \sigma_x = \dfrac{E}{1+\mu}\left(\dfrac{\mu}{1-2\mu}e + \dfrac{\partial u}{\partial x}\right) \\[3mm] \sigma_y = \dfrac{E}{1+\mu}\left(\dfrac{\mu}{1-2\mu}e + \dfrac{\partial v}{\partial y}\right) \\[3mm] \sigma_z = \dfrac{E}{1+\mu}\left(\dfrac{\mu}{1-2\mu}e + \dfrac{\partial w}{\partial z}\right) \\[3mm] \tau_{yz} = \dfrac{E}{2(1+\mu)}\left(\dfrac{\partial w}{\partial y} + \dfrac{\partial v}{\partial z}\right) \\[3mm] \tau_{zx} = \dfrac{E}{2(1+\mu)}\left(\dfrac{\partial u}{\partial z} + \dfrac{\partial w}{\partial x}\right) \\[3mm] \tau_{xy} = \dfrac{E}{2(1+\mu)}\left(\dfrac{\partial v}{\partial x} + \dfrac{\partial u}{\partial y}\right) \end{array}\right\} \tag{6-46}$$

将 $\dfrac{1}{2G} = \dfrac{1+\mu}{E}$ 代入式（6-46），可得应力分量的表达式为：

$$\left.\begin{array}{l} \sigma_x = 2(1-\mu)\dfrac{\partial}{\partial x}\nabla^2\xi + \left(\mu\nabla^2 - \dfrac{\partial^2}{\partial x^2}\right)\left(\dfrac{\partial\xi}{\partial x} + \dfrac{\partial\eta}{\partial y} + \dfrac{\partial\zeta}{\partial z}\right) \\[3mm] \sigma_y = 2(1-\mu)\dfrac{\partial}{\partial y}\nabla^2\eta + \left(\mu\nabla^2 - \dfrac{\partial^2}{\partial y^2}\right)\left(\dfrac{\partial\xi}{\partial x} + \dfrac{\partial\eta}{\partial y} + \dfrac{\partial\zeta}{\partial z}\right) \\[3mm] \sigma_z = 2(1-\mu)\dfrac{\partial}{\partial z}\nabla^2\zeta + \left(\mu\nabla^2 - \dfrac{\partial^2}{\partial z^2}\right)\left(\dfrac{\partial\xi}{\partial x} + \dfrac{\partial\eta}{\partial y} + \dfrac{\partial\zeta}{\partial z}\right) \\[3mm] \tau_{yz} = (1-\mu)\left(\dfrac{\partial}{\partial y}\nabla^2\zeta + \dfrac{\partial}{\partial z}\nabla^2\eta\right) - \dfrac{\partial^2}{\partial y\,\partial z}\left(\dfrac{\partial\xi}{\partial x} + \dfrac{\partial\eta}{\partial y} + \dfrac{\partial\zeta}{\partial z}\right) \\[3mm] \tau_{zx} = (1-\mu)\left(\dfrac{\partial}{\partial z}\nabla^2\xi + \dfrac{\partial}{\partial x}\nabla^2\zeta\right) - \dfrac{\partial^2}{\partial z\,\partial x}\left(\dfrac{\partial\xi}{\partial x} + \dfrac{\partial\eta}{\partial y} + \dfrac{\partial\zeta}{\partial z}\right) \\[3mm] \tau_{xy} = (1-\mu)\left(\dfrac{\partial}{\partial x}\nabla^2\zeta + \dfrac{\partial}{\partial y}\nabla^2\xi\right) - \dfrac{\partial^2}{\partial x\,\partial y}\left(\dfrac{\partial\xi}{\partial x} + \dfrac{\partial\eta}{\partial y} + \dfrac{\partial\zeta}{\partial z}\right) \end{array}\right\} \qquad (6\text{-}47)$$

取式（6-48）的重调和函数为伽辽金位移函数，再取式（6-49）的零次幂重调和函数为位移势函数。

$$\xi = A_1 R, \ \eta = 0, \ \zeta = A_2 x\ln(R+z) \qquad (6\text{-}48)$$

$$\varphi = \frac{A_3 x}{R+z} \qquad (6\text{-}49)$$

假设位移在某一方向的分量是和位移势函数 $\varphi(x,\ y,\ z)$ 在该方向的导数成正比。取比例常数为 $\dfrac{1}{2G} = \dfrac{1+\mu}{E}$，于是有：

$$u = \frac{1}{2G}\frac{\partial\varphi}{\partial x}$$

$$v = \frac{1}{2G}\frac{\partial\varphi}{\partial y}$$

$$w = \frac{1}{2G}\frac{\partial\varphi}{\partial z} \qquad (6\text{-}50)$$

式（6-49）应满足条件 $\nabla^2\varphi = C$，$C$ 为任意常数，此时：

$$e = \frac{\partial u}{\partial x} + \frac{\partial v}{\partial y} + \frac{\partial w}{\partial z} = \frac{1}{2G}\nabla^2\varphi = 0$$

由式（6-50）和弹性方程（6-46）可得出应力分量的表达式为：

$$\left.\begin{array}{l} \sigma_x = \dfrac{\partial^2\varphi}{\partial x^2}, \ \sigma_y = \dfrac{\partial^2\varphi}{\partial y^2}, \ \sigma_z = \dfrac{\partial^2\varphi}{\partial z^2} \\[3mm] \tau_{yz} = \dfrac{\partial^2\varphi}{\partial y\,\partial z}, \ \tau_{zx} = \dfrac{\partial^2\varphi}{\partial z\,\partial x}, \ \tau_{xy} = \dfrac{\partial^2\varphi}{\partial x\,\partial y} \end{array}\right\} \qquad (6\text{-}51)$$

分别将式（6-48）代入式（6-41）和式（6-47），式（6-49）代入式（6-50）和式（6-51），然后将各个位移分量和应力分量分别进行叠加，代入边界条件和平衡条件，可见需满足：

$$A_1 = \frac{P_h}{4\pi(1-\mu)}, \quad A_2 = \frac{(1-2\mu)P_h}{4\pi(1-\mu)}, \quad A_3 = \frac{(1-2\mu)P_h}{2\pi} \tag{6-52}$$

由此得到了满足一切条件的 Cerruti 解答：

$$u = \frac{(1+\mu)P_h}{2\pi ER}\left\{1 + \frac{x^2}{R^2} + (1-2\mu)\left[\frac{R}{R+z} - \frac{x^2}{(R+z)^2}\right]\right\} \tag{6-53}$$

$$v = \frac{(1+\mu)P_h}{2\pi ER}\left[\frac{xy}{R^2} - \frac{(1-2\mu)xy}{(R+z)^2}\right] \tag{6-54}$$

$$w = \frac{(1+\mu)P_h}{2\pi ER}\left[\frac{xz}{R^2} - \frac{(1-2\mu)x}{R+z}\right] \tag{6-55}$$

$$\sigma_x = \frac{P_h x}{2\pi R^3}\left[\frac{1-2\mu}{(R+z)^2}\left(R^2 - y^2 - \frac{2Ry^2}{R+z}\right) - \frac{3x^2}{R^2}\right] \tag{6-56}$$

$$\sigma_y = \frac{P_h x}{2\pi R^3}\left[\frac{1-2\mu}{(R+z)^2}\left(3R^2 - x^2 - \frac{2Rx^2}{R+z}\right) - \frac{3y^2}{R^2}\right] \tag{6-57}$$

$$\sigma_z = -\frac{3P_h xz^2}{2\pi R^5} \tag{6-58}$$

$$\tau_{yz} = -\frac{3P_h xyz}{2\pi R^5} \tag{6-59}$$

$$\tau_{zx} = -\frac{3P_h x^2 z}{2\pi R^5} \tag{6-60}$$

$$\tau_{xy} = \frac{P_h y}{2\pi R^3}\left[\frac{1-2\mu}{(R+z)^2}\left(-R^2 + x^2 + \frac{2Rx^2}{R+z}\right) - \frac{3x^2}{R^2}\right] \tag{6-61}$$

其中 $r = \sqrt{x^2 + y^2}$，$R = \sqrt{r^2 + z^2}$，$x$ 坐标如下：

$$x = r\cos\theta \tag{6-62}$$

设无轨设备与充填体接触面形状为圆形，采用如图 6-10 所示的坐标系，采用均布荷载替代应力和位移分量中的集中荷载。

集中荷载与均布荷载存在如下关系：

$$dP_h = q_h r d\theta dr \tag{6-63}$$

将式 (6-30)、式 (6-62)、式 (6-63) 代入式 (6-55) 并在圆面积上积分，即可求得切向均布荷载作用下充填体垂直位移的表达式，令圆的半径 $r = a$ 可得：

$$w_2 = 4\int_0^{\frac{\pi}{2}}\int_0^a \frac{(1+\mu)q_h\cos\theta}{2\pi E}\left[\frac{zr^2}{(r^2+z^2)^{\frac{3}{2}}} + \frac{(1-2\mu)r^2}{(r^2+z^2) + z(r^2+z^2)^{\frac{1}{2}}}\right]drd\theta$$

$$\tag{6-64}$$

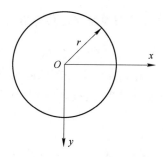

图 6-10　轮胎与充填体接触面积的坐标系

式中 $\dfrac{r^2}{(r^2+z^2)^{\frac{3}{2}}}$ 的原函数为：

$$\ln\left[\,r+(r^2+z^2)^{\frac{1}{2}}\,\right]-\dfrac{r}{(r^2+z^2)^{\frac{1}{2}}} \tag{6-65}$$

$\dfrac{r^2}{(r^2+z^2)+z\,(r^2+z^2)^{\frac{1}{2}}}$ 的原函数为：

$$r-z\ln\left[\,r+(r^2+z^2)^{\frac{1}{2}}\,\right] \tag{6-66}$$

则式（6-64）经积分可得：

$$w_2=\dfrac{2(1+\mu)q_h}{\pi E}\left\{2\mu z\ln\left[\,a+(a^2+z^2)^{\frac{1}{2}}\,\right]+a\left[\,1-2\mu-\dfrac{z}{(a^2+z^2)^{\frac{1}{2}}}\,\right]-2\mu z\ln z\right\} \tag{6-67}$$

将式（6-30）、式（6-62）、式（6-63）代入式（6-58）并在圆面积上积分，即可求得切向均布荷载作用下胶结层垂直应力的表达式，令圆的半径 $r=a$ 可得：

$$\sigma_{z2}=-4\int_0^{\frac{\pi}{2}}\int_0^a\dfrac{3q_h z^2 r^2\cos\theta}{2\pi\,(r^2+z^2)^{\frac{5}{2}}}\mathrm{d}r\mathrm{d}\theta \tag{6-68}$$

式中 $\dfrac{r^2}{(r^2+z^2)^{\frac{5}{2}}}$ 的原函数为：

$$\dfrac{r^3}{3z^2\,(r^2+z^2)^{\frac{3}{2}}} \tag{6-69}$$

则式（6-68）经积分可得：

$$\sigma_{z2}=-\dfrac{2a^3}{\pi\,(a^2+z^2)^{\frac{3}{2}}}q_h \tag{6-70}$$

### 6.4.3　法向和切向荷载综合作用下胶结层位移与应力

前述将铲运机轮胎与胶结层接触面简化为圆形来研究，圆半径为 $r = a$，分别对法向均布荷载和切向均布荷载作用下的充填体垂直位移和垂直应力进行了分析，根据叠加原理，可求得胶结层在两者综合作用下的位移和应力表达式。

#### 6.4.3.1　垂直位移叠加

在法向均布荷载和切向均布荷载作用下充填体的垂直位移分布表达式可采用式（6-35）和式（6-67）叠加求得[11-12]：

$$w = \frac{(1+\mu)q_v}{E}\left[2(1-\mu)(a^2+z^2)^{\frac{1}{2}} - \frac{z^2}{(a^2+z^2)^{\frac{1}{2}}} - z(1-2\mu)\right] +$$

$$\frac{2(1+\mu)q_h}{\pi E}\left\{2\mu z\ln\left[a+(a^2+z^2)^{\frac{1}{2}}\right] + a\left[1-2\mu-\frac{z}{(a^2+z^2)^{\frac{1}{2}}}\right] - 2\mu z\ln z\right\}$$

$$(6-71)$$

式中　　$a$——轮胎与胶结层接触面圆形的半径，m；

　　　　$z$——胶结层的深度，m；

　　　　$\mu$——充填体泊松比；

　　　　$E$——充填体弹性模量，MPa；

　　　　$q_v$——法向均布荷载，MPa；

　　　　$q_h$——切向均布荷载，MPa。

分析可知，胶结层垂直位移与法向均布荷载、切向均布荷载及胶结层厚度有关。

在轮胎与胶结层接触面圆形的半径 $a$ 为 0.173 m，充填体泊松比 $\mu$ 为 0.3，充填体弹性模量 $E$ 为 40 MPa，法向均布荷载 $q_v$ 为 0.98 MPa，切向均布荷载 $q_h$ 为 0.46 MPa 条件下，胶结层的垂直位移 $w$ 与厚度 $z$ 之间关系如图 6-11 所示。

由图 6-11 可知，轮胎与胶结层在接触条件、胶结层泊松比、胶结层弹性模量、胶结层表面均布法向荷载和切向荷载不变的情况下，胶结层的垂直位移仅与厚度有关，胶结层表面垂直位移最大，底面最小，两者呈幂函数关系，垂直位移随厚度的增加而减小，并逐渐趋于零，垂直位移减小速率逐渐减小。

在轮胎与胶结层接触面圆形的半径 $a$ 为 0.173 m，充填体泊松比 $\mu$ 为 0.3，充填体弹性模量 $E$ 为 40 MPa，胶结层厚度 $z$ 为 0.4 m，切向均布荷载 $q_h$ 为 0.46 MPa 条件下，胶结层的垂直位移 $w$ 与胶结层表面法向均布荷载 $q_v$ 之间关系如图 6-12 所示。

由图 6-12 可知，在轮胎与胶结层接触条件、胶结层泊松比、胶结层弹性模

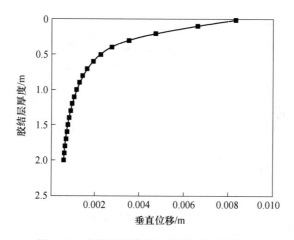

图 6-11 胶结层垂直位移与厚度之间的关系

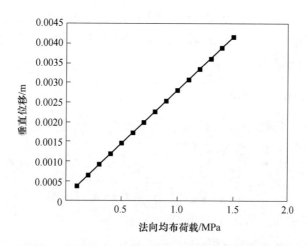

图 6-12 胶结层垂直位移与法向均布荷载之间的关系

量、胶结层厚度和胶结层表面均布切向荷载不变的情况下，胶结层的垂直位移仅与胶结层表面均布法向荷载有关，两者呈线性函数关系，垂直位移随上覆均布法向荷载的增加而增大。

在轮胎与胶结层接触面圆形半径 $a$ 为 0.173 m，充填体泊松比 $\mu$ 为 0.3，充填体弹性模量 $E$ 为 40 MPa，胶结层厚度 $z$ 为 0.4 m，法向均布荷载 $q_v$ 为 0.98 MPa 条件下，胶结层的垂直位移 $w$ 与胶结层表面切向均布荷载 $q_h$ 之间关系如图 6-13 所示。

由图 6-13 可知，在轮胎与胶结层接触条件、胶结层泊松比、胶结层弹性模量、胶结层厚度和胶结层表面法向均布荷载不变的情况下，胶结层的垂直位移仅与胶结层表面均布切向荷载有关，两者呈线性函数关系，垂直位移随上覆切向均

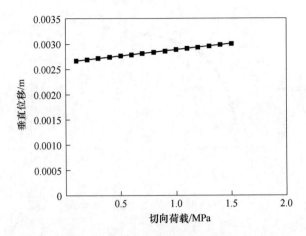

图 6-13　胶结层垂直位移与切向均布荷载之间的关系

布荷载的增加而增大。当胶结层表面的切向均布荷载由 0.1 MPa 增大到 1.5 MPa 时，胶结层的垂直位移仅增大 0.000325 m，表明胶结层表面切向均布荷载对胶结层的垂直位移影响较小。

### 6.4.3.2　垂直应力叠加

在法向均布荷载和切向均布荷载作用下胶结层的垂直应力分布表达式可采用式 （6-38） 和式 （6-70） 叠加求得[11-12]：

$$\sigma_z = q_v \left[ \frac{z^3}{(a^2 + z^2)^{\frac{3}{2}}} - 1 \right] - \frac{2a^3}{\pi (a^2 + z^2)^{\frac{3}{2}}} q_h \tag{6-72}$$

式中　$a$ ——轮胎与胶结层接触面圆形的半径，m；

　　　$z$ ——胶结层的深度，m；

　　　$q_v$ ——法向均布荷载，MPa；

　　　$q_h$ ——切向均布荷载，MPa。

分析可知，胶结层垂直应力与法向均布荷载、切向均布荷载及充填体厚度有关。

在轮胎与胶结层接触面圆形半径 $a$ 为 0.173 m，法向均布荷载 $q_v$ 为 0.98 MPa，切向均布荷载 $q_h$ 为 0.46 MPa 条件下，胶结层的垂直应力 $\sigma_z$ 与厚度 $z$ 之间关系如图 6-14 所示。

由图 6-14 可知，在轮胎与胶结层接触条件、胶结层表面法向均布荷载和切向均布荷载不变的情况下，胶结层的垂直应力仅与厚度有关，胶结层表面垂直应力最大，底面最小，两者呈幂函数关系，垂直应力随厚度的增加而减小，并逐渐趋于零，垂直应力减小速率逐渐减小。

在轮胎与胶结层接触面圆形半径 $a$ 为 0.173 m，胶结层厚度 $z$ 为 0.4 m，切向

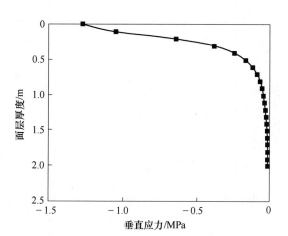

图 6-14 胶结层垂直应力与厚度之间的关系

均布荷载 $q_h$ 为 0.46 MPa 条件下，胶结层的垂直应力 $\sigma_z$ 与胶结层表面法向均布荷载 $q_v$ 之间关系如图 6-15 所示。

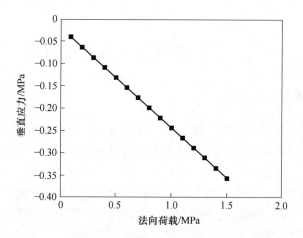

图 6-15 胶结层垂直应力与上覆法向均布荷载之间的关系

由图 6-15 可知，在轮胎与胶结层接触条件、胶结层厚度和胶结层表面切向均布荷载不变的情况下，胶结层的垂直应力仅与胶结层表面法向均布荷载有关，两者呈线性函数关系，垂直应力随上覆法向均布荷载的增加而增大。

在轮胎与胶结层接触面圆形半径 $a$ 为 0.173 m，胶结层厚度 $z$ 为 0.4 m，法向均布荷载 $q_v$ 为 0.98 MPa 条件下，胶结层的垂直应力 $\sigma_z$ 与胶结层表面切向均布荷载 $q_h$ 之间关系如图 6-16 所示。

由图 6-16 可知，在轮胎与胶结层接触条件、胶结层厚度和胶结层表面法向均布荷载不变的情况下，胶结层的垂直应力仅与胶结层表面切向均布荷载有关，

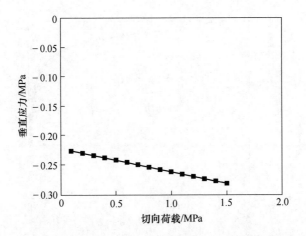

图 6-16　胶结垂直应力与上覆切向均布荷载之间的关系

两者呈线性函数关系，垂直应力随上覆切向均布荷载的增加而增大。

　　综上，减小胶结层上覆荷载，增大胶结层厚度，有利于降低承载层的变形及应力。

# 6.5　胶结层强度及厚度设计方法

## 6.5.1　胶结层强度设计方法

　　合理的抗压强度是确保胶结层作为无轨设备运行平台的重要参数。强度设计偏大，虽然保证了承载层的稳定性与整体性，但却增大了胶结层的充填成本；强度设计偏低，无法保证无轨设备平稳运行。实际生产中，无轨设备作用下的胶结层属于三轴压缩状态，轮载作用部分的充填体受相邻充填体围压作用，胶结层整体同时又受围岩作用。根据圣维南原理，与无轨设备轮胎接触作用的充填体部分受围岩的影响可以忽略不计。上向分层充填体其力学作用主要表现为承担上部无轨设备高效工作产生的荷载，需满足继续上采的工作条件。因此，胶结层抗压强度的设计只考虑无轨设备的影响。

　　在第 6.4 节中运用弹性力学的知识，借鉴路基路面工程中路面设计原理和方法，将无轨设备作用下的胶结层简化为不计体力条件下受均布法向荷载和切向荷载共同作用的均质半空间体，推导了无轨设备法向荷载和切向荷载综合作用下胶结层垂直应力的计算方法[11-12]，即公式（6-72）。根据弹性力学中对符号的规定，式（6-72）计算结果中，负号只是表示压应力，不表示大小。

　　根据式（6-72）所示的垂直应力分布计算公式可知，胶结层表面垂直应力最大[11-12]，令 $z = 0$ 可得：

$$\sigma_{z(\max)} = -q_v - \frac{2}{\pi}q_h \tag{6-73}$$

理想条件下胶结层的抗压强度只需满足等于最大垂直压应力即可。但实际生产中，由于胶结料浆存在离析及在采场流动的不均匀性，可能存在充填体强度达不到设计要求的情况。因此，通常考虑一定的富裕系数，以保证充填体达到最低设计强度的要求[11-12]。

$$\sigma_z = f_1 |\sigma_{z(\max)}| = 1.5 \times \left(q_v + \frac{2}{\pi}q_h\right) \tag{6-74}$$

式中 $f_1$——安全系数，取 $f_1 = 1.5$。

### 6.5.2 胶结层厚度设计方法

胶结层在满足设计强度条件下，厚度同样是影响胶结层稳定性的重要指标。荷载作用下胶结层必然发生变形，向下依次累积会在充填体中产生相应的拉应力，由于胶结充填体抗压不抗拉的特性，如果胶结层厚度过小，层底变形过大，层底产生的拉应力会对胶结层的破坏起到直接危害作用。底部首先开裂或拉断，裂隙由下而上发展，最终导致整个胶结层开裂。胶结层所承受的荷载越大，变形也越大，所产生的拉应力随之增大。因此在无轨设备荷载一定的情况下，增大胶结层厚度，可以有效减小胶结层底部的变形，若将承载层变形控制在弹性变形阶段，胶结层必然保持稳定。

胶结层厚度除了影响其稳定外，还影响充填体成本。胶结层通常用水泥或其他材料作为胶结剂，与一定量的尾砂或者废石搅拌充填而成。胶结层厚度决定了充填量，充填材料本身具有一定的价格，胶结层越厚，充填量越大，充填材料使用越多，充填成本越高。然而胶结层的厚度并不是越小越好，厚度过小无法满足无轨设备的正常作业，出现胶结层破坏，给作业带来不便。因此，确保胶结层稳定的前提下，优化胶结层厚度，是确保经济效益的基础。

理想条件下将胶结层变形控制在弹性变形范围内，可满足胶结层的稳定和完整。由胶结层垂直位移分布式（6-71）可知，胶结层最大垂直位移发生在轮胎与胶结层接触的表面（$z = 0$），满载无轨设备荷载作用下胶结层表面最大垂直位移 $w_{\max}$ 采用式（6-75）表示。

$$w_{\max} = \frac{2(1 - \mu^2)aq_v}{E} + \frac{2(1 + \mu)(1 - 2\mu)aq_h}{\pi E} \tag{6-75}$$

视面胶结层表面最大垂直位移为胶结层整体最大变形，且该变形条件下胶结层仍处于弹性阶段，则胶结层应变可以表示为：

$$\varepsilon_{\max} = \frac{w_{\max}}{d_0} \tag{6-76}$$

式中　$\varepsilon_{max}$ ——胶结层最大应变；

　　　　$d_0$ ——胶结层保持弹性的最小厚度（临界厚度），m。

根据应力-应变关系，胶结层的垂直应力、弹性模量及应变之间的关系可以表示为：

$$E = \frac{\sigma_{z(max)}}{\varepsilon_{max}} \tag{6-77}$$

将式（6-76）代入式（6-77）得：

$$E = \frac{d_0 \sigma_{z(max)}}{w_{max}} \tag{6-78}$$

根据式（6-78）可求得：

$$d_0 = \frac{E w_{max}}{\sigma_{z(max)}} \tag{6-79}$$

将式（6-73）和式（6-75）代入式（6-79）可得：

$$d_0 = \frac{2(1-\mu^2)aq_v + \dfrac{2(1+\mu)(1-2\mu)aq_h}{\pi}}{-q_v - \dfrac{2}{\pi}q_h} \tag{6-80}$$

合理的胶结层厚度 $d$ 应满足[11-12]：

$$d = f_2 |d_0| = 1.5 \times \frac{2(1-\mu^2)aq_v + \dfrac{2(1+\mu)(1-2\mu)aq_h}{\pi}}{q_v + \dfrac{2}{\pi}q_h} \tag{6-81}$$

式中　$d$ ——胶结层设计厚度，m；

　　　　$f_2$ ——厚度安全系数，考虑料浆采场内流动不均匀对厚度的影响，取
　　　　　　$f_2 = 1.5$。

# 6.6　工 程 实 践

## 6.6.1　工程背景

大红山铜矿西矿段Ⅰ号铜铁矿带矿体分布在矿区 F3 断层以西，东西宽约 2 km，南北长约 5 km，面积约 10 km²。西矿段Ⅰ号铜矿带 $I_1$、$I_2$、$I_3$ 含铁铜矿体保有地质储量为 5463.38 万吨，铜品位 0.64%，D 级铜金属资源量 34.91 万吨，伴生铁品位 16.38%。此外还伴生金 5.88 t、银 28.53 t、钴 6033 t。该区段分两期建设，200 m 以上为一期，200 m 以下为二期，每天生产能力设计为

8000 t，实际为6000 t。

Ⅰ号铜铁矿带矿体在大红山铜矿厂房、采矿工业场地、河流、矿区道路之下，属于典型的"三下开采"，矿体开采必须保证地表变形在国家规定的保护等级标准范围内。矿体埋深达600 m以上，最深处达944 m。矿体呈缓倾斜至倾斜铜铁多层平行产出，矿体厚度薄~中厚~厚大，形态与倾角变化较大，矿体及围岩中等稳固，围岩层理发育。特别是西部矿段，矿体厚度薄、分层多，单层厚度大于7 m的只占20%左右。由于矿体水平开采范围局限，要达到设计生产能力必须采用大规模机械化高效采矿。针对西部矿段矿体开采技术条件和生产布置，设计采用点柱式上向水平分层充填法。阶段高度200 m，采区高度100 m，分段高20 m，分层高4 m；沿走向长每隔200 m划分为一个盘区，每个盘区又划分为四个采场，采场之间设间柱，间柱宽4 m。

大红山铜矿西部矿段矿体典型剖面如图6-17所示，其单层矿体和双层矿体的机械化点柱式上向水平分层充填采矿法示意图如图6-18和图6-19所示。

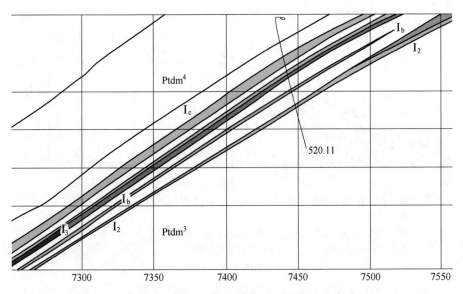

图6-17 大红山铜矿西部矿段矿体典型剖面

为满足高效无轨设备作业，并综合降低充填成本，分层充填设计采用底基层非胶结、面层胶结两次充填，采场充填设计参数如下：

（1）单分层基底层采用非胶结尾砂高浓度充填，充填高度为2.7~3.4 m，该层充填的关键是脱水。

（2）面层采用胶结充填，强度满足铲运机运行，7天达到2 MPa，须考虑高强胶结，充填厚度不小于0.6 m。设计灰砂比1:4，水泥用量达300 kg/m³。

针对大红山西矿段胶结层充填存在的问题，经济合理地确定胶结层强度及厚

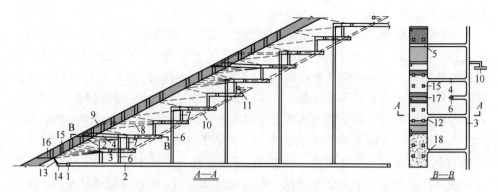

图 6-18 大红山铜矿西矿段机械化点柱式上向水平分层充填采矿法（单层矿体）
1—阶段沿脉运输巷道；2—阶段穿脉运输巷道；3—沿脉干线（分段巷道）；4—出矿进路；
5—切割横巷道；6—矿石溜井；7—废石溜井；8—充填回风联道；9—充填回风上山；
10—盘区充填回风上山；11—充填回风平巷；12—滤水井；13—排水孔；14—排水穿脉；
15—点柱；16—充填体；17—间柱；18—充填挡墙

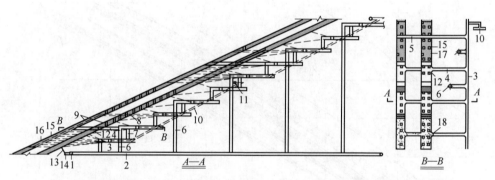

图 6-19 大红山铜矿西矿段机械化点柱式上向水平分层充填采矿法（双层矿体）
1—阶段沿脉运输巷道；2—阶段穿脉运输巷道；3—沿脉干线（分段巷道）；4—出矿进路；
5—切割横巷道；6—矿石溜井；7—废石溜井；8—充填回风联道；9—充填回风上山；
10—盘区充填回风上山；11—充填回风平巷；12—滤水井；13—排水孔；14—排水穿脉；
15—点柱；16—充填体；17—间柱；18—充填挡墙

度，既能保证大型高效无轨设备的开采环境，又能经济地确定水泥单耗和充填量，节约充填成本，增加矿山经济效益。

## 6.6.2 胶结层强度及厚度设计

大红山铜矿上向采场内常用的无轨设备包括铲运机、凿岩台车、撬锚台车、喷浆台车及锚杆台车，其中铲运机由于铲装矿石，其法向荷载及切向荷载最大，对胶结层整体性及稳定性影响最严重。铲运机型号为阿特拉斯 ST7 型，铲斗容积 3 $m^3$，具体参数见表 6-3。

表 6-3  阿特拉斯 ST7 型铲运机基本参数

| 设备 | 铲取力 /kg | 自重 /kg | 额定载重 /kg | 前轮胎压 / MPa | 后轮胎压 / MPa |
|---|---|---|---|---|---|
| ST7 | 11500 | 19300 | 6800 | 0.69 | 0.48 |

根据上述参数，对胶结层强度及厚度进行优化设计，计算结果如下。

轴载比按式（6-2）确定，阿特拉斯铲运机轴载比为：

$$\lambda = \frac{p_1}{p_2} = \frac{0.69}{0.48} = 1.438$$

前轮作用于胶结层的法向集中力按式（6-1）可得：

$$P_v = \frac{\lambda(M_1 + M_2)g}{2(1 + \lambda)} = \frac{1.438 \times (19300 + 6800) \times 9.8}{2 \times (1 + 1.438) \times 1000000} = 0.075 \text{ MN}$$

前轮作用于胶结层的切向集中力按式（6-6）可得：

$$P_h = \frac{\lambda Fg}{2(1 + \lambda)} = \frac{1.438 \times 11500 \times 9.8}{2 \times (1 + 1.438) \times 1000000} = 0.033 \text{ MN}$$

前轮与胶结层的接触面积按式（6-4）可得：

$$S = \frac{P_v}{p_1} = \frac{0.075}{0.69} = 0.109 \text{ m}^2$$

前轮与胶结层的圆形接触面半径按式（6-5）可得：

$$a = \sqrt{\frac{S}{\pi}} = \sqrt{\frac{0.109}{3.14}} = 0.187 \text{ m}$$

前轮作用于胶结层的法向均布荷载按式（6-3）计算可得：

$$q_v = \frac{P_v}{S} = \frac{0.075}{0.109} = 0.69 \text{ MPa}$$

前轮作用于胶结层的切向均布荷载按式（6-7）计算可得：

$$q_h = \frac{P_h}{S} = \frac{0.033}{0.109} = 0.304 \text{ MPa}$$

前轮作用于胶结层的最大垂直应力按式（6-73）计算可得：

$$\sigma_{z(max)} = -q_v - \frac{2}{\pi}q_h = -0.69 - \frac{2}{3.14} \times 0.304 = -0.88 \text{ MPa}$$

胶结层保持弹性的最小厚度（临界厚度）按式（6-80）计算可得：

$$d_0 = \frac{2 \times (1 - 0.21^2) \times 0.187 \times 0.69 + \dfrac{2 \times (1 + 0.21) \times (1 - 2 \times 0.21) \times 0.187 \times 0.304}{3.14}}{-0.69 - \dfrac{2}{3.14} \times 0.304}$$

$$= 0.31 \text{ m}$$

采用式（6-74）计算胶结层抗压强度，安全系数 $f_1$ 取 1.5 计算可得：

$$\sigma_c = f_1 |\sigma_{z(max)}| = 1.5 \times 0.88 = 1.32 \text{ MPa}，取 1.40 \text{ MPa}$$

采用式（6-81）计算胶结层厚度，厚度安全系数 $f_2$ 取 1.5，计算可得：

$$d = f_2 |d_0| = 1.5 \times 0.31 \approx 0.50 \text{ m}$$

### 6.6.3 数值模拟

采用 FLAC 3D 构建上向分层充填体物理模型，为确保计算结果精度，确定单元格尺寸为 0.05 m×0.05 m×0.05 m，为减少重复计算量，设计模型长度为 6 m（即铲运机前轮行驶长度），模型宽度为 4 m，高度为 3.3 m（底基层高度为 2.8 m，胶结层高度为 0.5 m），模型单元数 633600 个，模型如图 6-20 所示。

图 6-20　上向分层充填体物理模型

根据强度设计结果，结合充填体强度及变形试验结果，确定胶结层及底基层充填体物理力学参数见表 6-4。

表 6-4　充填体物理力学参数

| 属 性 | 胶结层<br>胶结尾砂充填体 | 底基层<br>非胶结尾砂充填体 |
| --- | --- | --- |
| 天然密度/kg·m⁻³ | 1917 | 1790 |
| 弹性模量/ MPa | 246 | 13 |
| 泊松比 | 0.21 | 0.4 |
| 内摩擦角/(°) | 35 | 20 |

续表6-4

| 属　　性 | 胶结层<br>胶结尾砂充填体 | 底基层<br>非胶结尾砂充填体 |
|---|---|---|
| 内聚力/MPa | 0.36 | 0.01 |
| 抗压强度/MPa | 1.41 | 0 |
| 抗拉强度/MPa | 0.14 | 0 |

根据实际测量，ST7铲运机在充填体表面运行车辙平均宽度为37.2 cm。在计算时，以车辙宽度为直径作圆，圆的面积为轮胎与充填体表面接触面积，面积约为1086 cm$^2$。为了加载方便，将其等效为面积相等、边长为33 cm的正方形。加载时，考虑胶结层表面不平整度对荷载大小的影响，对胶结层施加垂直波动荷载，最大垂直荷载系数为1.05（加载量0.72 MPa），无轨设备前轮每前进0.15 m加载一次，共计加载40次，水平荷载以定值加载，加载量为0.304 MPa。

底基层充填体和胶结层按表6-4所示参数赋值后，按设计加载方式对模型加载并运算，胶结层垂直应力及位移分布如图6-21和图6-22所示。

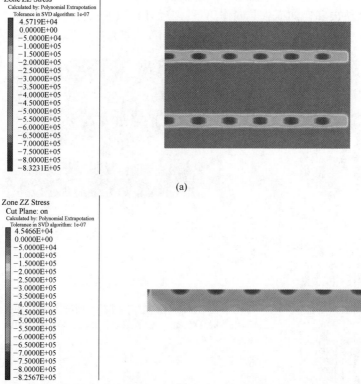

(a)

(b)

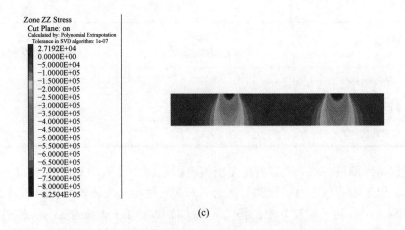

(c)

图 6-21 胶结层垂直应力云图

（a）表面；（b）沿车轮行驶方向剖面；（c）垂直车轮行驶方向剖面

由图 6-21 可知，垂直应力在无轨设备与胶结层接触中心处最大，随垂深增加逐渐减小。由图 6-21（b）可知，应力由接触面中心点向外似圆发散，并逐渐减小；由图 6-21（c）可知，应力由接触面中心点向外似椭圆发散，并逐渐减小。无轨设备在法向和切向荷载共同作用下，胶结层最大垂直应力为 0.832 MPa，模型计算结果为 0.88 MPa，两者相差 0.048 MPa，差值百分比仅为 5.45%。

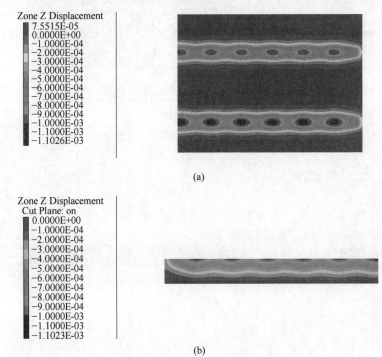

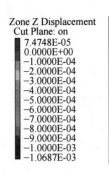

(c)

图 6-22 胶结层垂直位移云图

(a) 表面；(b) 沿车轮行驶方向剖面；(c) 垂直车轮行驶方向剖面

由图 6-22 可知，垂直位移在无轨设备与胶结层接触中心处最大，随垂深增加逐渐减小。由图 6-22 (b) 和 (c) 可知，位移由接触面中心点向外似圆发散，并逐渐减小。在无轨设备法向和切向荷载共同作用下，胶结层最大垂直位移为 1.1026 mm，模型计算结果为 1.1089 mm，两者相差 0.0063 mm，差值百分比仅为 0.56%。

## 6.6.4 应用效果

根据模型计算结果及数值模拟分析结果，推荐大红山铜矿西部矿段点柱式上向水平分层充填采矿法胶结层强度参数为：7 天抗压强度 1.40 MPa、厚度 0.5 m。根据胶结层强度设计结果，结合大红山铜矿前期强度、流态、流变、管输阻力等基础研究成果，优化充填配比结果见表 6-5。

表 6-5 胶结层充填配比优化结果

| 质量浓度/% | 水泥添加量/kg·m⁻³ | 尾砂添加量/kg·m⁻³ | 水量/kg·m⁻³ | 7 天抗压强度/ MPa |
|---|---|---|---|---|
| 73 | 260 | 1137 | 520 | 1.41 |

由于矿山原胶结层强度设计参数及充填配比与优化后参数相差较大。为保障矿山正常生产，工业试验坚持"分步实施，逐渐降低"的指导思想，以面层厚度为 0.5 m 厚度不变的条件下，依次开展水泥添加量为 300 kg/m³、280 kg/m³、270 kg/m³、260 kg/m³，料浆质量浓度为 73% 的工业试验。工业试验充填配比见表 6-6。

表 6-6 工业试验充填配比

| 料浆质量浓度/% | 水泥添加量/kg·m⁻³ | 尾砂添加量/kg·m⁻³ | 水添加量/kg·m⁻³ |
|---|---|---|---|
| 73 | 300 | 1108 | 521 |
| 73 | 290 | 1118 | 521 |

| 料浆质量浓度/% | 水泥添加量/kg·m⁻³ | 尾砂添加量/kg·m⁻³ | 水添加量/kg·m⁻³ |
|---|---|---|---|
| 73 | 280 | 1127 | 521 |
| 73 | 270 | 1137 | 520 |
| 73 | 260 | 1147 | 520 |

工业试验期间，对每个充填配比进行不少于三个分层的测试试验。每分层充填结束，采用 SJY800B 型贯入式砂浆强度检测仪，对养护龄期达到 7 天的胶结层进行强度检测，分层内测点不少于 12 个。胶结层在服务分层回采过程中对其破坏程度进行现场勘察发现，在胶结层仅出现轻微破坏、完整性较好，且无轨设备在不因胶结层破坏而影响工作效率的条件下，继续降低水泥添加量进行工业试验，最终确定胶结层最小所需强度及最优充填配比。

根据表 6-6 所示充填配比及前述工业试验方案原则，在大红山铜矿西部矿段 200 m 分段共完成 5 个配比，共计 24 个分层胶结层充填工业试验，如图 6-23 所示。

(a)

(b)

图 6-23  现场工业试验

(a) 充填形成的胶结层；(b) 强度检测

工业试验统计结果见表 6-7。

表 6-7　工业试验统计结果

| 采　场 | 充填配比 | 充填量/m³ | 测试强度/ MPa |
|---|---|---|---|
| 106-108 采场 2 分层 | | 1686.08 | 2.09 |
| 110 采场 3 分层 | | 1037.08 | 2.15 |
| 116 采场 4 分层 | 水泥：300 kg/m³ | 383.33 | — |
| 118 采场 4 分层 | 浓度：73% | 659.57 | 2.13 |
| 122 采场 2 分层 | | 667.06 | 2.11 |
| 124-126 采场 2 分层 | | 372.33 | 2.17 |
| 100-104 采场 4 分层 | | 1771.16 | 1.88 |
| 112-114 采场 3 分层 | 水泥：290 kg/m³ 浓度：73% | 1483.96 | 1.92 |
| 124-126 采场 3 分层 | | 609.72 | 2.05 |
| 100-104 采场 5 分层 | | 476.00 | — |
| 106-108 采场 4 分层 | | 918.00 | 1.85 |
| 110 采场 4 分层 | 水泥：280 kg/m³ 浓度：73% | 210.00 | 1.62 |
| 112-114 采场 4 分层 | | 1358.00 | — |
| 116 采场 5 分层 | | 801.00 | |
| 118 采场 5 分层 | | 602.00 | 1.48 |
| 120 采场 4 分层 | 水泥：270 kg/m³ | 596.00 | 1.55 |
| 122 采场 3 分层 | 浓度：73% | 392.00 | |
| 122 采场 4 分层 | | 899.00 | |
| 106-108 采场 5 分层 | | 1353.78 | — |
| 110 采场 5 分层 | 水泥：260 kg/m³ | 476.65 | 1.44 |
| 120 采场 5 分层 | 浓度：73% | 1009.96 | — |
| 122 采场 5 分层 | | 356.25 | 1.38 |

　　从充填效果来看，不同配比的料浆采场内流动性好，形成的胶结层表面比较平整，无明显坡面角，仅在下料口出现料浆堆积的现象。从强度测量结果来看，胶结层 7 天强度随水泥添加量的减少而降低，水泥添加量不小于 260 kg/m³ 的胶结层强度均大于理论分析及数值模拟分析中胶结层的最大垂直应力。从胶结层破坏情况及服务效果（见图 6-24）来看，水泥添加量为 300 kg/m³ 的胶结层表面出现少许裂纹，纵深较浅，横向基本不连通，无轨设备运行不受影响，工程应用效果最好；水泥添加量为 270 kg/m³ 和 260 kg/m³ 的胶结层表面裂纹增多，纵向延伸加重，并伴有横向连通，车轮皱明显，局部出现轻微压裂及轻微刨坑，整体上

不影响无轨设备的正常运行，仍具备服务无轨设备工作的条件，工程应用效果较好。

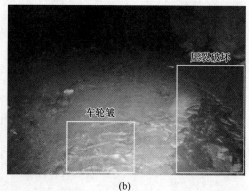

(a)                  (b)

图 6-24 面层充填体服务效果

(a) 刨坑；(b) 车轮皱

经前期工业试验检验后，推荐的强度参数及充填配比在西矿段点柱式采场推广应用，并已服务生产两年，经济效益明显，主要体现在两个方面：（1）由于设计强度降低，水泥用量大幅下降，胶结料浆单价降低；（2）由于设计面层厚度减小，面层胶结充填量减少。

大红山铜矿充填物料成本见表 6-8。

表 6-8 物料成本

| 尾砂/元·t⁻¹ | 水/元·t⁻¹ | 水泥/元·t⁻¹ | 系统成本/元·m⁻³ |
|---|---|---|---|
| 6.5 | 1.7 | 420 | 3.8 |

根据矿山充填配比及物料成本，计算充填料浆单价见表 6-9。

表 6-9 料浆单价

| 充填方案 | 充填层 | 尾砂量/kg·m⁻³ | 水量/kg·m⁻³ | 水泥量/kg·m⁻³ | 成本/元·m⁻³ |
|---|---|---|---|---|---|
| 原方案 | 底基层 | 1292 | 554 | 0 | 13.14 |
| | 面层 | 1108 | 521 | 300 | 137.88 |
| 推荐方案 | 底基层 | 1292 | 554 | 0 | 13.14 |
| | 面层 | 1147 | 520 | 260 | 121.34 |

大红山铜矿西部矿段点柱式采场年产矿石 200 万吨，年充填量 66.67 万 m³。采用原充填工艺的底基层非胶结充填量为 54.55 万 m³，面层胶结充填量为

12.12 万 m³。目前面层充填厚度比原设计参数少 0.1 m，底基层非胶结充填量增加为 56.57 万 m³，面层胶结充填减少为 10.10 万 m³。

综上，经优化后面层胶结充填单价节约 16.54 元/m³，每年充填量为 10.10 万 m³，节约 167.05 万元；面层胶结充填量每年减少 2.02 万 m³，原充填单价为 137.88 元/m³，节约 278.52 万元；底基层非胶结充填量增加 2.02 万 m³，充填单价为 13.14 元/m³，增加 26.54 万元/a。每年节约充填成本 418.50 万元，两年共计节约充填成本 837.00 万元。

# 参 考 文 献

[1] 韩志型，王宁．急倾斜厚矿体无间柱上向水平分层充填法采场结构参数的研究 [J]．岩土力学，2007（2）：367-370.

[2] 张雯，连民杰，任凤玉，等．点柱式上向水平分层充填采矿法充填体作用机理及点柱形状优化研究 [J]．采矿与安全工程学报，2017，34（2）：295-301.

[3] 赖伟，郭勤强，柳小胜，等．不稳固缓倾斜薄至中厚矿体上向进路充填采矿法 [J]．有色金属（矿山部分），2020，72（4）：29-32，47.

[4] 陈玉宾．上向分层充填体强度模型及应用 [D]．昆明：昆明理工大学，2014.

[5] 陈玉宾，乔登攀，孙宏生，等．上向水平分层充填体的强度模型及应用 [J]．金属矿山，2014（10）：27-31.

[6] 杨清平，王少勇，刘洪斌．适应大型采掘设备运行的充填体强度研究 [J]．采矿技术，2019，19（6）：31-34.

[7] 张海磊，焦满岱，郭生茂，等．井下铲运机路面受力分析与强度设计研究 [J]．中国矿业，2019，28（S2）：469-473.

[8] 邱景平，郭镇邦，陈聪，等．上向进路充填采矿法充填体强度设计 [J]．中国矿业，2018，27（11）：104-108.

[9] 徐芝纶．弹性力学 [M] 3 版．北京：高等教育出版社．1990.

[10] 李冬青．我国金属矿山充填技术的研究与应用 [J]．采矿技术，2001（2）：16-19，52.

[11] WANG J, YANG T Y, QIAO D P, et al. Strength model of surface backfill in upward slicing and filling method and its application [J]. Mining Metallurgy & Exploration, 2024, 41: 997-1011.

[12] 王俊，乔登攀，李广涛．一种上向水平分层充填采矿法面层充填体强度和厚度模型的构建方法：中国，CN113266353B [P]. 2022-04-05.

# 7 大空场尾砂充填挡墙强度与厚度模型

## 7.1 挡墙力学模型

挡墙是充填采矿法中必不可少的一个工艺环节，其作用是在待充填采场空区与主要巷道连通的通道内构筑密闭墙以封闭采空区[1-2]，确保随后充入空区的充填料浆不会流至采场外，外形结构与巷道断面一致。在大空场嗣后充填采矿法中，空区容积上万立方米，甚至十几万立方米，同时空区高度较大，空区充填时充填体将对挡墙施加较大的主动压力，非胶结充填时挡墙所受主动压力更大，因此要求挡墙具有足够的强度和厚度保持稳定[3-8]。

挡墙受力来源于采场内充填体主动压力，除主动压力影响挡墙应力分布状态外，挡墙结构尺寸同样影响其应力分布状态，结构尺寸包括宽度、高度和厚度。采场挡墙示意图如图 7-1 所示。

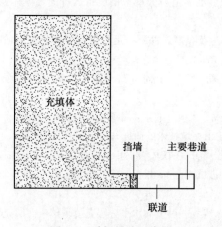

图 7-1 采场挡墙示意图

构筑挡墙需要与巷道紧密贴合，因此挡墙需与巷道断面结构尺寸一致，同时为保证稳定，要求挡墙具有一定厚度，因此挡墙实质为具有一定厚度的矩形墙体，可视为矩形板[9]。大空场内大体积非胶结尾砂充填体具有流动与侧向压缩膨胀特性，必然对挡墙施加主动压力，方向水平，则作用于挡墙的主动压力为横向荷载，如图 7-2 所示。挡墙与巷道围岩四周紧密接触，挡墙稳定，必然要求挡墙与围岩之间不可产生相对滑移，因此将两者边界条件可视为四边固支，因此挡墙力学模型为受横向分布荷载作用的固支矩形薄板，力学模型如图 7-3 所示。

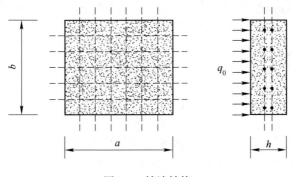

图 7-2 挡墙结构

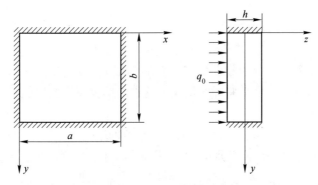

图 7-3 挡墙力学模型

## 7.2 挡墙应力状态分析

用变分法可以导出薄板弯曲的平衡微分方程和边界条件。当板的形状和边界条件较复杂时，直接求解偏微分方程是比较困难的，以变分法为基础的各种近似解法是求解这类问题的一个重要途径。在用这些近似解法时需要薄板弯曲的变形能和余变形能公式[10]。

按照弹性力学公式，当弹性体的变形状态 $\varepsilon_x$、$\varepsilon_y$、$\varepsilon_z$、$\gamma_{xy}$、$\gamma_{yz}$ 和 $\gamma_{xz}$ 发生微小变形至 $\varepsilon_x + d\varepsilon_x$、$\varepsilon_y + d\varepsilon_y$、$\varepsilon_z + d\varepsilon_z$、$\gamma_{xy} + d\gamma_{xy}$、$\gamma_{yz} + d\gamma_{yz}$ 和 $\gamma_{xz} + d\gamma_{xz}$，单位体积的应变能量为：

$$dU = \sigma_x d\varepsilon_x + \sigma_y d\varepsilon_y + \sigma_z d\varepsilon_z + \tau_{xy} d\gamma_{xy} + \tau_{yz} d\gamma_{yz} + \tau_{xz} d\gamma_{xz} \qquad (7-1)$$

薄板弯曲问题第一假设是变形前垂直于中面的直线，变形后仍为直线，且垂直于变形后的中面，并保持其原长度。该假设是梁弯曲理论中平截面假设的发展。根据这个假设就等于忽略了剪应力 $\tau_{xz}$ 和 $\tau_{yz}$ 所引起的剪切变形。实际上，薄板弯曲变形时，中面法线所产生的转角远大于剪切变形引起法线的扭曲。因此研究薄板变形时，可以将这种微小的影响略去，同时这一假设还表明可以略去板的横向应变 $\varepsilon_z$，即平板弯曲时沿板厚度方向各点的挠度相等，也就是都与中面的挠度相同[11]，则有：

$$\left.\begin{array}{l} \tau_{yz} = 0 \\ \tau_{xz} = 0 \\ \varepsilon_z = 0 \end{array}\right\} \tag{7-2}$$

薄板弯曲问题第二假设是与中面平行的各面上的正应力 $\sigma_z$ 与应力 $\sigma_x$、$\sigma_y$ 和 $\tau_{xy}$ 相比属于小量。根据这一假设，在应力和应变的物理关系中，可将平行于中面各面上的正应力 $\sigma_z$ 与其他正应力相比作为次要因素予以忽略[11]，则有：

$$\sigma_z = 0 \tag{7-3}$$

上述两个假设，可将式（7-1）化简为：

$$dU = \sigma_x d\varepsilon_x + \sigma_y d\varepsilon_y + \tau_{xy} d\gamma_{xy} \tag{7-4}$$

将应变分量和应力分量分别用广义变形分量 $\kappa_x$、$\kappa_y$、$\kappa_{xy}$ 和内矩代换，并沿厚度方向积分，即得以广义变形增量表示的中面单位面积变形能量或称变形能密度增量。

$$dV = M_x d\kappa_x + M_y d\kappa_y + 2M_{xy} d\kappa_{xy} \tag{7-5}$$

式中内矩可以看作是与广义变形 $\kappa_x$、$\kappa_y$ 和 $\kappa_{xy}$ 对应的广义内力，关系如下：

$$\left.\begin{array}{l} M_x = -D\left(\dfrac{\partial^2 w}{\partial x^2} + \mu \dfrac{\partial^2 w}{\partial y^2}\right) = D(\kappa_x + \mu\kappa_y) \\[3mm] M_y = -D\left(\dfrac{\partial^2 w}{\partial y^2} + \mu \dfrac{\partial^2 w}{\partial x^2}\right) = D(\kappa_y + \mu\kappa_x) \\[3mm] M_{xy} = -D(1-\mu)\dfrac{\partial^2 w}{\partial x\,\partial y} = D(1-\mu)\kappa_{xy} \end{array}\right\} \tag{7-6}$$

由于内矩是广义变形函数，因此变形能密度是广义变形的函数。当各变形分量有增量时，变形能量密度增量为：

$$dV = \frac{\partial V}{\partial \kappa_x}d\kappa_x + \frac{\partial V}{\partial \kappa_y}d\kappa_y + \frac{\partial V}{\partial \kappa_{xy}}d\kappa_{xy} \tag{7-7}$$

比较式（7-5）和式（7-7），因 $d\kappa_x$、$d\kappa_y$ 和 $d\kappa_{xy}$ 都是任意的，所以：

$$M_x = \frac{\partial V}{\partial \kappa_x}, \qquad M_y = \frac{\partial V}{\partial \kappa_y}, \qquad M_{xy} = \frac{1}{2}\frac{\partial V}{\partial \kappa_{xy}} \tag{7-8}$$

在线弹性情况下，变形能密度是广义变形的正定二次函数，将式（7-6）代入式（7-5）中，可得：

$$U = \frac{D}{2}\left[\kappa_x^2 + \kappa_y^2 + 2\mu\kappa_x\kappa_y + 2(1-\mu)\kappa_{xy}^2\right] \tag{7-9}$$

广义变形分量用挠度表示形式如下：

$$\left.\begin{aligned}
\kappa_x &= -\frac{\partial^2 w}{\partial x^2} \\
\kappa_y &= -\frac{\partial^2 w}{\partial y^2} \\
\kappa_{xy} &= -\frac{\partial^2 w}{\partial x \, \partial y}
\end{aligned}\right\} \tag{7-10}$$

将式（7-9）沿中面积分，并用挠度表示广义变形分量，于是薄板弯曲变形能为：

$$U = \frac{D}{2} \iint_F \left[ \left(\frac{\partial^2 w}{\partial x^2}\right)^2 + \left(\frac{\partial^2 w}{\partial y^2}\right)^2 + 2\mu \frac{\partial^2 w}{\partial x^2} \frac{\partial^2 w}{\partial y^2} + 2(1-\mu)\left(\frac{\partial^2 w}{\partial x \, \partial y}\right)^2 \right] \mathrm{d}x\mathrm{d}y$$

$$\tag{7-11}$$

式（7-11）等价于：

$$U = \frac{D}{2} \iint_F \left\{ (\nabla^2 w)^2 - 2(1-\mu)\left[ \frac{\partial^2 w}{\partial x^2} \frac{\partial^2 w}{\partial y^2} - \left(\frac{\partial^2 w}{\partial x \, \partial y}\right)^2 \right] \right\} \mathrm{d}x\mathrm{d}y \tag{7-12}$$

式中　$F$——薄板中面的面积。

如果将广义内力 $M_x$、$M_y$ 和 $M_{xy}$ 作为自变量，则板的余变形能密度 $\bar{V}$ 是 $M_x$、$M_y$ 和 $M_{xy}$ 的函数。按照弹性力学中余变形能的定义，薄板的余变形能密度和变形能密度间存在如下关系：

$$\bar{V} + V = M_x \kappa_x + M_y \kappa_y + 2M_{xy} \kappa_{xy} \tag{7-13}$$

当板的广义内力和广义变形有增量时，则：

$$\mathrm{d}\bar{V} + \mathrm{d}V = \kappa_x \mathrm{d}M_x + \kappa_y \mathrm{d}M_y + 2\kappa_{xy} \mathrm{d}M_{xy} + M_x \mathrm{d}\kappa_x + M_y \mathrm{d}\kappa_y + 2M_{xy} \mathrm{d}\kappa_{xy}$$

$$\tag{7-14}$$

将式（7-7）代入式（7-14），则板的余变形能密度增量为：

$$\mathrm{d}\bar{V} = \kappa_x \mathrm{d}M_x + \kappa_y \mathrm{d}M_y + 2\kappa_{xy} \mathrm{d}M_{xy} \tag{7-15}$$

由于余变形能密度 $\bar{V}$ 是广义内力的函数，因此有：

$$\mathrm{d}\bar{V} = \frac{\partial \bar{V}}{\partial M_x} \mathrm{d}M_x + \frac{\partial \bar{V}}{\partial M_y} \mathrm{d}M_y + \frac{\partial \bar{V}}{\partial M_{xy}} \mathrm{d}M_{xy} \tag{7-16}$$

由于 $\mathrm{d}M_x$、$\mathrm{d}M_y$ 和 $\mathrm{d}M_{xy}$ 都是任意的，由式（7-15）和式（7-16）可得：

$$\left.\begin{array}{l}\kappa_x = \dfrac{\partial \overline{V}}{\partial M_x} \\[12pt] \kappa_y = \dfrac{\partial \overline{V}}{\partial M_y} \\[12pt] \kappa_{xy} = \dfrac{1}{2}\dfrac{\partial \overline{V}}{\partial M_{xy}}\end{array}\right\} \tag{7-17}$$

在线弹性情况下，广义变形是广义内力的线性函数，根据式（7-6）和式（7-15）得到余变形能密度式广义内力的正定二次式为：

$$\overline{V} = \frac{6}{Eh^3}\left[ (M_x + M_y)^2 - 2(1+\mu)(M_x M_y - M_{xy}^2) \right] \tag{7-18}$$

将式（7-18）沿中面积分得到薄板弯曲的余变形能为：

$$\overline{U} = \frac{6}{Eh^3}\iint\limits_{F}\left[ (M_x + M_y)^2 - 2(1+\mu)(M_x M_y - M_{xy}^2) \right]\mathrm{d}x\mathrm{d}y \tag{7-19}$$

对于周边固定的任意形状板和周边挠度等于零的多角形板，式（7-11）可以简化为：

$$\begin{aligned}
\frac{\partial^2 w}{\partial x^2}\frac{\partial^2 w}{\partial y^2} &= \frac{\partial}{\partial x}\left(\frac{\partial^2 w}{\partial y^2}\frac{\partial w}{\partial x}\right) - \frac{\partial^2 w}{\partial y^2}\frac{\partial}{\partial x}\frac{\partial w}{\partial x} \\[8pt]
&= \frac{\partial}{\partial x}\left(\frac{\partial^2 w}{\partial y^2}\frac{\partial w}{\partial x}\right) - \frac{\partial}{\partial y}\left(\frac{\partial^2 w}{\partial x\partial y}\frac{\partial w}{\partial x}\right) + \left(\frac{\partial^2 w}{\partial x\partial y}\right)^2 \frac{\partial^2 w}{\partial x^2}\frac{\partial^2 w}{\partial y^2} \\[8pt]
&= \frac{\partial}{\partial y}\left(\frac{\partial^2 w}{\partial x^2}\frac{\partial w}{\partial y}\right) - \frac{\partial^3 w}{\partial x^2\partial y}\frac{\partial w}{\partial y} \\[8pt]
&= \frac{\partial}{\partial y}\left(\frac{\partial^2 w}{\partial x^2}\frac{\partial w}{\partial y}\right) - \frac{\partial}{\partial x}\left(\frac{\partial^2 w}{\partial x\partial y}\frac{\partial w}{\partial y}\right) + \left(\frac{\partial^2 w}{\partial x\partial y}\right)^2
\end{aligned} \tag{7-20}$$

式（7-20）等价于：

$$\frac{\partial^2 w}{\partial x^2}\frac{\partial^2 w}{\partial y^2} - \left(\frac{\partial^2 w}{\partial x\partial y}\right)^2 = \frac{\partial}{\partial y}\left(\frac{\partial^2 w}{\partial x^2}\frac{\partial w}{\partial y}\right) - \frac{\partial}{\partial x}\left(\frac{\partial^2 w}{\partial x\partial y}\frac{\partial w}{\partial y}\right) \tag{7-21}$$

根据式（7-20）的推导过程同样可得：

$$\frac{\partial^2 w}{\partial x^2}\frac{\partial^2 w}{\partial y^2} = \frac{\partial}{\partial x}\left(\frac{\partial^2 w}{\partial y^2}\frac{\partial w}{\partial x}\right) - \frac{\partial}{\partial y}\left(\frac{\partial^2 w}{\partial x\partial y}\frac{\partial w}{\partial x}\right) + \left(\frac{\partial^2 w}{\partial x\partial y}\right)^2 \tag{7-22}$$

式（7-22）等价于：

$$\frac{\partial^2 w}{\partial x^2}\frac{\partial^2 w}{\partial y^2} - \left(\frac{\partial^2 w}{\partial x\partial y}\right)^2 = \frac{\partial}{\partial x}\left(\frac{\partial^2 w}{\partial y^2}\frac{\partial w}{\partial x}\right) - \frac{\partial}{\partial y}\left(\frac{\partial^2 w}{\partial x\partial y}\frac{\partial w}{\partial x}\right) \tag{7-23}$$

计算式（7-21）与式（7-23）的平均值，可得：

$$\frac{\partial^2 w}{\partial x^2}\frac{\partial^2 w}{\partial y^2} - \left(\frac{\partial^2 w}{\partial x\,\partial y}\right)^2 = \frac{1}{2}\left[\frac{\partial}{\partial x}\left(\frac{\partial^2 w}{\partial y^2}\frac{\partial w}{\partial x}\right) - \frac{\partial}{\partial x}\left(\frac{\partial^2 w}{\partial x\,\partial y}\frac{\partial w}{\partial y}\right) + \frac{\partial}{\partial y}\left(\frac{\partial^2 w}{\partial x^2}\frac{\partial w}{\partial y}\right) - \frac{\partial}{\partial y}\left(\frac{\partial^2 w}{\partial x\,\partial y}\frac{\partial w}{\partial x}\right)\right]$$

$$(7\text{-}24)$$

将式（7-24）代入式（7-12）中的第二项并积分可得：

$$\iint\limits_{F}\left[\frac{\partial^2 w}{\partial x^2}\frac{\partial^2 w}{\partial y^2} - \left(\frac{\partial^2 w}{\partial x\,\partial y}\right)^2\right]$$

$$= \frac{1}{2}\iint\limits_{F}\left[\frac{\partial}{\partial x}\left(\frac{\partial^2 w}{\partial y^2}\frac{\partial w}{\partial x} - \frac{\partial^2 w}{\partial x\,\partial y}\frac{\partial w}{\partial y}\right) - \frac{\partial}{\partial y}\left(\frac{\partial^2 w}{\partial x\,\partial y}\frac{\partial w}{\partial x} - \frac{\partial^2 w}{\partial x^2}\frac{\partial w}{\partial y}\right)\right]\mathrm{d}x\mathrm{d}y \quad (7\text{-}25)$$

根据格林公式（见式（7-26）），式（7-25）可以变换为式（7-27）的形式：

$$\iint\limits_{F}\left[\frac{\partial}{\partial x}P(x,\ y) - \frac{\partial}{\partial y}Q(x,\ y)\right]\mathrm{d}x\mathrm{d}y = \int\left[P(x,\ y)\,\mathrm{d}x - Q(x,\ y)\,\mathrm{d}y\right]$$

$$= \int\left[P(x,\ y)\cos\alpha - Q(x,\ y)\sin\alpha\right]\mathrm{d}s$$

$$(7\text{-}26)$$

$$\iint\limits_{F}\left[\frac{\partial^2 w}{\partial x^2}\frac{\partial^2 w}{\partial y^2} - \left(\frac{\partial^2 w}{\partial x\,\partial y}\right)^2\right]$$

$$= \frac{1}{2}\int\left[\left(\frac{\partial^2 w}{\partial y^2}\frac{\partial w}{\partial x} - \frac{\partial^2 w}{\partial x\,\partial y}\frac{\partial w}{\partial y}\right)\cos\alpha - \left(\frac{\partial^2 w}{\partial x\,\partial y}\frac{\partial w}{\partial x} - \frac{\partial^2 w}{\partial x^2}\frac{\partial w}{\partial y}\right)\sin\alpha\right]$$

$$(7\text{-}27)$$

式中　$\alpha$——平板周边法线 $n$ 与 $x$ 轴的夹角；

　　　$s$——周边的切线。

任意函数对坐标 $x$、$y$ 和 $n$、$s$ 的偏导数之间存在着下列关系：

$$\left.\begin{array}{l}\dfrac{\partial}{\partial n} = \cos\alpha\,\dfrac{\partial}{\partial x} + \sin\alpha\,\dfrac{\partial}{\partial y}\\[2mm]\dfrac{\partial}{\partial s} = -\sin\alpha\,\dfrac{\partial}{\partial x} + \cos\alpha\,\dfrac{\partial}{\partial y}\\[2mm]\dfrac{\partial}{\partial x} = \cos\alpha\,\dfrac{\partial}{\partial n} - \sin\alpha\,\dfrac{\partial}{\partial s}\\[2mm]\dfrac{\partial}{\partial y} = \sin\alpha\,\dfrac{\partial}{\partial n} + \cos\alpha\,\dfrac{\partial}{\partial s}\end{array}\right\} \quad (7\text{-}28)$$

利用式（7-28），式（7-27）右端的被积函数可变换为：

$$\left(\frac{\partial^2 w}{\partial y^2}\frac{\partial w}{\partial x} - \frac{\partial^2 w}{\partial x \partial y}\frac{\partial w}{\partial y}\right)\cos\alpha - \left(\frac{\partial^2 w}{\partial x \partial y}\frac{\partial w}{\partial x} - \frac{\partial^2 w}{\partial x^2}\frac{\partial w}{\partial y}\right)\sin\alpha$$

$$= \frac{\partial w}{\partial x}\left(\frac{\partial^2 w}{\partial y^2}\cos\alpha - \frac{\partial^2 w}{\partial x \partial y}\sin\alpha\right) + \frac{\partial w}{\partial y}\left(\frac{\partial^2 w}{\partial x^2}\sin\alpha - \frac{\partial^2 w}{\partial x \partial y}\cos\alpha\right)$$

$$= \frac{\partial w}{\partial x}\frac{\partial}{\partial s}\left(\frac{\partial w}{\partial y}\right) - \frac{\partial w}{\partial y}\frac{\partial}{\partial s}\left(\frac{\partial w}{\partial x}\right)$$

$$= \left(\cos\alpha\frac{\partial w}{\partial n} - \sin\alpha\frac{\partial w}{\partial s}\right)\frac{\partial}{\partial s}\left(\sin\alpha\frac{\partial w}{\partial n} + \cos\alpha\frac{\partial w}{\partial s}\right) -$$

$$\left(\sin\alpha\frac{\partial w}{\partial n} + \cos\alpha\frac{\partial w}{\partial s}\right)\frac{\partial}{\partial s}\left(\cos\alpha\frac{\partial w}{\partial n} - \sin\alpha\frac{\partial w}{\partial s}\right)$$

$$= \frac{\partial w}{\partial n}\frac{\partial^2 w}{\partial^2 s} - \frac{\partial w}{\partial s}\frac{\partial^2 w}{\partial n \partial s} + \frac{\partial \alpha}{\partial s}\left[\left(\frac{\partial w}{\partial n}\right)^2 + \left(\frac{\partial w}{\partial s}\right)^2\right] \tag{7-29}$$

当板的全部边界刚性固定时，不论边界形状如何，在边界上都有 $\frac{\partial w}{\partial n} = \frac{\partial w}{\partial s} = 0$，因此式（7-29）的右端项为零。如果多角形板的各边挠度都等于零，如简支在刚性支承上，则沿边界 $\frac{\partial w}{\partial s} = 0$ 和 $\frac{\partial \alpha}{\partial s} = 0$，同样式（7-29）的右端项为零。因而在这两种边界情况下，薄板弯曲的变形能都可以简化为：

$$U = \frac{D}{2}\iint\limits_{F}(\nabla^2 w)^2 \mathrm{d}x\mathrm{d}y \tag{7-30}$$

根据薄板弯曲理论，薄板势能的表达式为：

$$\prod = U - W \tag{7-31}$$

式中 $\prod$ ——薄板的势能；

$U$ ——薄板的变形能；

$W$ ——横向荷载及边界弯矩和分布荷载等外力所做的功。

薄板弯曲变形能的表达式为：

$$U = \frac{D}{2}\iint\limits_{F}\left[\left(\frac{\partial^2 w}{\partial x^2}\right)^2 + \left(\frac{\partial^2 w}{\partial y^2}\right)^2 + 2\mu\frac{\partial^2 w}{\partial x^2}\frac{\partial^2 w}{\partial y^2} + 2(1 - \mu)\left(\frac{\partial^2 w}{\partial x \partial y}\right)^2\right]\mathrm{d}x\mathrm{d}y \tag{7-32}$$

外力所做的功的表达式为：

$$W = \iint\limits_{F}qw\mathrm{d}x\mathrm{d}y - \int_{L_f}M_n\frac{\partial w}{\partial n}\mathrm{d}s + \int_{L_f}\left(Q_n + \frac{\partial M_{ns}}{\partial s}\right)w\mathrm{d}s \tag{7-33}$$

式中 $q$ ——横向荷载；

$M_n$ ——边界弯矩；

$Q_n$ ——分布荷载；

$n$ ——周边外法线；

$s$ ——周边。

将式（7-32）和式（7-33）代入式（7-31）得：

$$\Pi = \frac{D}{2} \iint_F \left[ \left( \frac{\partial^2 w}{\partial x^2} \right)^2 + \left( \frac{\partial^2 w}{\partial y^2} \right)^2 + 2\mu \frac{\partial^2 w}{\partial x^2} \frac{\partial^2 w}{\partial y^2} + 2(1-\mu) \left( \frac{\partial^2 w}{\partial x \partial y} \right)^2 \right] dxdy -$$

$$\iint_F qw dxdy + \int_{l_f} M_n \frac{\partial w}{\partial n} ds - \int_{l_f} \left( Q_n + \frac{\partial M_{ns}}{\partial s} \right) w ds \tag{7-34}$$

最小势能原理指出，在满足位移边界条件的所有可能位移中，真实的位移应是总势能取最小值，因此真实的位移解应使总势能的变分为零。

应用 Ritz 法首先假设挠度函数 $w$ 为如下的级数：

$$w = a_1 \varphi_1(x, y) + a_2 \varphi_2(x, y) + \cdots + a_n \varphi_n(x, y) = \sum_{i=1}^{n} a_i \varphi_i(x, y) \tag{7-35}$$

式中  $a_i$ ——待定参数。

$\varphi_i(x, y)$ 应满足板的全部位移边界条件。如果 $\varphi_i(x, y)$ $(i = 1, 2, \cdots, n)$ 是完备函数族，当项数趋于无限多时，薄板挠度趋于精确解。

将式（7-35）代入式（7-34）进行积分，总势能函数是参数 $a_i (i = 1, 2, \cdots, n)$ 的一个二次函数。根据最小势能原理，这些参数的值应使总势能 $\Pi$ 取极值，即要求：

$$\delta \Pi = \frac{\delta \Pi}{\partial a_1} \partial a_1 + \frac{\delta \Pi}{\partial a_2} \partial a_2 + \cdots + \frac{\delta \Pi}{\partial a_n} \partial a_n = 0 \tag{7-36}$$

因为 $\partial a_1$, $\partial a_2$, $\cdots$, $\partial a_n$ 都是任意的，所以必须有：

$$\frac{\delta \Pi}{\partial a_1} = 0, \quad \frac{\delta \Pi}{\partial a_2} = 0, \quad \cdots, \quad \frac{\delta \Pi}{\partial a_n} = 0 \tag{7-37}$$

由于总势能 $\Pi$ 是 $a_i$ 的二次函数，所以式（7-37）是这些参数的一次联立方程组。从联立方程组中解出这些参数，代回薄板挠曲方程式（7-35）中，可以求得薄板挠度的近似解。

若薄板四边固定并受横向荷载作用，在图 7-3 的坐标系中，板的边界条件为：

在 $x = 0$ 和 $x = a$ 处，

$$w = 0, \frac{\partial w}{\partial x} = 0 \tag{7-38}$$

在 $y = 0$ 和 $y = a$ 处，

$$w = 0, \ \frac{\partial w}{\partial y} = 0 \tag{7-39}$$

选取满足以上几何边界条件的挠度函数：

$$w = \sum_{m=1}^{\infty}\sum_{n=1}^{\infty} a_{mn}\left(1 - \cos\frac{2m\pi x}{a}\right)\left(1 - \cos\frac{2n\pi y}{b}\right) \tag{7-40}$$

将式（7-40）分别对 $x$，$y$ 求导后，代入总势能函数式（7-34）中得：

$$\Pi = \frac{D}{2}\int_0^a\int_0^b\left\{\sum_{m=1}^{\infty}\sum_{n=1}^{\infty}4\pi^2 a_{mn}\left[\frac{m^2}{a^2}\cos\frac{2m\pi x}{a}\left(1 - \cos\frac{2n\pi y}{b}\right) + \right.\right.$$
$$\left.\left.\frac{n^2}{b^2}\cos\frac{2n\pi y}{b}\left(1 - \cos\frac{2m\pi x}{a}\right)\right]\right\}^2 \mathrm{d}x\mathrm{d}y -$$
$$q_0\int_0^a\int_0^b\sum_{m=1}^{\infty}\sum_{n=1}^{\infty} a_{mn}\left(1 - \cos\frac{2m\pi x}{a}\right)\left(1 - \cos\frac{2n\pi y}{b}\right)\mathrm{d}x\mathrm{d}y \tag{7-41}$$

积分后总势能为：

$$\Pi = 2\pi^4 abD\left\{\sum_{m=1}^{\infty}\sum_{n=1}^{\infty}a_{mn}^2\left[3\left(\frac{m}{a}\right)^4 + 3\left(\frac{n}{b}\right)^4 + 2\left(\frac{m}{a}\right)^2\left(\frac{n}{b}\right)^2\right] \times$$
$$\sum_{m=1}^{\infty}\sum_{r=1}^{\infty}\sum_{s=1}^{\infty}2\left(\frac{m}{a}\right)^4 a_{mr}a_{ms} + \sum_{n=1}^{\infty}\sum_{r=1}^{\infty}\sum_{s=1}^{\infty}2\left(\frac{n}{b}\right)^4 a_{rn}a_{sn}\right\} - q_0 ab\sum_{m=1}^{\infty}\sum_{n=1}^{\infty}a_{mn}$$
$$\tag{7-42}$$

式中，$r \neq s$，$r \neq n$，$r \neq m$。

根据最小势能原理，式（7-42）应满足：

$$4\pi^4 abD\left\{\left[3\left(\frac{m}{a}\right)^4 + 3\left(\frac{n}{b}\right)^4 + 2\left(\frac{m}{a}\right)^2\left(\frac{n}{b}\right)^2\right]a_{mn}\right\} - q_0 ab = 0 \tag{7-43}$$

挡墙强度与结构设计中存在两个难点，一是选择合理的结构设计方法，并以分析挡墙拉应力为基础进行结构设计。其优势在于混凝土为易受拉破坏的材料，在尾砂主动压力作用下，挡墙外表面易产生拉应力，而存在拉伸破坏的风险，因此从该角度出发，构建结构设计方法；同时现有设计方法中缺少以抗拉指标为基础的方法，而抗拉指标对于完善挡墙结构设计理论体系具有重要作用。二是选择合理的充填体主动压力计算方法，由于影响挡墙应力分布状态的主要原因是充填材料的主动压力，因此合理确定挡墙内表面均布荷载是合理设计挡墙结构的基础，目前大多以料浆静力学进行确定，从实践角度看，该法计算的荷载较大，导致挡墙结构设计冗余，构筑工程量偏大。因此在本书介绍的挡墙结构设计方法中，尾砂主动压力按第4章理论进行计算。计算时考虑采场全部充填脱水完成，高度按采场高度计算。

$$q_0 = \tan^2\left(\frac{\pi}{4} - \frac{\varphi_h}{2}\right)\int_0^H \rho_h g\mathrm{d}h - 2c_h\tan\left(\frac{\pi}{4} - \frac{\varphi_h}{2}\right) \tag{7-44}$$

式中  $q_0$ ——非胶结尾砂主动压力，MPa；

$\rho_h g$ ——尾砂自密实状态下的重度，MN/m³；

$\varphi_h$ ——尾砂自密实状态下挡墙底部尾砂的内摩擦角，(°)；

$c_h$ ——尾砂自密实状态下挡墙底部尾砂的黏聚力，MPa；

$H$ ——采场高度，m。

当只保留第一项时，即 $m = n = 1$，由式（7-43）求得：

$$a_{11} = \frac{q_0 a^4}{4\pi^4 D} \frac{1}{3 + 3\left(\dfrac{a}{b}\right)^4 + 2\left(\dfrac{a}{b}\right)^2} \tag{7-45}$$

若挠度仅保留一项，则式（7-40）变为：

$$w = a_{11}\left(1 - \cos\frac{2\pi x}{a}\right)\left(1 - \cos\frac{2\pi y}{b}\right) \tag{7-46}$$

板的最大挠度出现在板的中心（$x = a/2$，$y = b/2$），其值如下：

$$w_{max} = \frac{q_0 a^4}{\pi^4 D} \frac{1}{3 + 3\left(\dfrac{a}{b}\right)^4 + 2\left(\dfrac{a}{b}\right)^2} \tag{7-47}$$

将式（7-46）代入式（7-6）得薄板内矩为：

$$\left.\begin{array}{l} M_x = -D\left[\dfrac{4\pi^2 a_{11}}{a^2}\cos\dfrac{2\pi x}{a}\left(1 - \cos\dfrac{2\pi y}{b}\right) + \mu\dfrac{4\pi^2 a_{11}}{b^2}\cos\dfrac{2\pi y}{a}\left(1 - \cos\dfrac{2\pi x}{b}\right)\right] \\[3mm] M_y = -D\left[\dfrac{4\pi^2 a_{11}}{b^2}\cos\dfrac{2\pi y}{a}\left(1 - \cos\dfrac{2\pi x}{b}\right) + \mu\dfrac{4\pi^2 a_{11}}{a^2}\cos\dfrac{2\pi x}{a}\left(1 - \cos\dfrac{2\pi y}{b}\right)\right] \\[3mm] \qquad\qquad M_{xy} = -D(1 - \mu)\dfrac{4\pi^2 a_{11}}{ab}\sin\dfrac{2\pi x}{a}\sin\dfrac{2\pi y}{b} \end{array}\right\} \tag{7-48}$$

应力与内矩的关系为：

$$\left.\begin{array}{l} \sigma_x = \dfrac{12M_x z}{h^3} \\[3mm] \sigma_y = \dfrac{12M_y z}{h^3} \\[3mm] \tau_{xy} = \dfrac{12M_y z}{h^3} \end{array}\right\} \tag{7-49}$$

最大弯矩为：

$$M_{x(max)} = 8D\pi^2 a_{11}\left(\frac{1}{a^2} + \mu\frac{1}{b^2}\right) \tag{7-50}$$

$$M_{y(\max)} = 8D\pi^2 a_{11}\left(\frac{1}{b^2} + \mu\,\frac{1}{a^2}\right) \tag{7-51}$$

最大拉应力为：

$$\sigma_{x(\max)} = \frac{48D\pi^2 a_{11}(b^2 + \mu a^2)}{a^2 b^2 h^2} \tag{7-52}$$

$$\sigma_{y(\max)} = \frac{48D\pi^2 a_{11}(\mu b^2 + a^2)}{a^2 b^2 h^2} \tag{7-53}$$

将式 (7-45) 代入式 (7-52) 和式 (7-53) 得：

$$\sigma_{x(\max)} = \frac{12q_0 a^2 b^2(b^2 + \mu a^2)}{h^2\pi^2(3b^4 + 3a^4 + 2a^2 b^2)} \tag{7-54}$$

$$\sigma_{y(\max)} = \frac{12q_0 a^2 b^2(\mu b^2 + a^2)}{h^2\pi^2(3b^4 + 3a^4 + 2a^2 b^2)} \tag{7-55}$$

式中 $q_0$ 按式 (7-44) 计算。

# 7.3  挡墙结构设计

### 7.3.1  挡墙厚度设计

大空场嗣后非胶结尾砂充填采场挡墙一般采用混凝土进行浇筑，若按混凝土轴心抗拉强度设计值进行校核，需满足以下条件。

(1) 在挡墙宽度方向上，混凝土抗拉强度设计值应不小于挡墙受尾砂主动压力作用产生的拉应力：

$$f_t \geqslant \sigma_{x(\max)} = \frac{12q_0 a^2 b^2(b^2 + \mu a^2)}{h^2\pi^2(3b^4 + 3a^4 + 2a^2 b^2)} \tag{7-56}$$

式中  $f_t$ ——混凝土轴心抗拉强度设计值，MPa。

在该条件下，混凝土挡墙最小所需厚度为：

$$h_x = \sqrt{\frac{12q_0 a^2 b^2(b^2 + \mu a^2)}{\sigma_t\pi^2(3b^4 + 3a^4 + 2a^2 b^2)}} \tag{7-57}$$

式中  $h_x$ ——挡墙在宽度方向保持稳定的最小厚度，m。

(2) 在挡墙高度方向上，混凝土抗拉强度设计值应不小于挡墙受尾砂主动压力作用产生的拉应力：

$$f_t \geqslant \sigma_{y(\max)} = \frac{12q_0 a^2 b^2(\mu b^2 + a^2)}{h^2\pi^2(3b^4 + 3a^4 + 2a^2 b^2)} \tag{7-58}$$

在该条件下，混凝土挡墙最小所需厚度为：

$$h_y = \sqrt{\frac{12q_0 a^2 b^2 (\mu b^2 + a^2)}{\sigma_t \pi^2 (3b^4 + 3a^4 + 2a^2 b^2)}} \tag{7-59}$$

式中 $h_y$——挡墙在高度方向保持稳定的最小厚度，m。

挡墙保持稳定，需同时满足上述两个条件。

$$h = f \times \max\{h_x, h_y\} \tag{7-60}$$

式中 $h$——挡墙设计厚度，m；

$f$——安全系数，取 1.2。

混凝土轴心抗拉强度设计值采用《混凝土结构设计规范》（GB 50010—2010）第 4.1 节混凝土相关内容，具体见表 7-1。

**表 7-1 混凝土轴心抗压强度设计值[12]**

| 混凝土等级 | C15 | C20 | C25 | C30 | C35 | C40 | C45 | C50 | C55 | C60 | C65 | C70 | C75 | C80 |
|---|---|---|---|---|---|---|---|---|---|---|---|---|---|---|
| 抗压强度 $f_t$/N·mm$^{-2}$ | 0.91 | 1.10 | 1.27 | 1.43 | 1.57 | 1.71 | 1.80 | 1.89 | 1.96 | 2.04 | 2.09 | 2.14 | 2.18 | 2.22 |

混凝土等级不同（轴心抗拉强度设计值不同），混凝土构筑的挡墙厚度要求也不同，同时不同等级混凝土其配比与单价也不同，导致构筑成本不同。从节约成本角度考虑，需对不同等级混凝土构筑的挡墙成本进行比较，选择构筑成本最低的，最终确定挡墙的混凝土等级与厚度。挡墙结构与成本优化见表 7-2。

**表 7-2 挡墙结构与成本优化**

| 指　　标 | 混凝土等级 | | | | | | |
|---|---|---|---|---|---|---|---|
| | C15 | C20 | C25 | C30 | C35 | C40 | C45 |
| 轴心抗压/ MPa | 0.91 | 1.10 | 1.27 | 1.43 | 1.57 | 1.71 | 1.80 |
| 挡墙厚度/m | $h_1$ | $h_2$ | $h_3$ | $h_4$ | $h_5$ | $h_6$ | $h_7$ |
| 浇筑量/m$^3$ | $abh_1$ | $abh_2$ | $abh_3$ | $abh_4$ | $abh_5$ | $abh_6$ | $abh_7$ |
| 混凝土单价/元·m$^{-3}$ | $c_1$ | $c_2$ | $c_3$ | $c_4$ | $c_5$ | $c_6$ | $c_7$ |
| 混凝土总价/元 | $abh_1 c_1$ | $abh_2 c_2$ | $abh_3 c_3$ | $abh_4 c_4$ | $abh_5 c_5$ | $abh_6 c_6$ | $abh_7 c_7$ |
| 最低构筑成本/元 | $c_{min} = \min\{abh_1 c_1, abh_2 c_2, abh_3 c_3, abh_4 c_4, abh_5 c_5, abh_6 c_6, abh_7 c_7\}$ | | | | | | |

根据表 7-2 可确定构筑成本最低的混凝土等级（挡墙轴心抗拉强度设计值）及挡墙厚度。

## 7.3.2 挡墙布筋设计

混凝土可塑性强、强度高、耐久性好。强度力学特性表现为抗压、抗剪强，抗拉弱，作为挡墙的主要构筑材料，其稳定性主要受非胶结尾砂主动压力作用产生的拉应力影响。同时混凝土水泥胶体中的凝胶、孔隙和截面初始微裂隙等，使混凝土表现为非均质、非连续性特征，孔隙、截面微裂隙等缺陷往往是混凝土受力破坏的起源，在外力作用下微裂隙的扩展对混凝土的力学性能有着极为重要的影响[13]。加之大空场嗣后充填采矿法爆破频繁，一次爆破炸药用量大，能量强，冲击速度快，对挡墙的影响也很大。

因此，为消除材料缺陷、冲击荷载等对混凝土挡墙的影响，一般采用植入钢筋的方式增强挡墙的结构承载力和抗震性能，防止挡墙开裂。

钢筋与混凝土能够结合在一起共同工作，主要有两个因素：一是两者具有相近的线膨胀系数；二是由于混凝土硬化后，钢筋与混凝土之间产生了良好的黏结力[13]。

钢筋混凝土受力后会沿其接触面产生剪应力，通常把这种剪应力称为黏结应力。根据受力性质的不同，黏结应力可分为裂缝间的局部黏结应力和钢筋端部的锚固黏结应力两种。其中裂缝间的局部黏结应力是在相邻两个开裂截面之间产生的，钢筋应力的变化受到黏结应力的影响，黏结应力使相邻两个裂缝之间混凝土参与受拉，局部黏结应力的丧失会使构件的刚度降低，促进裂缝的开展[13]。

《混凝土结构设计规范》（GB 50010—2010）中规定：素混凝土结构的混凝土强度等级不应低于C15；钢筋混凝土结构的混凝土强度等级不应低于C20；采用强度等级400 MPa及以上的钢筋时，混凝土强度等级不应低于C25[12]。

钢筋混凝土破坏形式与配筋率（数量）、钢筋及混凝土的强度等级有关，但是以配筋率对构件破坏特征的影响最为明显[13]。其中配筋率为受拉钢筋截面积与结构有效面积之比。在常用的钢筋级别和混凝土等级情况下，其破坏形式主要随配筋率的大小而异，主要表现为三种形态。

（1）超筋。超筋即挡墙内钢筋设置过多，挡墙抗拉能力过强，荷载达到一定程度后，钢筋尚未屈服处于弹性阶段，挡墙受压区已先被压碎，导致挡墙破坏。超筋情况挡墙配筋率可用式（7-61）表示：

$$\rho > \rho_{max} \tag{7-61}$$

其中：

$$\rho_{max} = \xi_b \frac{\alpha_1 f_c}{f_y} \tag{7-62}$$

式中　$\rho$——挡墙配筋率，%；

　$\rho_{max}$——挡墙最大配筋率，%；

　$\xi_b$——界限相对受压区高度；

　$\alpha_1$——受压混凝土的简化应力图形系数；

　$f_c$——混凝土轴心抗压强度设计值，N/mm²；

　$f_y$——钢筋抗拉强度设计值，N/mm²。

（2）少筋。少筋即挡墙内钢筋设置过少，挡墙开裂破坏以前受拉区主要由混凝土承担,钢筋承载的拉应力较小。受拉区一旦开裂,拉应力全部转移至钢筋上。但由于受拉区钢筋数量设置较少,导致钢筋拉应力剧增并超过其屈服强度,钢筋塑性变形严重,墙体挠曲变形严重导致裂缝增大,虽然受压区混凝土不会压碎,但挡墙因严重开裂已不具备承载能力。少筋情况下挡墙钢筋的配筋率可用式(7-63)表示:

$$\rho < \rho_{\min} \tag{7-63}$$

其中:

$$\rho_{\min} = 0.45 \frac{f_{\mathrm{t}}}{f_{\mathrm{y}}} \tag{7-64}$$

式中 $\rho_{\min}$ ——挡墙最小配筋率,%;

$f_{\mathrm{t}}$ ——混凝土轴心抗拉强度设计值,N/mm$^2$。

(3)适筋。适筋即钢筋用量合理。这种挡墙破坏的特点是受拉钢筋首先达到屈服强度,维持应力不变而发生显著的塑性变形,直到受压区混凝土边缘应变达到混凝土弯曲受压的极限压应变时,受压区混凝土被压碎,挡墙随即破坏。挡墙完全破坏前,由于钢筋要经历较大的塑性伸长,挠度激增导致裂缝急剧扩展,具有明显的破坏预兆。适筋情况下挡墙钢筋的配筋率可用式(7-65)表示:

$$\rho_{\min} < \rho < \rho_{\max} \tag{7-65}$$

将式(7-62)和式(7-64)代入式(7-65)得:

$$0.45 \frac{f_{\mathrm{t}}}{f_{\mathrm{y}}} \leqslant \rho \leqslant \xi_{\mathrm{b}} \frac{\alpha_1 f_{\mathrm{c}}}{f_{\mathrm{y}}} \tag{7-66}$$

从充分利用钢筋抗拉强度及节约成本的角度来看,挡墙配筋率应满足式(7-66)的要求。

混凝土界限相对受压区高度按表7-3取值。

**表7-3 界限相对受压区高度[13]**

| 混凝土强度等级 | ≤C50 | C55 | C60 | C65 | C70 | C75 | C80 |
|---|---|---|---|---|---|---|---|
| HRB335级钢筋相对受压区高度 | 0.550 | 0.540 | 0.531 | 0.521 | 0.512 | 0.502 | 0.493 |
| HRB400级钢筋相对受压区高度 | 0.520 | 0.510 | 0.501 | 0.491 | 0.482 | 0.472 | 0.463 |

受压混凝土的简化应力图形系数按表7-4取值。

**表7-4 受压混凝土的简化应力图形系数[13]**

| 混凝土强度等级 | ≤C50 | C55 | C60 | C65 | C70 | C75 | C80 |
|---|---|---|---|---|---|---|---|
| 图形系数 $\alpha_1$ | 1.0 | 0.99 | 0.98 | 0.97 | 0.96 | 0.95 | 0.94 |

混凝土轴心抗拉强度设计值按表 7-1 采用，抗压强度设计值见表 7-5。普通钢筋强度设计值见表 7-6。

**表 7-5　混凝土轴心抗压强度设计值**[12]

| 等　　级 | C15 | C20 | C25 | C30 | C35 | C40 | C45 | C50 | C55 | C60 | C65 | C70 | C75 | C80 |
|---|---|---|---|---|---|---|---|---|---|---|---|---|---|---|
| 轴心抗压强度设计值 $f_c$ /N·mm$^{-2}$ | 7.2 | 9.6 | 11.9 | 14.3 | 16.7 | 19.1 | 21.1 | 23.1 | 25.3 | 27.5 | 29.7 | 31.8 | 33.8 | 35.9 |

**表 7-6　普通钢筋强度设计值**[12]

| 牌　　号 | 抗拉强度设计值 $f_y$ /N·mm$^{-2}$ | 抗压强度设计值 $f'_y$ /N·mm$^{-2}$ |
|---|---|---|
| HPB300 | 270 | 270 |
| HRB335 | 300 | 300 |
| HRB400、HRBF400、RRB400 | 360 | 360 |
| HRB500、HRBF500 | 435 | 435 |

根据挡墙配筋率的要求，结合挡墙厚度设计，挡墙水平截面内合理的钢筋面积为：

$$A_1 = \rho a h_{01} \tag{7-67}$$

其中：

$$h_{01} = h - \left( c + d_1 + \frac{e}{2} \right) \tag{7-68}$$

将式（7-68）代入式（7-67）得：

$$A_1 = \rho a \left( h - c - d_1 - \frac{e}{2} \right) \tag{7-69}$$

式中　$A_1$——挡墙水平截面内合理的钢筋面积，mm$^2$；

　　　$h_{01}$——挡墙水平截面有效厚度，mm；

　　　$c$——挡墙中钢筋的混凝土保护层厚度，mm；

　　　$d_1$——纵向钢筋的直径，mm；

　　　$e$——钢筋网层间距，mm。

沿挡墙厚度纵截面内合理的钢筋面积为：

$$A_2 = \rho b h_{02} \tag{7-70}$$

其中：

$$h_{02} = h - \left( c + d_2 + \frac{e}{2} \right) \tag{7-71}$$

将式（7-71）代入式（7-70）得：

$$A_2 = \rho b \left( h - c - d_2 - \frac{e}{2} \right) \tag{7-72}$$

式中　$A_2$——沿挡墙厚度纵截面内合理的钢筋面积，$mm^2$；

　　　$h_{02}$——挡墙厚度纵截面有效厚度，mm；

　　　$d_2$——横向钢筋的直径，mm。

钢筋的保护层厚度应满足《混凝土结构设计规范》（GB 50010—2010）中第8.2节混凝土保护层的相关规定。

（1）构件中受力钢筋的保护层厚度不应小于钢筋的直径。

（2）设计使用年限为50年的混凝土结构，最外层钢筋的保护层厚度应符合表7-7规定；设计使用年限为100年的混凝土结构，最外层钢筋的保护层厚度不应小于表7-7中数值的1.4倍。

**表7-7　混凝土保护层的最小厚度[12]**

| 环境等级 | 板墙壳 $c$/mm | 梁柱 $c$/mm |
|:---:|:---:|:---:|
| 一 | 15 | 20 |
| 二 a | 20 | 25 |
| 二 b | 25 | 35 |
| 三 a | 30 | 40 |
| 三 b | 40 | 50 |

注：混凝土强度等级不大于 C25 时，表中保护层厚度数值应增加 5 mm。

根据挡墙水平截面内钢筋面积的计算结果及单根钢筋的面积和钢筋网层数即可求得单排纵向钢筋的数量：

$$N_1 = \frac{A_1}{a_{s1} n} \tag{7-73}$$

单根纵向钢筋的面积如下：

$$a_{s1} = \pi \left( \frac{d_1}{2} \right)^2 \tag{7-74}$$

将式（7-69）和式（7-74）代入式（7-73）得：

$$N_1 = \frac{4\rho a (h - c - d_1 - e/2)}{n \pi d_1^2} \tag{7-75}$$

式中　$N_1$——挡墙内单排纵向钢筋数量，根；

　　　$a_{s1}$——单根纵向钢筋的面积，$mm^2$；

　　　$n$——挡墙内钢筋网设置层数。

根据沿挡墙厚度纵截面内钢筋面积的计算结果、单根钢筋的面积及钢筋网层数，即可求得单排横向钢筋的数量：

$$N_2 = \frac{A_2}{a_{s2} n} \tag{7-76}$$

单根横向钢筋的面积按式（7-77）计算：

$$a_{s2} = \pi \left( \frac{d_2}{2} \right)^2 \tag{7-77}$$

将式（7-72）和式（7-77）代入式（7-76）得：

$$N_2 = \frac{4\rho b (h - c - d_2 - e/2)}{n \pi d_2^2} \tag{7-78}$$

式中　$N_2$——挡墙内单排横向钢筋数量，根；

　　　$a_{s2}$——单根横向钢筋的面积，$mm^2$。

根据单排横、纵钢筋数量及挡墙结构尺寸，钢筋网度设计为：

$$K = \frac{a}{N_1 + 1} \times \frac{b}{N_2 + 1} \tag{7-79}$$

将式（7-75）和式（7-78）代入式（7-79）得：

$$K = \frac{n \pi a d_1^2}{4\rho a (h - c - d_1 - e/2) + n \pi d_1^2} \times \frac{n \pi b d_2^2}{4\rho b (h - c - d_2 - e/2) + n \pi d_2^2}$$
$$\tag{7-80}$$

式中　$K$——挡墙钢筋网的网度，mm×mm。

### 7.3.3　钢筋锚固设计

挡墙在尾砂主动压力作用下具有滑移倾倒的趋势，为限制挡墙整体滑移，提高挡墙的抗滑阻力，需将钢筋锚固至四周的岩体内，其抗滑阻力由挡墙与四周岩体的摩擦力、挡墙受拉产生的抗拉阻力提供。要使钢筋提供足够的抗拉力，钢筋需有足够的锚固力，对锚固长度及强度也具有一定要求。

极限条件下，钢筋承受的拉应力与钢筋的屈服强度标准值相等。

$$\sigma_{g1} = f_{yk1} \tag{7-81}$$
$$\sigma_{g2} = f_{yk2} \tag{7-82}$$

式中　$\sigma_{g1}$——纵向钢筋所受拉应力，$N/mm^2$；

　　　$\sigma_{g2}$——横向钢筋所受拉应力，$N/mm^2$；

　　　$f_{yk1}$——纵向钢筋屈服强度标准值，$N/mm^2$；

　　　$f_{yk2}$——横向钢筋屈服强度标准值，$N/mm^2$。

根据式（7-81）和式（7-82）可得钢筋所受拉力为：

$$F_1 = f_{yk1} a_{s1} \tag{7-83}$$
$$F_2 = f_{yk2} a_{s2} \tag{7-84}$$

式中　$F_1$——纵向钢筋所受拉力，N；

　　　$F_2$——横向钢筋所受拉力，$N/mm^2$；

$a_{s1}$——单根纵向钢筋的面积，$mm^2$；

$a_{s2}$——单根横向钢筋的面积，$mm^2$。

将式（7-74）代入式（7-83），式（7-77）代入式（7-84）得到：

$$F_1 = f_{yk1} \pi \left(\frac{d_1}{2}\right)^2 \tag{7-85}$$

$$F_2 = f_{yk2} \pi \left(\frac{d_2}{2}\right)^2 \tag{7-86}$$

锚固钢筋不被拉出的条件为钢筋所受拉力小于钢筋锚固力。钢筋为两端锚固，因此存在以下关系：

$$2T_1 \geqslant F_1 \tag{7-87}$$

$$2T_2 \geqslant F_2 \tag{7-88}$$

其中：

$$T_1 = \pi d_1 \tau_1 l_{b1} \tag{7-89}$$

$$T_2 = \pi d_2 \tau_3 l_{b2} \tag{7-90}$$

式中  $T_1$——纵向钢筋锚固力，N；

$T_2$——横向钢筋锚固力，N；

$\tau_1$——纵向钢筋锚固段注浆体与钢筋之间的黏结强度，$N/mm^2$；

$\tau_2$——横向钢筋锚固段注浆体与钢筋之间的黏结强度，$N/mm^2$；

$l_{b1}$——纵向钢筋锚固段长度，mm；

$l_{b2}$——横向钢筋锚固段长度，mm。

将式（7-85）和式（7-89）代入式（7-87），式（7-86）和式（7-90）代入式（7-88），即可求得纵向钢筋和横向钢筋的锚固深度：

$$l_{b1} \geqslant \frac{f_{yk1}d_1}{8\tau_1} \tag{7-91}$$

$$l_{b2} \geqslant \frac{f_{yk2}d_2}{8\tau_2} \tag{7-92}$$

普通钢筋强度标准值采用《混凝土结构设计规范》（GB 50010—2010）第4.2节钢筋中相关内容，见表7-8。

表 7-8  普通钢筋强度标准值[12]

| 牌　号 | 公称直径/mm | 屈服强度标准值 $f_{yk}$ /N·$mm^{-2}$ | 极限强度标准值 $f_{stk}$ /N·$mm^{-2}$ |
|---|---|---|---|
| HPB300 | 6~14 | 300 | 420 |
| HRB335 | 6~14 | 335 | 455 |
| HRB400<br>HRBF400<br>RRB400 | 6~50 | 400 | 540 |

| 牌　号 | 公称直径/mm | 屈服强度标准值$f_{yk}$/N·mm$^{-2}$ | 极限强度标准值$f_{stk}$/N·mm$^{-2}$ |
|---|---|---|---|
| HRB500<br>HRBF500 | 6~50 | 500 | 630 |

钢筋锚固段注浆体与钢筋之间的黏结强度按《岩土锚杆与喷射混凝土支护工程技术规范》（GB 50086—2015）第4.6节中相关内容采用，见表7-9。

表7-9　锚杆锚固段灌浆体与杆体间黏结强度设计值[14]

| 锚杆类型 | 杆体预应力筋种类 | 灌浆体抗压强度/MPa | | | |
|---|---|---|---|---|---|
| | | 20 | 25 | 30 | 40 |
| 临时 | 预应力螺纹钢筋 | 1.4 | 1.6 | 1.8 | 2.0 |
| | 钢绞线、普通钢筋 | 1.0 | 1.2 | 1.35 | 1.5 |
| 永久 | 预应力螺纹钢筋 | — | 1.2 | 1.4 | 1.6 |
| | 钢绞线、普通钢筋 | — | 0.8 | 0.9 | 1.0 |

钢筋锚固力实质是由钢筋与注浆体黏结提供，为保证注浆体不被拉出，注浆体的抗拉阻力不应小于钢筋所受拉力，而注浆体的抗拉阻力由注浆体和钻孔壁黏结提供。

注浆体不被拉出的条件可表示为：

$$T_3 \geqslant T_1 \qquad (7\text{-}93)$$

$$T_4 \geqslant T_2 \qquad (7\text{-}94)$$

其中：

$$T_3 = \pi d_3 \tau_3 l_{b1} \qquad (7\text{-}95)$$

$$T_4 = \pi d_4 \tau_4 l_{b2} \qquad (7\text{-}96)$$

式中　$T_3$——纵向注浆体的抗拉阻力，N；

　　　$T_4$——横向注浆体的抗拉阻力，N；

　　　$\tau_3$——纵向注浆体与孔壁之间的黏结强度，N/mm$^2$；

　　　$\tau_4$——横向注浆体与孔壁之间的黏结强度，N/mm$^2$；

　　　$d_3$——纵向钻孔长度，mm；

　　　$d_4$——横向钻孔长度，mm。

将式（7-89）和式（7-95）代入式（7-93），式（7-90）和式（7-96）代入式（7-94），即可求得纵向钻孔和横向钻孔的孔径：

$$d_3 \geqslant \frac{d_1 \tau_1}{\tau_3} \qquad (7\text{-}97)$$

$$d_4 \geqslant \frac{d_2 \tau_2}{\tau_4} \tag{7-98}$$

注浆体与孔壁之间的黏结强度按《岩土锚杆与喷射混凝土支护工程技术规范》（GB 50086—2015）第4.6节中相关内容采用，具体见表7-10。

**表 7-10　锚杆锚固段注浆体与周边地层间的极限黏结强度标准值[14]**

| 岩 土 类 别 | | 极限黏结强度标准值/MPa |
| --- | --- | --- |
| 岩石 | 坚硬岩 | 1.5~2.5 |
| | 较硬岩 | 1.0~1.5 |
| | 软岩 | 0.6~1.2 |
| | 极软岩 | 0.6~1.0 |

# 7.4　工 程 应 用

## 7.4.1　工程背景

大红山铜矿本部一、二期工程采用空场嗣后充填采矿法，一期工程采用电耙出矿工艺，以底盘漏斗空场法为主，房柱法为辅；二期工程采用铲运机出矿工艺，以铲运机出矿分段空场法为主，铲运机出矿房柱法为辅。近几年来，大红山铜矿致力于铜铁合采技术开发，基于连续开采模式，形成了高阶段、大空场的采场结构，具有明显的大规模、高效率、低成本的技术特点，为矿山生产稳定提供了保障。

大红山铜矿采用的采矿方法包括：

（1）分段空场嗣后充填法是基于分采理念首先被采用的采矿方法，主要针对 $I_3$、$I_2$ 含铁铜主矿体，平均厚度达到10 m以上，是主要的开采对象。二期工程（开采550 m水平以下矿体）主要采用SIMBA1354型凿岩机凿岩和堑沟式底部结构的双分段空场法布置结构。该法具有典型的单步骤开采特点，嗣后非胶结尾砂充填。

（2）下向大直径深孔崩矿空场嗣后充填法是基于铜铁合采理念而设计的采矿方法。该法采用"框式"布置结构，预留永久矿柱，间隔开采，采场结构呈现高阶段、大空场的特点。该法也具有典型的单步骤开采特点，大空区嗣后非胶结尾砂充填。

（3）大空场嗣后充填连续采矿法则属典型的两步骤开采，先超前回采一步矿房，嗣后块石-尾砂胶结充填，形成充填间柱支撑架构，再采二步矿房，嗣后非胶结尾砂充填，实现大盘区机械化连续采矿。

(4) 大红山西矿段 100 线以东采用小分段空场法，该法为单步骤回采，嗣后非胶结尾砂充填。西矿段 100 线以西的矿体较本部薄，采用盘区机械化点柱式上向水平分层充填法，底基层块石-尾砂非胶结充填，面层胶结充填。

综上，大红山铜矿的采矿方法均采用充填法，有阶段式、分段式和分层式，充填以尾砂充填为主、废石充填为辅。其中胶结充填量逐年增多，以连续开采区域为例，胶结量占 20%~30%，其余均为非胶结充填。

大红山铜矿挡墙选用钢筋混凝土浇筑式挡墙。设计流程分为挡墙压力设计和挡墙厚度设计。

### 7.4.1.1 挡墙压力设计

挡墙压力设计公式如下：

$$p = \gamma h \tag{7-99}$$

式中　$p$ ——挡墙静水设计压力，MPa；

　　　$\gamma$ ——尾砂密度，取 0.0291 MN/m³；

　　　$h$ ——采场顶部与挡墙垂直距离，m。

### 7.4.1.2 挡墙厚度设计

挡墙厚度设计参照《采矿设计手册》[15]井巷工程卷中第 6 章相关设计内容设计。

(1) 按抗压强度条件的挡墙厚度设计如下：

$$B_1 = \frac{\sqrt{(a+b)^2 + \dfrac{4pab}{f_c}} - (a+b)}{4\tan\alpha} \tag{7-100}$$

式中　$B_1$ ——按抗压强度条件的挡墙设计厚度，m；

　　　$a$ ——巷道净宽，m；

　　　$b$ ——巷道净高，m；

　　　$p$ ——挡墙静水设计压力，MPa；

　　　$f_c$ ——混凝土轴心抗压强度设计值，MPa；

　　　$\alpha$ ——支撑面与巷道中心线的夹角，取 20°~30°。

(2) 按抗剪强度条件的挡墙厚度设计如下：

$$B_2 \geq \frac{pS}{L\tau} \tag{7-101}$$

式中　$B_2$ ——按抗剪强度条件的挡墙设计厚度，m；

　　　$p$ ——挡墙静水设计压力，MPa。

　　　$S$ ——挡墙面积，m²；

$L$——挡墙周长，m；

$\tau$——混凝土设计抗剪强度，MPa。

混凝土强度按照现行的钢筋混凝土结构设计规范取用。抗剪强度可取（0.1~0.15）$f_c$，或按式（7-102）换算。

$$\tau = 0.75\sqrt{f_c f_t} \tag{7-102}$$

式中 $\tau$——混凝土设计抗剪强度，MPa。

$f_c$——混凝土轴心抗压强度设计值，MPa；

$f_t$——混凝土轴心抗拉强度设计值，MPa。

挡墙最终设计厚度取两者中的最大值，并考虑一定的安全系数。

$$B = f \times \max\{B_1, B_2\} \tag{7-103}$$

式中 $B$——挡墙设计厚度，m；

$f$——安全系数，取 1.5~2。

### 7.4.1.3 钢筋网度及锚固设计

挡墙内布置两层钢筋网，间距为 0.5 m，两层钢网沿挡墙垂直方向对称布置。主钢选用 18 mm 螺纹钢，顶底板间距 0.6 m，侧帮间距 0.6 m，锚固深度 1.0 m；副筋选用直径 12 mm 圆钢，间距 0.6 m，锚固深度 0.5 m；主筋与副筋交替布置，最终形成 300 mm×300 mm 的网度，搭接采用捆绑或焊接形式，搭接长度不小于 0.6 m。

### 7.4.1.4 混凝土等级及浇灌

挡墙采用现场架模浇筑，混凝土等级为 C25，现场搅拌，混凝土配比见表 7-11。

表 7-11 浇筑式挡墙混凝土配比

| 碎石添加量/kg·m⁻³ | 河砂添加量/kg·m⁻³ | 水泥添加量/kg·m⁻³ | 水添加量/kg·m⁻³ |
|---|---|---|---|
| 1261 | 566 | 398 | 175 |

通过对大红山铜矿挡墙设计和施工流程的调查发现：

（1）挡墙设计科学性不足，具体如下。

1）挡墙压力计算不合理。挡墙压力采用传统的静浆静力学理论计算，且浆体密度取值过大（2910 kg/m³），而大红山铜矿分级尾砂表观密度仅为 2897 kg/m³，计算方法及参数取值不合理，导致压力设计值严重偏高。对于非胶结尾砂充填而言，整个采场内尾砂不可能完全以浆体的形态存在，大空区充填为分次充填，伴有脱水和压密，充填高度高，由于水的渗流主要以径向为主，且尾砂逐渐密实强度特性提高。因此，尾砂主动压力应充分考虑自密实特性。对于胶结充填而言，料浆逐渐凝固-硬化，其压力更不能采用该法计算。

2）挡墙厚度设计过大。由于挡墙压力值设计过大，导致挡墙一次厚度设计偏大。同时厚度设计安全系数取值高达 1.5~2.5，造成挡墙二次厚度设计严重偏大，致使挡墙结构冗余，材料消耗增加。据矿山统计，阶段空场嗣后充填采场底部出矿水平挡墙厚度设计为 1.3~1.6 m，中部凿岩硐室联络通道工程挡墙厚度设计为 1.0~1.3 m，上盘切顶硐室联络工程通道挡墙厚度设计为 0.8~1.0 m。

3）挡墙稳定性因素分析不足。充填体压力作用下，挡墙为典型的内侧受压，外侧受拉的力学状态；在混凝土基本强度指标中，抗拉强度最弱。因此，挡墙结构设计应以最危险力学状态进行考虑，在矿山原设计体系中，刚好忽略了考虑抗拉条件的挡墙厚度设计。

4）钢筋混凝土力学特性研究不足。大红山铜矿高阶段采场挡墙设计位置主要包括切顶层联道、中部联道及底部出矿巷道，充填高度不同，受力不同，挡墙厚度设计不同。由于配筋率对挡墙破坏存在显著影响，因此不同厚度的挡墙配筋应基于最优配筋率进行设计，以充分发挥钢筋力学作用，并节约钢筋材料成本。在矿山原设计体系中，不同的挡墙厚度配筋一样，必然存在超筋和少筋的情况，如图 7-4 所示。

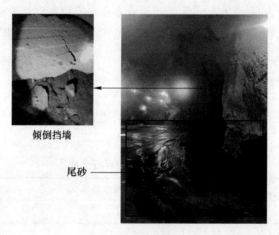

图 7-4　挡墙少筋破坏

5）锚固设计研究不足。不同充填高度的挡墙受力不同，锚固需求也不同。在矿山原设计体系中，所有挡墙锚固设计一样，必然存在过锚和少锚的情况。

（2）施工工艺复杂、养护周期长。挡墙设计为钢筋混凝土浇筑挡墙，施工工序包括钻孔、植筋、架模、搅拌、浇灌、振动密实和养护（见图 7-5），每堵挡墙施工周期不少于 14 天。大空场嗣后充填采矿法属于大规模采矿工艺，强调"强采、强出、强充"，每个采场挡墙数量多，挡墙构筑工期长，严重影响采场充填进度。

图 7-5　大红山铜矿浇筑式混凝土挡墙施工工序
（a）钻孔；（b）植筋；（c）架模；（d）浇灌

（3）挡墙难以接顶，泄漏严重。浇筑式挡墙由于需要进行人工浇筑及振动密实，浇筑至巷道顶部时，由于作业空间受限，顶部区域很难接顶，缝隙处一般采用抹灰的方式处理，由于挡墙厚度大，抹灰深度有限，加之灰浆强度低，容易发生泄漏，污染井下环境。挡墙顶部泄漏图如图 7-6 所示。

## 7.4.2　挡墙优化设计

### 7.4.2.1　盘区简介

大红山铜矿 285 中段 B10-12 线区域含矿岩体赋存于大红山群曼岗河组第三岩性段（Ptdm3）中上部，主要岩性为深灰至灰黑色含铜磁铁钠长黑云片岩夹变钠质凝灰岩、石榴黑云片岩、磁铁石英岩，金属矿物主要为磁铁矿、黄铜矿，其次为黄铁矿、斑铜矿，矿体呈顺层条纹条带状、细脉状产出，脉石矿物为钠长石、石榴子石、黑云母、石英。盘区内断层节理、裂隙发育，盘区主要受西部断层FⅡ-9

图 7-6 挡墙顶部泄漏

影响，F Ⅱ-9 为正断层，走向 N34°E，倾向 SE，倾角 85°~88°，为围岩角砾、铁泥质胶结充填，断层对矿体的连续性造成影响。

该盘区采用空场嗣后充填采矿法，底部堑沟结构受矿和上向扇形孔结合下向大孔侧向崩矿，切割槽采用下向大孔进行拉槽。回采结束后通过 400 水平 1 号充填巷进行尾砂充填接顶。

矿房沿走向长 58.3 m，沿倾向宽 25 m，顶板暴露面积 1430 m²。出矿水平在 310 m 平面，该水平布置 1 条堑沟，1 条切割井，5 条出矿进路，1 个切割井壁龛；切割槽位于矿房中部。切顶硐室位于 370 m 平面，并布置 5 条切顶硐室、3 个硐室、3 条联道。

矿房回采结束后，盘区共需设计 8 堵挡墙。其中 310 水平 5 堵，布置在 310 采准干线 1 号、2 号、3 号、4 号、5 号出矿进路内，如图 7-7 所示。370 水平 3 堵，布置在 370 切顶干线 1 号进场联道、2 号进场联道、3 号进场联道内，如图 7-8 所示。

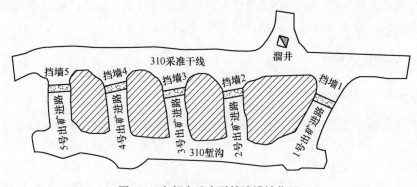

图 7-7 底部出矿水平挡墙设计位置

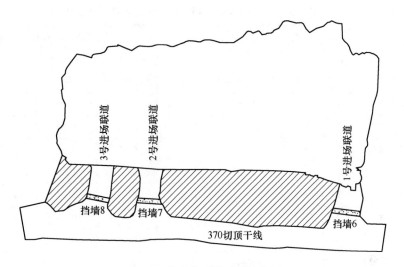

图 7-8　凿岩水平挡墙设计位置

矿房典型剖面图如图 7-9 所示。

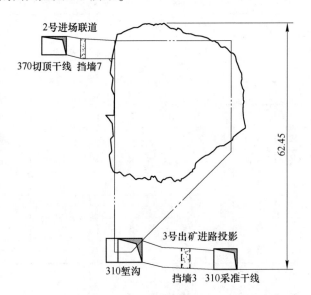

图 7-9　矿房典型剖面图

根据挡墙设计位置、结构尺寸和充填高度，分别按抗压强度条件（见式（7-100））和抗剪强度条件（见式（7-101））计算挡墙厚度，取两者中最大值，并考虑一定的安全系数确定最终挡墙厚度，其中出矿水平挡墙考虑 1.5 的安全系数，切顶层挡墙考虑 2.0 的安全系数。挡墙厚度设计结果见表 7-12。

钢筋按照大红山铜矿挡墙钢筋设计参数，钢筋网度设计见表 7-13。

表 7-12　大红山铜矿 285 中段 10-12 盘区挡墙厚度设计

| 名　称 | 巷道结构尺寸 | | 距顶板高度 /m | 挡墙压力 / MPa | 挡墙设计厚度 | | |
|---|---|---|---|---|---|---|---|
| | 宽度 /m | 高度 /m | | | 抗压厚度 /m | 抗剪厚度 /m | 最终设计厚度 /m |
| 310 水平挡墙 1 | 4.3 | 3.7 | 62.45 | 1.82 | 0.44 | 1.09 | 1.63（取 1.6） |
| 310 水平挡墙 2 | 4.1 | 3.7 | 62.45 | 1.82 | 0.43 | 1.06 | 1.59（取 1.6） |
| 310 水平挡墙 3 | 4.2 | 3.6 | 62.45 | 1.82 | 0.42 | 1.06 | 1.59（取 1.6） |
| 310 水平挡墙 4 | 4.2 | 3.6 | 62.45 | 1.82 | 0.42 | 1.06 | 1.59（取 1.6） |
| 310 水平挡墙 5 | 4.2 | 3.7 | 62.45 | 1.82 | 0.43 | 1.07 | 1.61（取 1.6） |
| 370 水平挡墙 6 | 5.2 | 3.7 | 10.34 | 0.30 | 0.08 | 0.20 | 0.39（取 0.8） |
| 370 水平挡墙 7 | 4.8 | 3.7 | 10.34 | 0.30 | 0.08 | 0.19 | 0.38（取 0.8） |
| 370 水平挡墙 8 | 4.6 | 3.8 | 10.34 | 0.30 | 0.08 | 0.19 | 0.38（取 0.8） |

注：大红山铜矿空场嗣后充填采场切顶层挡墙设计厚度不足 0.8 m 的按 0.8 m 施工。

表 7-13　大红山铜矿 285 中段 10-12 盘区挡墙网度设计

| 名　称 | 巷道结构尺寸 | | 主筋（φ18 mm 螺纹钢） | | 副筋（φ12 mm 螺纹钢） | | 网度 /mm×mm |
|---|---|---|---|---|---|---|---|
| | 宽度 /m | 高度 /m | 顶底板 /根·层⁻¹ | 侧帮 /根·层⁻¹ | 顶底板 /根·层⁻¹ | 侧帮 /根·层⁻¹ | |
| 310 水平挡墙 1 | 4.3 | 3.7 | 6 | 5 | 7 | 6 | 307×308 |
| 310 水平挡墙 2 | 4.1 | 3.7 | 6 | 5 | 7 | 6 | 292×308 |
| 310 水平挡墙 3 | 4.2 | 3.6 | 6 | 5 | 7 | 6 | 300×300 |
| 310 水平挡墙 4 | 4.2 | 3.6 | 6 | 5 | 7 | 6 | 300×300 |
| 310 水平挡墙 5 | 4.2 | 3.7 | 6 | 5 | 7 | 6 | 300×308 |
| 370 水平挡墙 6 | 5.2 | 3.7 | 8 | 5 | 9 | 6 | 289×308 |
| 370 水平挡墙 7 | 4.8 | 3.7 | 7 | 5 | 8 | 6 | 300×308 |
| 370 水平挡墙 8 | 4.6 | 3.8 | 7 | 5 | 8 | 6 | 288×307 |

注：所有挡墙均为双层钢筋网。

以 310 水平挡墙 3 为例，其成本构成如下。

（1）混凝土成本为：

混凝土用量：$4.2 \times 3.6 \times 1.6 = 24.192$ m³

C25 混凝土单价：294.06 元/m³

混凝土成本：$24.192 \times 294.06 = 7113.90$ 元

（2）钢筋成本为：

主筋数量：$(6+5) \times 2 = 22$ 根

主筋长度：(4.2+1×2+0.6)×6×2+(3.6+1×2+0.6)×5×2＝143.60 m

18 mm 的螺纹钢每米质量：2 kg

钢筋价格：4000 元/t

钢筋成本：143.6×2×4000÷1000＝1148.80 元

副筋数量：(7+6)×2＝26 根

副筋长度：(4.2+0.5×2+0.6)×7×2+(3.6+0.5×2+0.6)×6×2＝143.60 m

12 mm 的螺纹钢每米质量：0.888 kg

钢筋价格：4000 元/t

副筋成本：143.6×0.888×4000÷1000＝510.07 元

钢筋成本合计：1148.8+510.07＝1658.87 元

(3) 注浆体成本为：

主筋钻孔个数：22×2＝44 个

主筋钻孔孔径：40 mm

主筋单孔水泥砂浆体积：$[3.14×(40÷1000÷2)^2－3.14×(18÷1000÷2)^2]×1＝$ 0.001 m$^3$

主筋水泥砂浆总量：44×0.001＝0.044 m$^3$

副筋钻孔个数：26×2＝52 个

副筋钻孔孔径：40 mm

副筋单孔水泥砂浆体积：$[3.14×(40÷1000÷2)^2－3.14×(12÷1000÷2)^2]×0.5＝$ 0.0006 m$^3$

副筋水泥砂浆总量：52×0.0006＝0.0312 m$^3$

水泥浆用量：0.044+0.0312＝0.0752 m$^3$

水泥浆价格：450 元/m$^3$

水泥浆成本：0.0752×450＝33.84 元

(4) 挡墙构筑总成本为：

合计：7113.90+1658.87+33.84＝8806.61 元。

该成本仅为挡墙构筑的材料成本，不含人员工资、水电、架模、设备折旧等费用。

### 7.4.2.2 挡墙结构设计优化

#### A 挡墙厚度设计优化

同样以 310 水平挡墙 3 为例，采场充填高度按 62.45 m、尾砂含水按 20% 计。

不同高度尾砂密度按式 (4-41) 计算得：

$$\rho_{h1} = 1.505 (h + 0.61)^{0.053}$$

尾砂垂直应力按式 (4-73) 计算得：

$$\sigma_1 = \int_0^{62.45} 1.505 \times (h + 0.61)^{0.053} \times 9.8 \times \mathrm{d}h = 1.09 \text{ MPa}$$

尾砂黏聚力按式（4-52）计算得：

$$c_h = 0.0254 \times \left[ (0.0177h + 0.0108)^{1.0527} - 0.0085 + 0.0598 \right]^{0.1970} = 0.0262 \text{ MPa}$$

尾砂内摩擦角按式（4-53）计算得：

$$\varphi_h = 30.2251 \times \left[ (0.0177h + 0.0108)^{1.0527} - 0.0085 + 0.0796 \right]^{0.0228} = 30.35°$$

挡墙受尾砂主动压力按式（7-74）计算得：

$$q_0 = \tan^2\left(\frac{\pi}{4} - \frac{30.35}{2}\right) \times 1.09 - 2 \times 0.0262 \times \tan\left(\frac{\pi}{4} - \frac{30.35}{2}\right) = 0.33 \text{ MPa}$$

以 C25 混凝土浇筑挡墙为例，设计挡墙，C25 混凝土轴心抗拉强度为 1.27 MPa。

挡墙在宽度方向保持稳定的最小厚度按式（7-57）计算得：

$$h_x = \sqrt{\frac{12 \times 0.33 \times 4.2^2 \times 3.6^2 \times (3.6^2 + 0.21 \times 4.2^2)}{1.27 \times 3.14^2 \times (3 \times 3.6^4 + 3 \times 4.2^4 + 2 \times 4.2^2 \times 3.6^2)}} = 0.80 \text{ m}$$

挡墙在高度方向保持稳定的最小厚度按式（7-59）计算得：

$$h_y = \sqrt{\frac{12 \times 0.33 \times 4.2^2 \times 3.6^2 \times (0.21 \times 3.6^2 + 4.2^2)}{1.27 \times 3.14^2 \times (3 \times 3.6^4 + 3 \times 4.2^4 + 2 \times 4.2^2 \times 3.6^2)}} = 0.88 \text{ m}$$

挡墙厚度按式（7-60）设计：

$$h = 1.2 \times \max\{0.8, 0.88\} = 1.06 \text{ m}$$

大红山铜矿可自制 C20、C25 和 C30 三种等级的混凝土，配比及单价见表 7-14，轴心抗压强度设计值分别为 1.10 MPa、1.27 MPa 和 1.43 MPa。

表 7-14　大红山铜矿混凝土配比及单价

| 等级 | 物料名称 | 添加量/kg·m⁻³ | 单价/元·t⁻¹ | 混凝土单价/元·m⁻³ |
|---|---|---|---|---|
| C20 | 水 | 175 | 1.7 | 275.91 |
| | 水泥 | 343 | 420 | |
| | 砂 | 621 | 90 | |
| | 石子 | 1261 | 60 | |
| C25 | 水 | 175 | 1.7 | 294.06 |
| | 水泥 | 398 | 420 | |
| | 砂 | 566 | 90 | |
| | 石子 | 1261 | 60 | |
| C30 | 水 | 175 | 1.7 | 315.12 |
| | 水泥 | 461 | 420 | |
| | 砂 | 512 | 90 | |
| | 石子 | 1252 | 60 | |

根据前述算法及表7-2所示的优化程序,对310水平挡墙3进行优化,优化结果见表7-15。

表 7-15　310 水平挡墙 3 设计优化

| 指　　标 | 混凝土标号 | | |
|---|---|---|---|
| | C20 | C25 | C30 |
| 轴心抗拉强度设计值/MPa | 1.10 | 1.27 | 1.43 |
| 挡墙厚度/m | 1.14 | 1.06 | 1.00 |
| 浇筑量/m³ | 17.24 | 16.03 | 15.12 |
| 混凝土单价/元·m⁻³ | 275.91 | 294.06 | 315.12 |
| 混凝土总价/元 | 4755.81 | 4712.96 | 4764.61 |
| 最低构筑成本/元 | 4712.96 | | |

根据成本比较,采用 C25 混凝土构筑 310 水平挡墙 3,设计厚度选 1.30 m 成本最低。

B　挡墙布筋优化

根据 310 水平挡墙 3 厚度优化结果,混凝土等级选用 C25,轴心抗拉强度设计值为 1.27 MPa,轴心抗压强度设计值为 11.9 MPa。设计两层钢筋网,间距 250 mm,纵、横筋均选用牌号 HRB335 型直径 14 mm 的螺纹钢,钢筋抗拉强度设计值为 300 N/mm²,钢筋保护层厚度取 200 mm,界限相对受压区高度 0.55,挡墙混凝土应力图形系数取 1。

根据式(7-66)计算挡墙配筋率范围为:

$$0.45 \times \frac{1.27}{300} \leq \rho \leq 0.55 \times \frac{1 \times 11.9}{300}$$

经计算:

$$0.19\% \leq \rho \leq 2.18\%$$

以满足合理配筋率为前提,并有限降低钢筋用量,配筋率取 0.2%。
根据式(7-80)设计挡墙钢筋网度为:

$$K = \frac{2 \times 3.14 \times 4200 \times 14}{4 \times 0.2\% \times 4200 \times (1060 - 200 - 14 - 250/2) + 2 \times 3.14 \times 14^2} \times$$

$$\frac{2 \times 3.14 \times 3600 \times 14^2}{4 \times 0.2\% \times 3600 \times (1060 - 200 - 14 - 250/2) + 2 \times 3.14 \times 14^2}$$

$$= 203.08 \text{ mm} \times 201.46 \text{ mm}$$

钢筋网度取整后,$K = 200 \text{ mm} \times 200 \text{ mm}$

C　钢筋锚固设计优化

设计采用 C25 的砂浆对钢筋进行锚固。纵向、横向钢筋牌号为 HRB335,直径为 14 mm 的螺纹钢，屈服强度标准值为 335 N/mm²。钢筋锚固段钢筋与注浆体之间的黏结强度为 1.2 N/mm²，钢筋锚固段注浆体与钻孔孔壁之间的极限黏结强度标准值为 2.5 N/mm²。

根据式（7-91）和式（7-92）设计钢筋的锚固深度为：

$$l_{b1} \geqslant \frac{335 \times 14}{8 \times 1.2} = 488.54 \text{ mm}$$

$$l_{b2} \geqslant \frac{335 \times 14}{8 \times 1.2} = 488.54 \text{ mm}$$

取整后钢筋锚固深度设计为：

$$l_{b1} = l_{b2} = 500 \text{ mm}$$

根据式（7-97）和式（7-98）设计用于锚固钢筋的钻孔孔径为：

$$d_3 \geqslant \frac{14 \times 2.5}{1.2} = 29.17 \text{ mm}$$

$$d_4 \geqslant \frac{14 \times 2.5}{1.2} = 29.17 \text{ mm}$$

取整后，大红山铜矿最小可施工的钻孔孔径为 $d_3 = d_4 = 32$ mm。

### 7.4.3  应用效果

提高挡墙施工效率，极大减少充填准备时间，是大空场"强充"的前提之一，同时也需要挡墙快速构筑技术作为保障。因此，大红山铜矿设计将挡墙构筑工艺由混凝土浇筑改变为湿式喷浆。湿式喷浆工艺构筑挡墙基本流程包括钻孔、植筋、喷射混凝土、养护。以 310 水平挡墙 3 为例，根据厚度设计、布筋设计和钢筋锚固设计结果，其施工工艺方案如图 7-10 所示。

#### 7.4.3.1  架设挡墙框架

（1）架设挡料板。挡料板由钢筋网和麻袋布袋绑扎而成，在钢筋网上绑扎不少于两层的麻布袋，钢筋网为直径 10 mm 的圆钢、网度为 100 mm×100 mm 的成品网。在巷道设计挡墙处，将挡料板固定至巷道四周。

（2）钻孔。采用 YT-28 气腿式凿岩机钻凿两排孔，巷道顶板及底板钻凿垂直孔，同列孔口对齐；巷道侧帮钻凿水平孔，同行孔口对齐。钻孔孔径 32 mm，孔深 500 mm，同排垂直钻孔孔距 200 mm，水平钻孔孔距 200 mm，钻孔排距 250 mm。

（3）布筋、锚固。垂直钻孔与水平钻孔分别插入直径为 14 mm 的螺纹钢，钻孔内采用强度等级 C25 的水泥浆锚固，纵、横筋形成 200 mm×200 mm 的网格状结构，钢筋交叉处采用扎丝绑扎。同列或同行钢筋需要连接时，采用扎丝绑

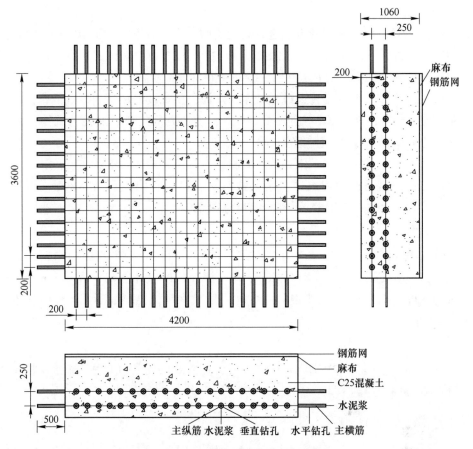

图 7-10　310 水平挡墙 3 挡墙架设方案

扎,搭接长度不小于 600 mm,绑扎点不少于 3 处;采用焊接时,焊接长度小于 300 mm。由内向外形成钢筋网—麻布—纵横筋组成的挡墙框架。

#### 7.4.3.2　混凝土配比及搅拌

A　混凝土配比

湿喷混凝土由碎石、石粉、水泥、水、减水剂、河砂、塑料纤维、速凝剂搅拌而成,配合比见表 7-16。

表 7-16　湿喷挡墙聚丙烯纤维混凝土配合比

| 物料 | 水灰比 | 水 /kg·m⁻³ | 水泥 /kg·m⁻³ | 碎石 /kg·m⁻³ | 石粉 /kg·m⁻³ | 河砂 /kg·m⁻³ | 塑料纤维 /kg·m⁻³ | 减水剂 /kg·m⁻³ | 速凝剂 /kg·m⁻³ |
|---|---|---|---|---|---|---|---|---|---|
| 配比 | 0.42 | 184 | 440 | 670 | 200 | 870 | 6 | 2 | 12 |

B 物料要求

（1）骨料。碎石选用井下掘进废石破碎而成，粒径不宜大于 10 mm；当使用碱性速凝剂时，不得使用含有活性二氧化硅的石料。石粉采用掘进废石破碎而成的中砂或粗砂，细度模数宜大于 2，砂率宜为 50%~60%。

（2）水泥。水泥选用普通硅酸盐 425 水泥，掺加设计用量速凝剂的水泥净浆初凝不应大于 3 min，终凝不应大于 12 min；加速凝剂的喷射混凝土试件，28 天强度不应低于不加速凝剂强度的 90%。

（3）纤维。纤维选用宁阳邦能工程材料有限公司聚丙烯纤维，长度 47 mm。

（4）速凝剂。速凝剂选用上海卉迎新材料科技有限公司 AFK800 无碱速凝剂，或上海华登建材有限公司星标 A700 速凝剂。

C 搅拌

按表 7-16 所示的混凝土配比，除速凝剂外所有物料在地表搅拌站搅拌为成品混凝土，由混凝土罐车运输至井下，每次搅拌 3 m³（罐车罐体容积 3 m³），搅拌时间不得低于 5 min。由于混凝土中加入了减水剂，要求混凝土运输时间不得超过 20 min。

D 强度要求

C25 混凝土轴心抗拉强度为 1.27 MPa，加入 6 kg/m³ 的聚丙烯纤维，抗拉强度可提高 15%，达到 1.45 MPa。

### 7.4.3.3 喷射混凝土

利用喷浆台车，加入速凝剂，按照设计的喷射速度、压力及顺序，向挡墙框架上喷射混凝土。

（1）喷浆台车。喷浆台车选用 RSM1010 型混凝土湿喷台车，技术参数见表 7-17。

表 7-17 RSM1010 型混凝土湿喷台车主要技术参数

| 项 目 | 技 术 参 数 |
| --- | --- |
| 总质量/t | 7.8 |
| 总高/mm | 2700 |
| 最大喷射高度/m | 10.0 |
| 生产率/m³·h⁻¹ | 3.0~10.0 |
| 最大喷射宽度/m | 17 |
| 主电动机功率/kW | 18.5 |
| 发动机额定功率/kW | 72 |

| 项　　目 | 技 术 参 数 |
|---|---|
| 额定转速/r·min⁻¹ | 2200 |
| 系统风压/MPa | ≥0.6 |
| 工作风压/ MPa | ≥0.4 |
| 耗风量/m³·min⁻¹ | ≥12 |
| 行驶速度/km·h⁻¹ | >20 |
| 全长/mm | 8000 |
| 运输尺寸（L/W/H）/mm×mm×mm | 5500×2000×2700 |
| 臂架结构 | 三级伸缩臂 |

（2）喷射速度。为保证混凝土凝固时间，设计混凝土喷射速度为 3 m³/h。

（3）工作压力。为保证混凝土密实性，要求工作压力不低于 0.45 MPa。

（4）速凝剂添加量。速凝剂在混凝土台车喷枪处添加，添加量为 12 kg/m³，36 kg/h。

（5）喷射顺序。喷射顺序按先喷射挡墙框架与巷道顶、底、帮的连接处，再均匀喷射挡料板，保障挡料板的强度，最后喷射形成墙体，由巷道底部来回往复、逐步往上喷射，如图 7-11 所示。

图 7-11　混凝土喷射顺序示意图

（6）喷射厚度。喷射厚度按挡墙设计厚度计，310 水平挡墙 3 设计厚度为 1.06 m。

（7）养护时间。湿式喷浆挡墙养护时间不得低于 24 h。

该盘区 7 堵挡墙均采用第 7.2 节构建的方法设计，并采用湿式喷浆工艺构筑。所有挡墙自盘区开始充填至结束，未发生结构损坏的情况。从应用效果来看，设计构筑的挡墙既能满足稳定性的要求，又可节约成本。

以 310 水平挡墙 3 为例，其成本构成如下。

（1）混凝土成本为：

混凝土用量：4.2×3.6×1.06＝16.03 m³

C25 混凝土单价：294.06 元/m³

混凝土成本：16.03×294.06＝4713.78 元

（2）钢筋成本为：

钢筋数量：（4200÷200−1）×2+（3600÷200−1）×2＝74 根

钢筋长度：（4.2+0.5×2+0.6）×40+（3.6+0.5×2+0.6）×34＝408.8 m

14 mm 的螺纹钢每米质量：1.58 kg

钢筋价格：4000 元/t

钢筋质量：645.904 kg

钢筋成本：4000×645.904÷1000＝2583.616 元

（3）注浆体成本为：

钻孔孔径：32 mm

纵向钻孔数：20×2×2＝80 个

横向钻孔数：17×2×2＝68 个

单孔水泥砂浆体积：$[3.14×(32÷1000÷2)^2−3.14×(14÷1000÷2)^2]×0.5＝$ 0.000325 m³

水泥浆用量：0.000325×（80+68）＝0.048 m³

水泥浆价格：450 元/m³

水泥浆成本：0.048×450＝21.60 元

（4）聚丙烯纤维成本为：

聚丙烯纤维添加量：6 kg/m³

聚丙烯纤维用量：16.03×6＝96.18 kg

聚丙烯纤维单价：5.0 元/kg

聚丙烯纤维成本：96.18×8＝480.90 元

（5）减水剂成本为：

减水剂添加量：2 kg/m³

减水剂用量：16.03×2＝32.06 kg

减水剂单价：2.6 元/kg

减水剂成本：32.06×2.6＝83.36 元

（6）速凝剂为：

速凝剂添加量：12 kg/m³

速凝剂用量：16.03×12＝192.36 kg

速凝剂单价：2.5 元/kg

速凝剂成本：192.36×2.5＝480.90 元

（7）挡墙构筑材料总成本为：

4713.78+2583.616+21.60+480.90+83.36+480.90＝8364.16 元。

相较于 310 水平挡墙 3 的原结构设计，采用第 7.2 节构建的挡墙结构设计方法和湿式喷浆构筑工艺，可节约挡墙材料成本 442.45 元，降幅 5.02%。虽然湿式喷浆工艺中新增聚丙烯纤维、减水剂和速凝剂成本，但混凝土和锚固材料降低的成本大于新增材料的成本，具体如下。

（1）混凝土用量降低 33.75%。因挡墙设计厚度减小，混凝土用量随之减少。挡墙的设计厚度主要与挡墙受力及选取的安全系数有关，原结构设计中挡墙受力计算结果是优化算法的 5.52 倍，厚度安全系数取值是优化算法的 1.25~1.67 倍。两方面导致厚度设计偏大。

（2）锚固材料用量降低 36.17%。在矿山原结构设计中主筋锚固深度 1 m，副筋锚固深度 0.5 m，钻孔孔径 40 mm。优化算法中钢筋锚固深度仅为 0.5m，孔径仅需 32 mm。由于锚固空间减小，锚固材料用量降低。

（3）对于钢筋用量而言，优化算法的钢筋用量大于原结构设计中钢筋用量。钢筋用量应根据配筋率进行设计，混凝土中配筋率（钢筋面积与挡墙有效面积的比值）一般为 0.2%左右，在矿山原结构设计中钢筋用量是定值，与挡墙有效面积无关。因此，在 310 水平挡墙 3 钢筋原设计中，出现了少筋的情况。根据配筋率与挡墙有效面积的关系，配筋面积随挡墙厚度的减小而降低，在矿山原结构设计中，也必然存在超筋的情况，如在大空场中部及顶部位置的挡墙。钢筋用量对比方面，存在优化算法中钢筋用量比原结构设计中钢筋用量多或少的情况。

从施工效率方面来看，湿式喷浆工艺明显优于混凝土浇筑工艺。以 310 水平挡墙 3 为例，施工效率对比如下。

A 钻孔

混凝土浇筑式挡墙的主筋钻孔间隔 0.6 m，孔深 1 m，副筋钻孔间距 0.6 m，孔深 0.5 m；湿式喷浆挡墙的钢筋间距 0.2 m，孔深 0.5 m。挡墙钻孔工序对比见表 7-18。

表 7-18 挡墙钻孔工序对比

| 指标 | 混凝土浇筑式挡墙 | | | 湿式喷浆挡墙 | |
|---|---|---|---|---|---|
| | 18 mm 螺纹钢 | 12 mm 圆钢 | 总和 | 14 mm 螺纹钢 | 总和 |
| 孔数/个 | 44 | 52 | 96 | 148 | 148 |
| 孔深/m | 1 | 0.5 | | 0.5 | 0.5 |
| 工程量/m | 44 | 26 | 70 | 74 | 74 |

采用湿式喷浆工艺的钻孔数量大于混凝土浇筑式工艺的钻孔数量，两种工艺钻孔长度基本相差 4 m，施工效率基本相同。

B 架箱

混凝土浇筑式挡墙钢筋网格为 300 mm×300 mm，湿喷挡墙钢筋网格为

200 mm×200 mm，扎筋效率前者优于后者。

混凝土浇筑式挡墙钢筋锚固量为 0.0752 m³，湿喷挡墙钢筋锚固量为 0.048 m³，钢筋锚固效率后者优于前者。

混凝土浇筑式挡墙需架设模具，湿喷挡墙钢筋无需架设模具，架模效率后者优于前者。

C　混凝土搅拌

混凝土每次搅拌量为 3 m³，每次搅拌时间为 5 min。310 水平挡墙采用浇筑式工艺，混凝土搅拌量为 24.192 m³，所需时间为 40.32 min；采用湿式喷浆挡墙工艺，混凝土搅拌量为 16.03 m³，所需时间为 26.71 min。混凝土搅拌效率后者优于前者。

D　挡墙构筑

混凝土浇筑式挡墙需要架模，并分两次完成。架模+浇筑+振动捣实至少需要 6 h，上下两次，则需要 12 h。湿喷挡墙为一次喷射，中间无间隔，每车混凝土方量为 3 m³，喷射量为 16.03 m³，喷射仅需 5.34 h。挡墙构筑效率后者优于前者。

E　养护

大红山铜矿规定混凝土浇筑挡墙养护时间不得低于 7 天，湿喷挡墙养护时间不得低于 24 h。后者养护时间少于前者。

由于构筑成本降低，构筑效率显著提高，大红山铜矿已全面推广应用第 7.2 节构建的挡墙结构设计方法及湿式喷浆构筑工艺。

## 参 考 文 献

[1] 黄建君. 充填法挡墙强度模型研究及应用 [D]. 昆明：昆明理工大学，2014.

[2] 巫雨田. 大空区连续充填的挡墙参数优化方法及应用 [J]. 化工矿物与加工，2022, 51 (5)：23-27.

[3] 王俊, 乔登攀, 李广涛, 等. 嗣后充填松散尾砂侧压力计算方法 [J]. 昆明理工大学学报 (自然科学版)，2016, 41 (5)：27-32.

[4] 张爱卿, 吴爱祥, 王贻明, 等. 基于流体动力学的膏体料浆动水压力研究 [J]. 中南大学学报 (自然科学版)，2018, 49 (10)：2561-2567.

[5] YU G Y, BAI Y S, SHENG P, et al. Mechanical performance of a double-face reinforced retaining wall in an area disturbed by mining [J]. Mining Science and Technology, 2009 (19)：36-39.

[6] 方冬炳. 全尾砂充填挡墙侧向压力变化规律研究 [D]. 北京：中国矿业大学，2021.

[7] TAN Y L, YU F H, NING J G, et al. Design and construction of entry retaining wall along a gob side under hard roof stratum [J]. International Journal of Rock Mechanics & Mining Sciences, 2015 (77)：115-121.

[8] 井立祥. 尾砂充填挡墙压力变化规律研究 [D]. 淄博：山东理工大学，2017.

[9] 张爱卿，吴爱祥，韩斌，等. 基于弹性薄板理论的充填挡墙厚度新模型 [J]. 中南大学学报（自然科学版），2018，49（3）：696-702.

[10] 何福保，沈亚鹏. 板壳理论 [M]. 西安：交通大学出版社，1993.

[11] 张福范. 弹性薄板 [M]. 北京：科学出版社，1984.

[12] 中华人民共和国建设部. GB 50010—2010 混凝土结构设计规范 [S]. 北京：中国建筑工业出版社，2002.

[13] 许成祥，何培玲. 混凝土结构设计原理 [M]. 北京：北京大学出版社，2006.

[14] 中国冶金建设协会. GB 50086—2015 岩土锚杆与喷射混凝土支护工程技术规范 [S]. 北京：中国计划出版社，2015.

[15] 张富民.《采矿设计手册》[M]. 北京：中国建筑工业出版社，1988.